Die Zähne des Paradiesvogels

Cesare Mondadori ist promovierter Neurowissenschaftler und war lange Jahre Forschungsleiter der Bereiche Psychiatrie/Neurologie bei Marion Merrell Dow, Hoechst Marion Roussel, Aventis und Neuro3d. Er war zudem Visiting Associate Professor an der University of Toronto und der McMaster University in Hamilton in Kanada. Er ist Autor zahlreicher Fachpublikationen und Inhaber vieler Patente.

Cesare Mondadori

Die Zähne des Paradiesvogels

Ein Wissenschaftsroman

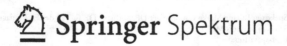
Springer Spektrum

Cesare Mondadori
Reinach
Schweiz

ISBN 978-3-642-41701-6   ISBN 978-3-642-41702-3 (eBook)
DOI 10.1007/978-3-642-41702-3

Die Deutsche Nationalbibliothek verzeichnet diese Publikation in der Deutschen Nationalbibliografie; detaillierte bibliografische Daten sind im Internet über http://dnb.d-nb.de abrufbar.

Springer Spektrum
© Springer-Verlag Berlin Heidelberg 2014

Planung und Lektorat: Frank Wigger, Bettina Saglio
Redaktion: Maren Klingelhöfer
Einbandentwurf: deblik Berlin

Gedruckt auf säurefreiem und chlorfrei gebleichtem Papier.

Springer Spektrum ist eine Marke von Springer DE. Springer DE ist Teil der Fachverlagsgruppe Springer Science+Business Media
www.springer-spektrum.de

Die ... ist frei erfunden. Alle Namen, handelnden
Personen, Orte, Institutionen und Unternehmen entspringen
der Fantasie des Autors. Jede Ähnlichkeit mit real lebenden oder
toten Personen, Ereignissen oder Schauplätzen wäre rein zufällig und
beabsichtigt und rein zufällig

Die Zähne des Paradiesvogels

1

Es war bitterkalt draußen. Der eisige Februar hatte die Natur fest im Griff und bewahrte den Schnee schon seit drei Wochen vor dem Schmelzen. Dieter Kern saß in einem überheizten und mehr als dicht besetzten Wagen der S-Bahn. Seine Kehle brannte und er hatte pulsierende Kopfschmerzen. Selbst die Brausetablette, die er am Morgen eingenommen hatte, verschaffte ihm nicht die erhoffte Linderung. Der Lärm, den die vielen durcheinanderschwatzenden Fahrgäste produzierten, lastete wie ein Helm auf seinem Kopf. Jeder Versuch, diese Geräuschkulisse auszublenden, war aussichtslos, ebenso aussichtslos wie der Versuch, sich mit der wissenschaftlichen Abhandlung, die er in den Händen hielt, auseinanderzusetzen.

Lange saß er nahezu reglos da. Nur ab und zu versuchte er, mit Ellbogen und Schulter den in Jeans verpackten, zudringlichen Hintern einer neben ihm stehenden jungen Frau so weit auf Distanz zu halten, dass sein Blick auf das Manuskript frei blieb. Er konnte aber nicht verhindern, dass die Schwankungen des über Weichen fahrenden Zuges sich auf die Masse der Stehenden übertrug, womit auch der an sich äußerst attraktive Po bei jeder Rechtskurve in bedrohliche Nähe kam. Dessen hübsche Besitzerin drehte sich um und äußerte mit einem Ausdruck des

Bedauerns: „Entschuldigung, es tut mir leid, wenn ich Sie einenge, aber ich kann wirklich nichts dafür."

„Kein Problem, ich kann sowieso nicht lesen", erwiderte Kern, wobei er sich bemühte, seiner heiseren Stimme Struktur zu geben und sein zerknittertes, schlecht rasiertes Gesicht in freundliche Falten zu legen.

„Sie können nicht lesen? Das ist höchst ungewöhnlich. In Ihrem Alter sollte man eigentlich lesen können."

„In meinem Alter? Ich sehe heute vielleicht etwas älter aus, als ich tatsächlich bin." Angesichts der Attraktivität seiner Gesprächspartnerin hatte sich sein männlicher Jagdinstinkt geregt. Er erwartete eigentlich eine freundliche Widerrede, lag damit aber total falsch.

„Bei Ihnen war das Aufstehen heute wohl der erste Schritt in die falsche Richtung", meinte sie lachend.

Durch das anregende Geplänkel oder das dabei freigesetzte Testosteron waren Kerns Kopfschmerzen plötzlich wie weggeblasen. „Sie haben recht. Ich wäre gerne einmal am Abend so müde wie am Morgen."

Sie versuchte, ihrem lachenden Gesicht einen mitleidigen Ausdruck zu geben, indem sie die Lippen schürzte. „Ich bedauere Sie wirklich sehr. Das Leben scheint Ihnen übel mitzuspielen. Wo drückt denn der Schuh?"

Während der Zug langsam in den Bahnhof Basel einfuhr, erhob sich Kern und antwortete mit einem mitleidheischenden Blick: „Es ist der Lauf der Dinge, der mich erschreckt: Leonardo da Vinci ist tot, Einstein ist auch tot, und mir geht's, wie Sie sehen, auch schon ziemlich schlecht."

Während sie laut lachte, packte Kern sein ungelesenes Manuskript in seine Aktentasche und schlüpfte in seine Jacke. Dann strebte er – mit seiner attraktiven Bekanntschaft im Kielwasser – im Sog der anderen Fahrgäste zum Ausgang. Er stieg aus, holte tief Luft und spürte, wie die klirrende Kälte spitz in seine Lunge stach. Er wandte sich seiner Gesprächspartnerin zu und meinte: „Jetzt bleibt mir kaum mehr, als Ihnen einen guten Tag zu wünschen."

Sie erwiderte darauf augenzwinkernd: „Er hat, für mich zumindest, schon einmal ganz lustig angefangen."

Kern verdrängte die Kopfschmerzen, die sich wieder bemerkbar machten, setzte ein möglichst freundliches Lächeln auf und fragte, sich mehrfach räuspernd: „Darf ich Sie zu einem Espresso einladen?"

Sie schüttelte bedauernd den Kopf. „Ich habe leider in fünfzehn Minuten einen Termin."

„Besteht die Möglichkeit, dass wir uns wiedersehen?"

Sie deutete auf ihren Ehering. „Zu spät, aber wer weiß, das Leben ist voller Überraschungen. Leider muss ich mich beeilen. Auf Wiedersehen." Sie winkte ihm zu und entfernte sich mit einem Lächeln.

Kern schaute ihr noch eine Weile nach und machte sich dann, von der frischen Temperatur nun gänzlich wach, eiligen Fußes auf den Weg zum Centralbahnplatz, wo er sich eine Gratiszeitung aus dem aufgestellten Kasten nahm und dann lesend auf das grüne Tram wartete. Die Kopfschmerzen waren zwar wieder da, aber die Kälte hatte sie etwas in den Hintergrund treten lassen.

Nach drei Minuten stand Kern in der Straßenbahn und ließ sich zuerst zum Aeschenplatz und dann mit einer anderen Linie zum Medical Sciences Center der Universität bringen. Nach einem kurzen Fußmarsch war er am Ziel und betrat das etwas in die Jahre gekommene Universitätsgebäude. Im steten Bestreben, sich ein bisschen in Form zu halten, vermied er wie üblich den Aufzug und rannte stattdessen die breite Treppe hinauf, zwei Stufen auf einmal nehmend. Nach dem ersten Treppenabsatz betrachtete er den Versuch jedoch als gescheitert, da der brummende Schädel und die durch die improvisierte Schlafgelegenheit geschundenen, schmerzenden Glieder seinen sportlichen Leistungen heute eine klare Grenze setzten.

Dieter Kern war Mitte dreißig, dunkelhaarig, mittelgroß, nicht übel aussehend, immer sehr lässig gekleidet und Single. Eine längere feste Beziehung hatte er bislang noch nie. Er war ein Wissenschaftler aus Berufung, ein Besessener, ein Verrückter. Mit seinem Kreativhirn produzierte er ständig neue Ideen, Konzepte und Hypothesen, die er dann mit seinem analytischen Verstand sezierte und auf Schwachstellen abklopfte. Nur Ideen, die diese rigorose Selbstkontrolle unbeschadet passierten, wurden seinen Kollegen zur Diskussion vorgelegt oder experimentell überprüft. Genau so akribisch und absolut gnadenlos zerlegte er die Hypothesen, Resultate und Schlussfolgerungen von Berufskollegen. Während diese Eigenschaften an sich, zusammen mit seiner Begeisterung für die Wissenschaft, eigentlich ideale Voraussetzungen für eine große Forscherkarriere waren, machte er sich mit seiner stets frei und völlig undiplomatisch geäußerten Kritik, die weder vor großen Namen noch vor etablierten Ansichten zurückschreckte, nicht nur Freunde. Anzeichen, dass er sich deswegen zu ändern trachtete, ließen sich jedoch nicht einmal andeutungsweise finden. Er war nur im Gesamtpaket, das heißt mit allen Ecken und Kanten, zu haben.

Dieter Kern hatte in Zürich Neurobiologie studiert und an der Rutgers University in Newark, USA, eine brillante Dissertation geschrieben. Die Zeit danach verbrachte er mit zwei zeitlich befristeten Postdoc[1]-Jobs in München und Bern. Bei beiden Arbeitsstellen war seine wissenschaftliche Arbeit von bemerkenswertem Erfolg gekrönt und mündete in vielbeachtete Publikationen in hochklassigen Zeitschriften. Trotzdem verspürte er nicht den Wunsch zu bleiben, so dass er die an beiden Stellen offerierte Vertragsverlängerung nicht annahm.

Die freie Zeit nach dem Job in Bern und vor dem geplanten neuen Job an der ETH Lausanne hatte Kern mit dem Ausleben seiner zweiten Leidenschaft überbrückt: Er spielte als Jazzpia-

---

[1] Forschungs- und Ausbildungsstelle nach der Promotion.

nist in Clubs und Hotels. Diese musikalische Leidenschaft hatte völlig ungeplant einen bedeutsamen Einfluss auf seine wissenschaftliche Laufbahn. Als er vor seinem musikalischen Auftritt im Foyer eines Tophotels in der ausgelegten Zeitung blätterte, war er auf ein hochinteressantes Stelleninserat der Universität Basel gestoßen. Eigentlich hatte er sich geistig bereits auf die ihm zugesicherte, zeitlich unbefristete Stelle in der neuronalen Grundlagenforschung in Lausanne eingestellt. Sie hätte einen respektablen Schritt auf der Karriereleiter nach oben bedeutet. Aber irgendwie schien ihm die ausgeschriebene, zeitlich befristete Basler Postdoc-Stelle im Bereich Psychiatrie aufgrund der von ihm gewünschten Nähe zum Patienten so interessant, dass er seine Bewerbungsunterlagen einreichte, obwohl die Stelle für ihn weder vom Gehalt noch von der Verantwortung her eine Verbesserung zu bedeuten schien und er für eine simple Postdoc-Position eigentlich schon zu arriviert war.

Überraschend schnell wurde er zum Gespräch mit anschließendem Seminarvortrag eingeladen, und schon während des Interviews ahnte er, dass er den Job bekommen würde. Wichtige Gründe für die Entscheidung zu seinen Gunsten waren vor allem zwei mit den anderen üblichen Unterlagen eingereichte erstklassige Publikationen in *PNAS*[2] und in *Neuroscience* sowie ein didaktisch hervorragender Vortrag über neue Denkansätze zur Behandlung der Schizophrenie. Es war vor allem der Vortrag, mit dem er den Selektionsausschuss nicht nur überzeugte, sondern sogar begeisterte. Daher war es keine Überraschung, dass er von der Universität, auf Eilantrag seines Chefs, Professor Peter Herschkoff, schon bald nach seinem Stellenantritt auch einen Lehrauftrag erteilt bekam.

Für die starke Unterstützung durch Herschkoff gab es zwei Hauptgründe: Erstens hatte er das wissenschaftliche Potenzial Kerns sofort erkannt und wollte diesen als Mitarbeiter möglichst

---

[2] *Proceedings of the National Academy of Science.*

schnell fester an seine Abteilung binden. Dieter Kern passte nur allzu perfekt in Herschkoffs Pläne, das Labor für Grundlagenforschung auszubauen. Kerns Fähigkeiten, in einer Präsentation auf den Punkt zu kommen und komplexe Zusammenhänge einfach darzustellen, machten ihn auch für den Lehrauftrag zur Idealbesetzung. Es ging Herschkoff dabei aber nicht nur um die altruistische Förderung eines Hochtalentierten; ihm war natürlich sofort bewusst, dass er die arbeitsintensive Grundvorlesung „Pharmakologie des ZNS[3]" ohne Bedenken an Kern abtreten konnte. Die Vorlesung war für Herschkoff neben allen anderen Verpflichtungen aufwendig und eine nicht zu vernachlässigende zeitliche Belastung, die er sehr gerne delegierte.

Professor Herschkoff hatte als medizinischer Leiter der Sankt-Urban-Klinik die Verantwortung über die zwei sich weitgehend überlappenden Bereiche „Klinik" und „Forschung". Während die Mehrzahl des Klinikteams primär mit der medizinischen Versorgung der psychisch kranken Patienten beschäftigt war, nahm ein Teil der Ärzte regelmäßig an multinationalen klinischen Studien mit neuen oder etablierten Medikamenten teil.

Die von der Klinik getrennt im Medical-Sciences-Gebäude der Universität untergebrachte nichtklinische Forschungsabteilung war noch sehr klein. Sie begrenzte sich auf Kern und seine drei Mitarbeiter. Es war deshalb nicht zu vermeiden, dass Kern, dem einzigen Nichtmediziner in Herschkoffs Abteilung, eine unbeabsichtigte Sonderstellung zukam. In Abteilungsmeetings geschah es häufig, dass seine durch Studium und wissenschaftliche Arbeit geprägte pointierte Argumentation Fragen aufwarf, die im von praktischer Schulmedizin geprägten klinischen Umfeld leicht übersehen wurden. Umgekehrt profitierte Kern durch die klinische Orientierung seiner Kollegen in hohem Maße von deren Nähe zum Patienten und war dadurch gezwungen, seine Befunde immer im Lichte der ultimativen Zielsetzung, einer

---

[3] Zentrales Nervensystem.

Verbesserung der Lebensqualität des Patienten, anzusehen. Von unschätzbarem Wert waren für ihn die Einsichten in die Planung und Durchführung klinischer Studien mit schizophrenen und depressiven Patienten.

Kern hatte einen ausgezeichneten Draht zu seinen klinischen Kollegen. Sie mochten seine respektlose Kreativität oder kreative Respektlosigkeit, die den traditionell eher langatmigen und sachbezogenen Meetings und Diskussionen ungewohnte Farbe und Würze verlieh. Die kaum durch politisches Kalkül gebremste Sympathie wurzelte nicht zuletzt in der Tatsache, dass Kern als Nichtmediziner für die Kliniker in Bezug auf Karriere keine direkte Konkurrenz darstellte. Er wurde generell als humorvoller, feiner Kerl gesehen, als einer, der es liebte, die Feste zu feiern, wie sie fallen. Gestern war so eine Gelegenheit: Er hatte mit seinem Trio im *Frisco* in Rheinfelden gespielt, die Afterparty voll ausgekostet, ganze drei Stunden auf einem fremden, unbequemen Sofa geschlafen. Der pochende Kopfschmerz, das wusste er bestimmt, kam nicht vom Mineralwasser.

Auf dem Weg zu seinem Büro, welches in unmittelbarer Nachbarschaft des praktisch nie benutzten Zweitbüros seines Chefs lag, blieb er stehen und blickte kurz durch das in die Tür eingebaute Fenster ins große Labor. Dann öffnete er die leicht knarrende Tür und, ohne einzutreten, meldete er sich mit einem heiseren „Guten Morgen" bei seinen beiden fest angestellten Mitarbeitern an.

Céline Klein drehte ihren Kopf mit einem mütterlich verstehenden Schmunzeln im Gesicht.

„Hallo Dieter! Ich nehme an, du hast soeben ,Guten Morgen' gesagt. Ich habe leider nicht erkannt, in welcher Sprache."

Céline war Elsässerin, Mitte dreißig, mit braunen, leicht gelockten Haaren, großen, strahlend hellgrünen Augen, perfekten weißen Zähnen und vollen Lippen. Leider hatte ihre Vorliebe für alles, was irgendwie essbar war, vermutlich im Zusammenspiel mit einer genetischen Veranlagung, nicht zu übersehende

Spuren hinterlassen. Sie war sehr füllig, selbst für Rubens keine Option. Ihre majestätisch wogende Erscheinung hätte wohl noch am ehesten bei Lucian Freud künstlerische Begeisterung wecken können. Kern schätzte, dass sie gut zwanzig Kilogramm mehr wog als er selbst. Darüber war sie einerseits sehr unglücklich, andererseits vermochte sie mit einem Stück Schokolade oder Gänseleber ihre Unglücksgefühle in engen Grenzen zu halten. Sie hatte ein DESS[4], was etwa einem Mastergrad entspricht. Sie war sehr intelligent und unerhört schlagfertig. In Kerns Augen tat sie eindeutig zu wenig mit diesem geistigen Rüstzeug. Sie hatte keine ehrgeizigen Karrierepläne und betrachtete ihre Arbeit als interessanten Job, der ihr genug zum Leben einbrachte. Sie befasste sich in Kerns Projekt mit der elektrischen Spontanaktivität bestimmter Hirnareale und leistete zur Charakterisierung von klinisch verwendeten Medikamenten wertvolle Dienste. Wenn nötig, arbeitete sie schnell und mit einer beeindruckenden Präzision.

Wenn aber einmal nichts Dringendes zu tun war, hielt sie sich Kaffee trinkend und von Mitteilungszwängen förmlich gepeinigt auf Dauerbesuch in benachbarten Labors auf. Damit trieb sie Kern zu ausgedehnten Suchaktionen. Obwohl sie lieber Liebesromane als wissenschaftliche Berichte las, war sie in der Lage, die wichtigen methodischen Details in einem wissenschaftlichen Bericht sofort zu erkennen und die betreffende Technik in kürzester Zeit zu etablieren. Dabei ruhte sie nicht eher, bis die Anordnung perfekt funktionierte und hochgradig reproduzierbare Ergebnisse lieferte.

Die zweite Person, die Kerns krächzenden Gruß grinsend erwiderte, war Hartmut Fink.

„Steht dir gut, dein neuer Schmuck!"

„Welcher Schmuck?" Kern blickte mit fragendem Gesicht zu Fink.

---

[4] Diplôme d'Études Supérieures Spécialisées.

„Ich sehe doch, dass du heute Augenringe trägst!"

Hartmut Fink war ein schlanker, etwa vierzig Jahre alter Diplombiologe aus Südbaden. Er war die Zuverlässigkeit und Pünktlichkeit in Person, immer zur Stelle, wo Einsatz gefragt war, immer gut gelaunt. Sein dunkler Bart reichte bis an den Rollkragen seines naturbelassenen beigen Wollpullis. Er trug etwas zu große Jeans und während der Arbeitszeit immer klappernde Holzsandalen. Er liebte und lebte Vollwertkost, glaubte an biologische Landwirtschaft, aß Müsli und Soja. Er war zwar kein Vegetarier, aß aber nur selten Fleisch. Kern hatte ihn noch nie Alkohol trinken gesehen. Fink war mit einer Schweizer Bauerntochter verheiratet und Vater zweier Kinder.

Drittes Mitglied der Laborbesatzung war Roman Portner, Kerns Doktorand, ein hoch aufgeschossener Lausbub mit einem äußerst losen Mundwerk. Er hatte dunkle wilde Haare, ein Supergedächtnis für Daten und Fakten und ein sehr gutes Fingerspitzengefühl für wissenschaftliche Experimente. Die dicke braune Hornbrille auf seiner Nase prägte sein Gesicht und war mit der Zeit zu seinem unverkennbaren Markenzeichen geworden. Er war zurzeit noch nicht im Labor, da er an einer Vorlesung teilnahm.

Kern ließ die Labortüre wieder scheppernd ins Schloss fallen und strebte seinem Büro zu. Er öffnete die Türe und trat ein, entledigte sich seiner beigen Steppjacke, hängte sie an einen der drei direkt an der Wand angebrachten Kleiderhaken und startete seinen Computer. Während dieser hochfuhr, ging Kern noch einmal in den Korridor und versorgte sich am Getränkeautomaten mit einem dringend benötigten Kaffee, dem er geschmacklich an diesem speziellen Tag noch weniger als sonst abgewinnen konnte. Besonders unangenehm schien ihm heute der Abgang: ein lang haftender Nachgeschmack von bitterem Sand. Der Kaffee war zwar stärker, aber nur unwesentlich besser als das dünne, saure Gebräu aus dem von einer Herdplatte ständig gewärmten gläser-

nen Krug mit aufgesetztem Filter, welches in den USA zur Labor-
und Kantinenstandardausrüstung gehörte.

Seit ein paar Wochen musste Kern sein Büro mit Dr. Hans
Gruber, einem Psychiater aus Wien, teilen, der aus für Kern un-
erfindlichen Gründen für zwei Jahre in der Grundlagenforschung
arbeiten wollte. Kern war an sich sehr flexibel und äußerst ver-
träglich, musste aber erkennen, dass dieser Dr. Gruber das absolut einmalige Talent besaß, ihn mit überheblichem Gehabe und
mit herablassenden Worten an die Grenzen seiner sprichwörtlichen Toleranz zu bringen.

Dr. Hans Gruber hatte ein fein geschnittenes Gesicht, aus
dem eine große, aber schmale Nase und ein spitzes Kinn her-
ausragten, und relativ lange, gewellte, die Ohren bedeckende,
blonde Haare. Er trug eine goldfarbene, dünnrandige Brille und
stets einen schicken Anzug, meist mit zugehörigem Gilet, und
immer eine auffällige Krawatte. Mit seinem großzügig verwendeten, süß-penetranten Rasierwasser setzte er überall raumfüllende
Duftmarken. Er kam am Morgen immer sehr spät und ging dafür umso früher. In internen Kolloquien gefiel er sich mit ge-
schraubt formulierten Ausführungen über die Philosophie der
Wissenschaft. Im eigentlichen Sinn arbeiten gesehen hatte ihn
noch nie jemand. Er hatte irgendwo eine Freundin, mit der er,
sehr zu Kerns Missfallen, ausgedehnt und völlig ungeniert telefonierte. An konzentriertes Arbeiten war während dieser Telefonate
nicht zu denken. Aber auch zwischen den Telefonaten konnte Kern oft kaum konzentriert arbeiten, da Gruber ihn ständig
auf nervtötende Art mit irrelevanten Fakten und Theorien unterhielt.

Herschkoff hatte ihm den neuen Kollegen Gruber als vielversprechenden Kliniker angekündigt, der am Anfang einer großen
Karriere stehe. Dass er der Sohn eines einflussreichen Wiener
Psychiaters, eines Duzfreundes von Herschkoff, war, hatte Kern
erst später erfahren.

Herschkoff hätte Gruber eigentlich auch problemlos in seinem fast unbenutzten Zweitbüro unterbringen können, was er aber, angeblich um den interdisziplinären Gedankenaustausch zwischen Gruber und Kern zu fördern, nicht tat. Kern war sich dieser Begründung nicht so sicher. Er glaubte eher an eine kleine, wissentlich schlecht getarnte Machtdemonstration.

Als Kern mit dem heißen Kaffeebecher in sein Büro zurückkam, sah und hörte er, wie Hans Gruber, der inzwischen eingetroffen war, tief in seinem Bürodrehstuhl hängend in ein intensives Telefongespräch mit der Verwaltung der Klinik oder Universität verwickelt war. Ungeduldig und mit erkennbar geringem Interesse hörte Gruber seiner Gesprächspartnerin zu, bis er, vom Sprechdrang völlig übermannt, mit erhobener Stimme mehrfach zum Sprechen ansetzte.

„Jetzt hören Sie mir gut zu, gnädige Frau. Ich bin hier an Ihrer Universität, weil in Ihrem ganzen Land für diese Stelle kein gleich gut qualifizierter Bewerber gefunden werden konnte. Entsprechend ruhen auf mir sehr hohe Erwartungen. Ich erbitte mir deshalb meiner Person gegenüber den gebührenden Respekt. Bitte nehmen Sie zur Kenntnis, dass es mir in diesem Sinn und Geiste völlig gleichgültig ist, welche Bürostühle gemäß Reglement für welche Positionen vorgesehen sind. Tatsache ist, dass der mir hier zur Benutzung überlassene Bürostuhl in keinster Weise meinen Ansprüchen genügt, und ich bestehe darauf, in kürzester Frist einen meiner Stellung und Funktion entsprechenden Ersatz zu bekommen."

Durch die ungewollt mitgehörte Diskussion animiert, blickte Kern auf seinen eigenen Bürostuhl, der zwar um Jahre älter, aber im Prinzip genau das gleiche Modell war.

„Ich wäre sehr froh, wenn ich Professor Herschkoff mit dieser Angelegenheit nicht belästigen müsste, würde dies aber im Hinblick auf eine mögliche Beschleunigung des Prozesses ohne Zögern tun." Gruber hängte den Hörer ein und wandte sich

Kern zu: „Findest du nicht auch, dass man in diesem unbequemen Scheißstuhl nicht einmal richtig nachdenken kann?"

„Ich habe bisher im Sitzen keine offensichtliche Behinderung beim Nachdenken gespürt. Das könnte aber anatomisch dadurch erklärbar sein, dass *mein* Denkapparat am oberen Ende der Wirbelsäule angebracht ist."

Kern hatte bereits während des Gesprächs aus den Augenwinkeln einen Schatten in der Türe auftauchen sehen, beim kurzen Hinblicken Peter Kuster, einen Mitarbeiter des Labor- und Gebäudedienstes, erkannt und ihm kurz zugelächelt. Jetzt drehte er sich, auf seinem Bürostuhl sitzen bleibend, ganz dem Besucher zu. Peter Kuster war gut fünfzig Jahre alt, untersetzt, gemütlich, mit einem leichten Doppelkinn. Sein etwas gelichtetes Haar hatte er mit einem tiefgelegten Scheitel kunstvoll über den Kopf verteilt. Auf seiner kleinen Nase saß eine zwar modisch extravagante, aber völlig unpassende rechteckige, rote Brille. Er trug einen zugeknöpften blauen Arbeitsmantel, der mindestens eine Konfektionsgröße zu eng war. Im Bauchbereich befand sich der Mantelknopf entsprechend im Würgegriff seines Knopflochs und die straff gespannten letzten Fäden deuteten auf die Unvermeidlichkeit einer baldigen Trennung hin.

„Dieter, ist es okay, wenn ich die Pipetten jetzt gleich sterilisiere? Das Plastikbecken mit den gebrauchten Pipetten ist zwar nicht einmal halbvoll, aber morgen habe ich kaum Zeit."

„Klar, mach nur. Wenn du keine Zeit hast, können wir das auch gut einmal selbst machen. Aber, sag mal, was hast du denn morgen Großes vor? Hast du wieder mal ein Rendezvous?"

Kern wusste, dass sein Gegenüber seit einiger Zeit verzweifelt eine Frau suchte, nachdem ihm vor ein paar Jahren die erste mit einem Fitnesstrainer durchgebrannt war. Kuster war eigentlich gelernter Drogist. Er hatte durch die Trennung von seiner Frau eine Zeitlang die Kontrolle über sein Leben und damit auch seinen Job im Drogeriemarkt verloren. Seit geraumer Zeit zeigte sein Stimmungs- und Lebensbarometer aber wieder nach oben. Mit viel Glück im Unglück bekam er über das Arbeitsamt die Stelle als „Mädchen für alles" im Medical-Sciences-Gebäude der Universität: Er verteilte die Post, wusch und sterilisierte die Laborglaswaren, führte kleine Reparaturen im ganzen Gebäude durch und organisierte Handwerker, falls eine notwendige Reparatur sein sehr beachtliches technisches Geschick überforderte. Er meinte lächelnd:

„Ja, ja, richtig geraten." Unsicher grinsend strich er sich über den Scheitel. „Es war ja wohl auch nicht allzu schwer. Ich treffe mich morgen Abend tatsächlich mit einer Frau."

„Und deswegen bist du morgen den ganzen Tag unabkömmlich?"

„Nein, morgen haben wir ein Problem mit der Heizung zu lösen. Am Nachmittag muss ich Kostenvoranschläge für mehrere größere Projekte einholen und eine Reihe von telefonischen und schriftlichen Bestellungen machen. Da ich mir noch die Haare schneiden lassen will, werde ich früher Feierabend machen. Ich will ja schließlich gut aussehen."

„Das kann ich verstehen. Wie lange kennst du die Dame schon?"

Kuster trat unsicher von einem Bein aufs andere und sagte: „Seit rund einem Monat."

„Weißt du, wie sie aussieht?"

„Natürlich, wir haben übers Internet Bilder ausgetauscht!"

„Damit weißt du jetzt vermutlich, wie sie vor zehn Jahren unter günstigsten Bedingungen ausgesehen hat."

„Das macht doch nichts, mein Bild war auch schon gut fünf Jahre alt!", entgegnete Kuster verlegen grinsend.

„Na Peter, wieder einmal auf Brautschau?" Céline Klein, die mit einem Stoß Resultaten unterm Arm aufgetaucht war und den Rest der Konversation mitbekommen hatte, klopfte dem fast einen Kopf kleineren Kuster dabei kräftig auf die Schultern. Das Überraschungsmoment und die physikalische Masse hinter diesem freundschaftlich gemeinten Klaps genügten, um ihn völlig aus der Balance zu bringen. Wegen eines rettenden Ausfallschrittes nach vorn entglitt ihm für kurze Zeit die Kontrolle über seinen Bauch, der sich – jetzt entfesselt – zu seiner wahren Größe entfaltete und dem Mantelknopf zum fliegenden Abgang verhalf.

„Tut mir leid Peter", meinte Céline mit bedauerndem Tonfall, „der Knopf ist leider weg. Wenn du in Zukunft den Arbeitskittel zwei Nummern größer wählst, nimmt dir das zwar etwas Spannung aus deinem Leben, erlaubt dir aber zu atmen, ohne ständig blau anzulaufen. Ich hoffe in deinem Interesse, dass die Garderobe für das Rendezvous morgen deiner Kleidergröße entspricht. Vergiss nicht: Es ist dein Blutdruck und nicht dein Sexappeal, der steigt, wenn du zu enge Hosen trägst. Was wirst du denn tragen beim großen Ereignis?"

„Ich mache auf ‚locker', modisches T-Shirt, Lederjacke, Jeans."

„Das habe ich mir doch gleich gedacht, du bist ja auch der absolute Jeanstyp. Falls du eine fachkundige weibliche Meinung im Hinblick auf dein Outfit brauchst, kannst du mich heute Abend darin zum Essen einladen. Ich werde dich dann modemäßig beurteilen."

„Gott bewahre, deine kulinarischen Ansprüche und dein Appetit würden mich nachher für Wochen in eine Suppendiät zwingen."

„Was hast du denn morgen im Sinn? Ein, zwei Michelin-Sterne? Oder dinierst du mit deiner Angebeteten bei Burger King oder lässt du zum Candle-Light-Dinner am Wurstgrill bitten?"

„Ihr seid ja richtig kreativ. Das sind alles tolle Vorschläge für weitere Gelegenheiten. Für morgen habe ich aber andere Pläne. Ich gedenke, mit meiner Begleiterin am Barfüsserplatz amerikanisch zu essen."

„Da gehen aber hauptsächlich junge Leute hin. Du wirst vermutlich mit Abstand der Älteste in der Runde sein. Macht dir das nichts aus?"

„Erstens fühle ich mich jung, und zweitens ist meine morgige Partnerin erst 35!"

Céline wollte etwas erwidern, verschluckte sich und musste heftig husten. Mit heiserer, stockender Stimme meinte sie dann: „Hast du daran gedacht, dass sie in fünfzehn Jahren 50 ist! Was willst du dann mit einer so alten Frau?"

„Spaß beiseite. Findet ihr es tatsächlich schlecht, dass sie so viel jünger ist?"

„Nein, nein, das hat unbestreitbar auch Vorteile, sie kann sich locker bücken, falls dir die Viagra-Pille aus dem offenen Mund fällt."

„Meine Damen und Herren. So unterhaltsam Ihnen die momentane Diskussion auch erscheinen mag, so sehr stört sie mich beim konzentrierten Arbeiten. Sie werden es vielleicht nicht glauben, aber es gibt tatsächlich Menschen hier, die für ihr Geld hart arbeiten." Dr. Grubers Wiener Akzent war unüberhörbar.

Obwohl ihn eigentlich niemand mehr ernst nahm, ließ die unerwartete Unterbrechung den Gesprächsfluss fast augenblicklich versiegen, und Céline beeilte sich, Kern endlich ihre neuen Resultate zu präsentieren, während Kuster sich anschickte, die rund dreißig Pipetten zu sterilisieren.

2

Kern erinnerte sich, dass er Peter Herschkoff noch nicht über den großen Schizophreniekongress in London informiert hatte. Da Herschkoff über eine längere Zeitperiode geschäftlich abwesend war, hatte sich diese Berichterstattung zwangsläufig verzögert. Zur telefonisch vereinbarten Zeit machte Kern sich deshalb zu Fuß auf den Weg zu Herschkoffs Hauptbüro in der Sankt-Urban-Klinik. Diesen Weg ging er nicht ungern, denn damit ergab sich eine Gelegenheit, Christine Sutter, die Assistentin im Vorzimmer seines Chefs, zu sehen.

Christine war ein Jahr älter als Kern, dunkelhaarig und von einer schlichten Apartheit, die leicht übersehen wurde, vor allem dann, wenn sie, wie üblich, ihre dickrandige schwarze Lesebrille aufgesetzt hatte. Unvoreingenommene Besucher vermuteten in ihren markanten, hohen Wangenknochen und ihren fast schwarzen gewellten Haaren und ebenso dunklen Augen einen spanischen Einfluss. Dieser Eindruck war aber, wie sie auf entsprechende Fragen glaubhaft versicherte, komplett unzutreffend. Sie war sehr schlank und immer unauffällig gekleidet. Heute trug sie einen dunkelgrauen Pullover mit V-Ausschnitt und Jeans sowie, als einzigen Farbtupfer, ein pastellblaues transparentes Halstuch aus Seide. Obwohl ihr eher blasses Gesicht gut etwas Farbe vertragen hätte, trug sie kein Make-up und benutzte nur selten Lippenstift.

Seit seiner Ankunft in Basel hatte Kern versucht, ihre Aufmerksamkeit zu erregen. Er musste sich allerdings mehr und mehr eingestehen, dass sie ihm nicht das Gefühl gab, insgesamt auch nur einen kleinen Schritt vorwärts gekommen zu sein. Glaubte er, ihr etwas näher gekommen zu sein, wurde dies von ihr meist fast augenblicklich mit einer neutralisierenden Bemerkung quittiert, was Kern zum lange verdrängten Schluss kommen ließ, dass er möglicherweise nicht ganz ihr Typ war. Sie blieb zwar immer freundlich und hilfsbereit, aber emotional völlig neutral.

Als Kern das immer offene Vorzimmer zu Herschkoffs Büro betrat, wurde er, wie üblich, von Christines freundlichem, aber eher unverbindlichem Lächeln empfangen. Sie wusste, weshalb er kam, und bedeutete ihm, sich noch ein bisschen zu gedulden, da Herschkoff noch am Telefonieren sei. Das war ihm nicht unrecht, bot sich ihm doch damit eine Gelegenheit, ein Gespräch anzufangen. Er wollte gerade zum Sprechen ansetzen, als sie ihm zuvorkam: „Walter Steiner, unser Oberarzt, war vor einigen Wochen in Rheinfelden bei einem Konzert deiner Band. Er war total begeistert von Musik und Ambiente."

„Ja, er war bereits zum zweiten Mal dabei. Ich habe mich über sein Interesse sehr gefreut."

Er fühlte ihren prüfenden Blick auf seinem Gesicht.

„Du siehst heute etwas zerknittert aus. Habt ihr gestern Abend mit der Band gespielt oder einfach nur gefeiert?"

„Wir haben fast bis Mitternacht geprobt, dann haben wir noch ein paar Bierchen getrunken."

„Wann spielt ihr wieder öffentlich?"

„In ein paar Wochen, ich glaube am 10. Mai, spielen wir im *Millenium*. Danach gibt's wieder eine längere Pause."

„Ausgerechnet am 10. Mai. Das ist sehr schade, ich würde euch zwar gerne einmal spielen hören, aber ausgerechnet am 10. Mai feiert mein Vater seinen 65. Geburtstag."

„Ich würde mich natürlich wahnsinnig freuen, wenn du bei einem Gig mal dabei wärst."

„Ich verspreche, dass ich irgendwann kommen werde. Ich habe ja schon viel über euer Trio gehört. Ich weiß zwar, dass ihr Jazz spielt, das ist aber auch alles. Was für einen Jazzstil spielt ihr eigentlich?"

Kern war über ihr vollkommen unerwartetes Interesse sehr erfreut. Ohne zu antworten, zog er sich einen Besucherstuhl heran und setzte sich.

„Wir spielen Klaviertriojazz. Das geht von Klassikern des modernen Pianojazz wie Theolonius Monk, John Lewis, Dollar Brand bis zu Rockjazznummern von Jan Hammer, Joe Zawinul oder Ramsey Lewis. Wir haben auch einige eigene Jazzadaptionen von Popsongs."

„Spielt ihr immer das gleiche Programm?"

„Ich habe eine Liste mit den Titeln. Nach dieser Liste fangen wir an, dann lassen wir uns aber meist vom Geschmack des Publikums, das heißt von der Stärke des Applauses, leiten. In den meisten Clubs tendiert der Geschmack des Publikums eher in Richtung Bauch, das heißt in Richtung Jazzrock."

Während er mit Christine plauderte, sah er sie pausenlos an. Sie war nicht im klassischen Sinne schön. Sie war apart, interessant, etwas ganz Besonderes. Sie hielt ihre hässliche schwarze Lesebrille in der Hand, den einen Bügel an den Lippen, und blickte Kern interessiert lächelnd an. Er fühlte sich gefangen von ihrem Blick und eingesogen in ihre zauberhafte Aura. Obwohl er mit Christine am liebsten noch stundenlang weiter geplaudert hätte, sagte er, verwirrt durch diese ungewohnten Wahrnehmungen, plötzlich:

„Telefoniert Peter eigentlich noch?"

„Er hat, wie ich sehe, gerade seinen Anruf beendet."

Kern verwünschte sich: Warum zum Teufel habe ich die Stimmung zerstört und zum Tagesgeschäft übergeleitet? Er gab sich gleich selbst die Antwort: weil er Angst hatte, dass er sich die fragile erotische Stimmungsnote nur eingebildet hatte.

Er winkte ihr noch hastig zu, klopfte kurz an die Tür und trat ins Allerheiligste ein. Herschkoff blickte ihn freundlich an und bedeutete ihm mit einer eleganten Geste, am Besuchertisch Platz zu nehmen.

Peter Herschkoff war ungefähr sechzig Jahre alt, Mediziner, Psychiater, Chef, Spezialist für Psychopharmaka mit Forschungsschwerpunkt Schizophrenie und Depression. Er war eine imposante, etwas behäbige Gestalt: ziemlich groß und weißhaarig. Sein weißer Schnurrbart hob seine ganzjährige Sonnenbräune hervor. Er hatte eine Polterstimme und sein entsprechend lautes Lachen hörte man schon von Weitem. Man traf ihn immer im weißen Arztkittel an.

Obwohl er sich mit seinen klinischen Assistenten und Oberärzten duzte, war es kein Du auf Augenhöhe, es war ein gnädiges Du und wirkte immer etwas aufgesetzt.

Herschkoffs Umgangston mit dem Nichtkliniker Kern war sichtbar entspannter. In ungewohnter Diplomatie wollte er diesen nicht mit autoritärem Gehabe abschrecken, da ihm Kerns unverhüllte Abneigung gegen jede Form von autoritärem Verhalten nicht lange verborgen geblieben war. Dazu kam, dass Herschkoff als Kliniker in der Grundlagenforschung viel weniger kompetent war, weshalb er Kern schlecht von oben herab begegnen konnte. Der weitaus wichtigste und dritte Grund war jedoch die Einsicht, dass Kern für die Wahrnehmung und Äußerung hierarchischer Nuancen im Umgangston ganz einfach der Wille fehlte.

Herschkoff setzte sich zu Kern.

„Wie war der Kongress?"

„Sehr viele Leute, eine erstklassige Organisation und einige sehr interessante Präsentationen."

Kern hatte seine Notizen bereits vor sich und antwortete, den Blick auf die Unterlagen gerichtet:

„Für die Grundlagenforschung interessant waren zwei Präsentationen. Die eine zeigte mit einer bildgebenden Methodik gemachte Messungen am Patientengehirn, die klar darauf hinweisen, dass bei der Schizophrenie in bestimmten Arealen Schrumpfungsprozesse mit anscheinend beachtlichem Zellverlust stattfinden. Ich habe dir von allen interessanten Vorträgen die Abstracts[5] mitgebracht. Die zweite interessante neue Arbeit zeigte Resultate, die auf eine mitochondriale[6] Fehlfunktion bei Depression und Schizophrenie hinweisen."

„Gab es interessante therapeutische Studien?"

Kern blätterte schnell in seinen Aufzeichnungen.

„Ja, eine Reihe von Präsentationen zeigten ermutigende klinische Wirkungen von Aripiprazol in der Schizophrenie. Das Nebenwirkungsprofil, soweit man das beurteilen kann, scheint recht günstig zu sein.

---

[5] Die von den Autoren einer wissenschaftlichen Studie verfasste Kurzfassung der Resultate. Das Format und die maximale Länge dieses Abstracts werden von der Zeitschrift, in der die Daten publiziert werden, vorgeschrieben.

[6] Die Mitochondrien sind die mikroskopisch kleinen „Energiekraftwerke" der Zellen.

Hier sehe ich noch etwas Wichtiges: Im Liquor von Schizophrenen wurde eine Erhöhung des Interleukin-1-beta-Spiegels[7] festgestellt, was einmal mehr die Frage aufwirft, inwieweit entzündliche Prozesse bei der Krankheit eine Rolle spielen."

„Gibt es neue interessante Präparate in klinischer Entwicklung?"

„Nichts, was wir nicht schon wissen."

„Neue nichtdopaminerge[8] Wirkstoffe oder Konzepte?"

„Wie immer, sehr zahlreich, vielversprechend, aber noch Jahre von der klinischen Prüfung entfernt."

„Irgendetwas zur Behandlung von kognitiven Störungen bei Schizophrenen?"

Kern brauchte etwas Zeit für die Antwort, da er die entsprechende Notiz nicht gleich fand.

„Ja da war doch etwas … Es gab wieder Versuche, bei schizophrenen Patienten Nikotin als Zusatzmedikation zur Verstärkung der antipsychotischen Wirkung und gleichzeitigen Behandlung der kognitiven Störungen zu verwenden." Kern sprach langsam, während er hastig nach den betreffenden Notizen suchte.

„Das wurde mit den verfügbaren, für die Raucherentwöhnung gebräuchlichen Pflastern gemacht. Die präsentierten Resultate waren aufgrund der kleinen Patientenzahl nicht wirklich überzeugend."

„Was machen diesbezüglich deine eigenen Versuche? Hast du schon angefangen?"

Während Kern die Kongressnotizen wieder in seiner Aktentasche verstaute, setzte er zum Sprechen an: „Ich nehme an, du meinst die Kombinationsversuche. Wir sind mit der Planung soweit fertig, dass wir in circa sechs bis acht Wochen, das heißt unmittelbar nach den jetzt noch laufenden Experimenten, an-

---

[7] Interleukin-1 beta ist ein Eiweißbotenstoff, der bei der Entzündung (zum Beispiel als Reaktion auf eine Infektion) eine Schlüsselrolle innehat.

[8] Den Botenstoff Dopamin im Gehirn nicht betreffend.

fangen können. Die gedächtnisverbessernden Substanzen sind bis auf zwei oder drei Ausnahmen alle da, ebenso einige der vorgesehenen antipsychotischen Medikamente. Die behördlichen Bewilligungen sind beantragt."

„Hast du einen Plan B, falls du einzelne Substanzen nicht bekommst?"

„Das ist das kleinste Problem, ich fange einfach mit denen an, die schon da sind. Die Reihenfolge spielt ja keine Rolle. Falls die großen Multis ihre Substanzen überhaupt nicht herausrücken oder nur unter einschneidenden Bedingungen, werden wir notfalls die Pillen in der Apotheke kaufen und die Wirkstoffe aus den Pillen extrahieren. Ich habe deswegen mit Müller von der Pharmazie bereits Kontakt aufgenommen. Viele Substanzen konnten wir im Sigma-Katalog finden und problemlos bestellen."

„Kannst du einem alten Kliniker noch einmal genau erklären, wie du eine antipsychotische Wirkung im Tierversuch misst?"

„Ich werde zwei Methoden parallel anwenden. Erstens kann ich elektrophysiologisch die substanzbewirkte Hemmung der dopaminergen Aktivität in der Substantia nigra[9] und im ventralen Tegmentum[10] bei Ratten erfassen. Hier kann ich sehen, ob, wo und wie stark eine Substanz die dopaminergen Bahnen hemmt. Diese Untersuchungen führt Céline Klein durch. Zweitens kann ich die Normalisierung der PCP[11]-induzierten Verhaltensänderungen bei Mäusen erfassen. Mit diesen Experimenten ist Hartmut Fink beschäftigt."

„Warum nimmst du PCP?"

---

[9] Die Substantia nigra liegt im Mittelhirn in unmittelbarer Nähe des ventralen Tegmentums. Sie spielt bei motorischen Prozessen eine wichtige Rolle. Bei Parkinson-Patienten zeigen sich große Zellverluste in diesem Gebiet.

[10] Das ventrale Tengmentum ist ein kleines Gebiet im Mittelhirn. Es ist Teil des Belohnungssystems, welches bei der Steuerung des Verhaltens, der Generierung von Lust und der Etablierung von Sucht eine wichtige Funktion innehat.

[11] Phenylcyclohexylpiperidin: Angel Dust, ein starkes Halluzinogen.

„Dafür gibt es zwei Gründe. Ich bevorzuge PCP, weil die Substanz bei Menschen nicht nur visuelle, sondern auch akustische Halluzinationen erzeugt. Die akustischen Halluzinationen fehlen zum Beispiel bei LSD. Damit kommt die Wirkung von PCP näher an die Symptome der Schizophrenie heran. Der zweite Grund ist rein praktisch: PCP bewirkt eine erhöhte motorische Aktivität bei den Versuchstieren. Diese kann ich leicht mit einer elektronischen Apparatur messen. Gleichermaßen kann ich auch die durch ein potenzielles Schizophreniemedikament erzeugte Normalisierung der motorischen Aktivität mit diesem System unter Ausschluss des menschlichen Faktors erfassen."

Nach einer Viertelstunde wissenschaftlichen Small Talks verabschiedete sich Kern, ohne dass die beiden ein persönliches Wort gewechselt hätten. Im Vorzimmer schenkte er Christine Sutter noch sein nettestes Lächeln.

„Ich habe dein Versprechen bezüglich unseres Auftritts unauslöschlich gespeichert. Ich freue mich sehr darauf, dich mal bei einem unserer Gigs zu sehen. Wenn du mir früh genug sagst, wann du kommst, werde ich noch eine Stunde extra üben." Er wandte sich zum Gehen.

„Dieter, bevor du gehst, gibt es da noch eine Frage, die mir förmlich auf der Zunge brennt." Kern blieb abrupt stehen. Seine rasch aufkeimenden Hoffnungen auf einen ihn selbst betreffenden freundlichen Kommentar blieben aber unerfüllt.

„Hat der Gruber eigentlich seinen Bürostuhl schon bekommen? Er hat uns alle, vor allem aber meine Kollegin Claudia Estermann vom Bereich Haustechnik/Mobiliar, mit seinen Ansprüchen über viele Tage bis zum Wahnsinn getrieben."

„Er hat letzte Woche tatsächlich einen anderen Stuhl bekommen. Leider hat sich das angestrebte königliche Sitzgefühl nicht sofort einstellen wollen. Um ihm dieses ultimative Erlebnis doch noch zu verschaffen, bin ich dabei, seinen Stuhl zu optimieren. Es gibt nur noch ein paar kleine technische Probleme mit dem Starkstromanschluss."

3

Es war Dienstagmorgen. Der Hörsaal war leicht verdunkelt. Gut achtzig Zuhörer folgten Kerns Ausführungen über die Schizophrenie und deren Behandlung mit großem Interesse.

„Ich fasse noch einmal zusammen. Wir beobachten in der Schizophrenie zahlreiche Symptome, die sich, grob gesagt, in drei Gruppen einteilen lassen. Erstens die positiven Symptome, dann die negativen Symptome und schließlich noch die kognitiven Symptome."

Zur Unterstützung seiner Worte drückte Kern auf eine Taste am Laptop, wodurch sich unter den entsprechenden Überschriften stichwortartig die zugeordneten Symptome finden ließen.

„Wie wir gehört haben, ist der Begriff ‚positive Symptome' insofern irreführend, als dass damit gar nichts Positives gemeint ist. Positive oder Plussymptome sind krankhafte Aspekte der Wahrnehmung, die der Gesunde nicht hat. Der Begriff umfasst unter anderem die visuellen und akustischen Halluzinationen, die viele Patienten quälen. Sie sehen oft Personen, die nicht existieren, sie hören Stimmen, die sie bedrängen oder ihre Handlungen kommentieren. Auch Wahnvorstellungen, wie zum Beispiel fremdgesteuert zu sein, oder Verfolgungswahn, gehören zu dieser Gruppe.

Die negativen Symptome umfassen entsprechend Aspekte, die dem Kranken im Vergleich zum Gesunden fehlen: Da wären die soziale Isolation, die Zurückgezogenheit, die Antriebs- und Emotionslosigkeit, zum Beispiel die Anhedonie[12].

Die dritte Gruppe von Symptomen bei der Schizophrenie, die kognitiven Symptome, umfasst eine Beeinträchtigung des logischen Denkens und der Fähigkeit, irrelevante Informationen auszufiltern, sowie Minderleistungen des Arbeitsgedächtnisses."

---

[12] Mit Anhedonie ist die Unfähigkeit, Freude zu empfinden und auszudrücken, gemeint.

Geduldig beantwortete Kern die sofort aufkommenden Fragen und kam dann auf die medikamentöse Behandlung der Symptome zu sprechen.

„Wenn wir uns jetzt mit den therapeutischen Fortschritten befassen, fällt auf, dass die entscheidenden therapeutischen Durchbrüche mit der Entdeckung und Einführung von Haloperidol und Clozapin in den 1960er- und 1970er-Jahren erzielt wurden. Es ist schwer zu glauben, dass Clozapin seit gut vierzig Jahren in Bezug auf die Unterdrückung oder Besserung positiver und negativer Symptome und das Ausbleiben sogenannter extrapyramidaler Störungen[13] immer noch den klinischen Goldstandard darstellt.

Trotz klar erkennbarer Vorteile ist Clozapin alles andere als perfekt. Das Medikament führt bei etwa einem Prozent der Patienten zu einer Unterdrückung der Produktion von bestimmten weißen Blutkörperchen, zu einer sogenannten Agranulozytose. Damit man die Vorboten einer solchen Entwicklung sofort erfassen kann, sind regelmäßige Bluttests erforderlich. Das macht die Behandlung mit Clozapin kompliziert und teuer. Ein weiteres echtes Problem ist die durch das Medikament bewirkte starke Zunahme des Körpergewichtes mit sämtlichen durch Übergewicht verursachten Sekundärproblemen wie Diabetes und Herz-Kreislauf-Krankheiten.

Vor diesem Hintergrund richteten sich die Anstrengungen der Forscher logischerweise darauf aus, ein neues Präparat zu kreieren, welches die klinischen Wirkungen von Clozapin hatte, aber nicht dessen Nebenwirkungen. Das klingt alles sehr einfach, ist aber ein äußerst schwieriges Unterfangen, weil Clozapin keine pharmakologisch ‚saubere' Substanz ist. Das heißt, dass die Wirkung der Substanz, soweit man heute zu wissen glaubt, nicht auf

---

[13] Extrapyramidale Störungen (EPS) sind Parkinson-ähnliche Symptome, zum Beispiel Zittern, Bewegungsarmut, die Unfähigkeit, eine Bewegung zu generieren, oder die Unfähigkeit, ganz ruhig zu stehen.

einem einzigen, spezifischen pharmakologischen Mechanismus, sondern auf einer Kombination von mehreren biochemischen Wirkungen beruht. Die genaue Ursache der klinischen Überlegenheit von Clozapin ist deshalb nicht geklärt. Es ist sogar möglich, dass wichtige Aspekte des therapeutischen Mechanismus noch völlig unentdeckt sind.

Hier liegt nun das große Problem. In Ermangelung solider rationaler Grundlagen zielten die Anstrengungen über die letzten Jahrzehnte darauf ab, in einem neuen, aus naheliegenden Gründen ähnlichen Molekül die zahlreichen bekannten biochemischen Wirkungen von Clozapin in neuen Kombinationen einzubringen. Abhängig vom jeweils aktuellen Wissensstand wurde versucht, als unerwünscht erkannte biochemische Eigenschaften zu eliminieren, in der Hoffnung, damit die klinische Wirksamkeit zu bewahren, aber eine bessere Verträglichkeit zu erreichen. Diese unzähligen Ideen und Ansätze zur Verbesserung eines existierenden Wirkstoffes haben dazu geführt, dass praktisch alle klinisch gegen Schizophrenie wirksamen Medikamente entweder chemisch (das heißt von der Struktur her) oder pharmakologisch (das heißt von der Wirkung her) mit Clozapin oder dessen Vorgänger Haloperidol verwandt sind.

Unter den über die Jahrzehnte mit Investitionen in Milliardenhöhe entwickelten Substanzen waren tatsächlich einige, die alle Hürden schafften und auf den Markt kamen, getragen von der Hoffnung, die Lebensqualität der Patienten verbessern zu können. Während keine Substanz je ganz an die klinischen Wirkungen von Clozapin herankam, zeigten einige gegenüber Clozapin markant reduzierte Nebenwirkungen."

Kern zeigte ein neues Dia. Mit dem Laserpointer wies er auf die sehr ähnlichen, in der Darstellung übereinandergelegten Strukturen von Clozapin und Olanzapin und meinte: „Diese zwei kleinen Unterschiede im Molekül ließen zum Beispiel das Risiko einer Agranulozytose verschwindend klein werden." Der rote Laserpunkt zitterte über die entsprechenden Stellen. „Leider blieb das Risiko einer starken Gewichtszunahme bestehen."

„Warum sucht man nicht nach gänzlich neuartigen Substanzen, Substanzen, die chemisch nichts mit Haloperidol oder Clozapine zu tun haben?", fragte jemand aus dem Publikum.

„Das wird mit großem Aufwand tatsächlich seit vielen Jahren versucht", erwiderte Kern. „Bisher leider ohne großen Erfolg. Immer wieder weckten aufsehenerregende, neue Befunde die Hoffnung, über fundamental neue pharmakologische Mechanismen die Behandlung schizophrener Patienten revolutionieren zu können. Substanzen mit hochinteressantem, neuartigem Wirkprofil zogen kurz- oder längerfristig die ganze Aufmerksamkeit der Wissenschaftler und der Patienten auf sich, scheiterten dann aber später wegen ungenügender Verträglichkeit oder mangelnder klinischen Wirksamkeit in aller Stille."

In die ratlosen, aber faszinierten Gesichter seiner Zuhörer blickend, glaubte Kern zu spüren, dass er seinen Zuhörern eine Ahnung von den erheblichen Schwierigkeiten, dem großen Aufwand und den enormen Kosten einer Verbesserung der Therapie vermittelt hatte. Unter dem Druck der vorgerückten Zeit und da keine weiteren dringenden Fragen mehr im Raum standen, wandte er sich für die verbleibenden Minuten den kognitiven Symptomen der Schizophrenie zu.

„Für die kognitiven Symptome gibt es keine spezifische Behandlung. Selbst die Frage, inwieweit sie durch eine Behandlung mit Antipsychotika beeinflusst werden, kann nicht zufriedenstellend beantwortet werden, es fehlt eine geeignete Methode, sie zu quantifizieren."

Die laute Glocke zeigte das Ende der Vorlesung an. Kern unterbrach seinen Vortrag und wartete das Ende des Glockensignals ab. Während sich die ersten Studenten erhoben, um sich zur nächsten Vorlesung zu begeben, führte er abschließend aus:

„In unserer Abteilung verfolgen wir zurzeit einen alternativen Ansatz. Wir erwägen, die kognitiven Symptome durch eine Zugabe von sogenannten Cognitive Enhancers[14] zu behandeln. Der Vorteil läge darin, dass man eine für die Behandlung der positiven und negativen Symptome optimierte Therapie nicht ändern muss. Wichtig ist dabei, dass die Zugabe eines Cognitive Enhancers die Wirkung der ursprünglichen antipsychotischen Therapie nicht negativ beeinflusst. Zurzeit sind wir dabei, Hinweise auf potenzielle Risiken durch ungünstige Interaktionen zwischen den Substanzen zu suchen.

Wir sehen uns nächste Woche. Danke für ihre Aufmerksamkeit."

Während der Großteil der Studenten nach dem Applaus dem Ausgang zustrebte, blieben zwei höhere Semester vor Kerns Stehpult stehen. Als Kern gerade seinen Laptop zuklappte und vom Projektor trennte, ergriff einer der beiden das Wort: „Wir hätten noch eine Frage!"

„Bitte schießen Sie los!"

„Kann man bei funktionellen bildgebenden Gehirnuntersuchungen Unterschiede zwischen einem schizophrenen und einem normalen Gehirn sehen?"

„Nicht immer. Aber oftmals sieht man zum Beispiel eine sehr ausgeprägte Unterfunktion des Frontallappens beim schizophrenen Patienten." Während Kern sprach, verstaute er den Laptop vorsichtig in seiner Aktentasche.

„Ergibt diese lokalisierte Unterfunktion im Zusammenhang mit der Symptomatik des Patienten Sinn?"

Kern ließ den Verschluss seiner Tasche einklinken, blickte den Fragenden an und meinte: „Davon bin ich überzeugt. Angesichts der fundamentalen Bedeutung, die dem präfrontalen Cortex für höhere geistige Prozesse und Persönlichkeit zugeschrieben wird, ist das möglicherweise eine sehr wichtige Beobachtung."

„Haben Antipsychotika einen Einfluss auf die frontale Unterfunktion?"

---

[14] Substanzen, die eine Verbesserung kognitiver Prozesse bewirken können.

Inzwischen begann sich der Hörsaal für die nächste Veranstaltung wieder zu füllen. Während man sich langsam auf den Ausgang zubewegte, nickte Kern mit dem Kopf: „Gute Frage. Die Antwort ist ein ‚ja, aber'. Es gibt einige wenige Untersuchungen, die derartige Effekte zeigen, das Bild ist aber leider noch sehr lückenhaft und widersprüchlich."

4

Es war ein unfreundlicher, für den Wonnemonat Mai ausgesprochen kalter Samstag. Im Basler *Millenium*-Jazzclub am Barfüsserplatz war allerdings nichts von der Kälte zu spüren. Das Stimmengewirr bildete zusammen mit Stuhlrücken und dem Klirren von Gläsern sowie dem brodelnden Geräusch des Bieres beim Einschenken eine recht laute und sehr typische Geräuschlandschaft. Die drei Musiker betraten fast unbemerkt die kleine Bühne und begannen sofort mit dem immer gleichen Vorbereitungsritual. Franco Hiller, der Schlagzeuger, schob die eigentlich bereits am richtigen Ort stehenden Becken noch etwas hin und her und richtete die Trommeln optimal aus. Am Schluss gab es dann noch eine kleine Drehung mit dem Schlüssel, um die Spannung des Fells auf der Snaredrum noch ein Quäntchen zu optimieren. Alles fertig? Nein, er musste noch einmal kurz die Pedale der Hi-Hat und der Kickdrum betätigen, um sicher zu sein, dass wirklich alles bestens lief. Rolf Weber, der bärtige Riese am Kontrabass, bat Kern, der am Piano Platz genommen hatte, um ein A. Obwohl der Bass vor einer Stunde bereits gestimmt wurde, war der kleine Stimmcheck einerseits notwendig, weil die Raumtemperatur und Luftfeuchtigkeit die Stimmung tatsächlich beeinflussen konnte, andererseits war er, wie gesagt, Teil des obligatorischen Rituals, genauso wie ein kurzer perlender Lauf mit der rechten Hand, zwei, drei Akkorde mit der linken Hand auf dem Piano und nach dem Stimmen eine gekonnte Linie auf dem Kontrabass.

Kern kauerte inzwischen vor seinem alten Fender-Twin-Reverb-Kofferverstärker und überprüfte noch einmal, ob alle Regler auf den beim Einspielen markierten Positionen waren, damit das E-Piano laut genug, aber nicht überlaut war. Dann prüfte er mit zwei schrägen Akkorden die Grundlautstärke, die er dann mit dem Regler am Piano noch genau justieren konnte. Er liebte und hasste dieses sehr mitgenommen aussehende Fender-Rhodes-E-Piano. Er liebte es, weil sein Sound vor allem den rockigen Songs eine sehr attraktive Note gab, und er hasste es, weil das Ding sehr schwer war und sein Transport wegen der vollkommen unpraktischen Kofferhaltegriffe jedes Mal zum Alptraum wurde.

Das erfahrene Jazzpublikum kannte das ganze Prozedere und niemand interessierte sich für die Band, die ihrerseits noch keine Lust zum Spielen zu haben schien: Rolf Weber hielt den Hals seines Kontrabasses gegen seine Schulter gelehnt und erzählte breit grinsend einen Witz, während Franco Hiller noch einmal die Hi-Hat leicht verschob.

In Kerns Jazztrio waren geschriebene Arrangements nicht üblich. Man verstand sich blind, übte komplexe Phrasierungen ein, bis sie saßen, und dann ging alles wie von selbst. Obwohl man ein Programm, das heißt eine verblichene, handgeschriebene Karteikarte mit der Reihenfolge der etwa 45 Kompositionen hatte, ließ man sich im Verlauf eines Konzertes meist vom Geschmack und der Vorliebe des Publikums leiten. Ziel und größte Befriedigung nach zwei Stunden Musik war das Bewusstsein, dass das dicht gedrängte Publikum auf seine Kosten gekommen war.

Dann endlich ein „toc … toc … toc toc toc toc" auf dem Trommelrand und es ging los mit *T Bone Steak*, einem schnellen Blues. Der Lärm verstummte, nahm dann im Verlaufe des Songs aber wieder etwas zu. Dieser Blues war immer zuoberst auf der Liste. Er war einfach strukturiert, mit starkem Groove, ein idealer Beginn, eine Art Fühler, über den die Musiker den je-

weiligen Grad des gegenseitigen Verstehens erspürten. Der recht
starke Applaus am Ende des Stückes zeigte ermunterndes Wohlwollen. Bei den Musikern wich die Spannung mit jedem Stück
und machte schon bald einer aufkommenden Spielfreude Platz.
Die Reaktionen des Publikums beachtend, tastete man sich durch
das Programm. Theolonius Monks *Around Midnight* erntete etwas weniger Applaus als die im Stile von Ramsey Lewis gespielten
eher rockigen Songs, womit sich der Programmschwerpunkt für
die kommenden Stücke bereits abzuzeichnen begann. Kern kam
immer mehr in Fahrt, und für *Hang on Sloopy* wechselte er zum
ersten Mal auf das E-Piano, was von den Zuhörern mit zusätzli-
chem Applaus quittiert wurde.

Während des Spielens erblickte Kern in der ersten Reihe der
stehenden, klatschenden Menge plötzlich das Gesicht von Marie
Rossi, Herschkoffs Chefin des Pflegedienstes. Sie war eine etwa
vierzigjährige sehr attraktive Frau, und es fiel ihm nicht schwer,
ihr ein Lächeln des Erkennens zu schenken. Im Gegensatz zum
Klinikalltag trug sie ihre langen braunen Haare nicht im üblichen strengen Pferdeschwanz, sondern offen. Statt ihrer weißen
Berufsbekleidung trug sie ein olivfarbenes T-Shirt, um den Hals
ein blass orangefarbenes Seidenhalstuch und dazu enge hellblaue
Jeans. Kern erblickte neben ihr noch ein ihm schwach bekanntes Gesicht, Marie war offensichtlich mit einer Kollegin aus der
Sankt-Urban-Klinik da.

Als die Band nach etwa einer Stunde eine fünfzehnminüti-
ge Pause einlegte, kam Marie zu Kern, küsste ihn zur Begrüßung
überraschend auf beide Backen, hielt dabei ihre Wange einen entscheidenden Bruchteil einer Sekunde zu lange an Kerns Wange
gepresst und sagte:

„Kann ich einen Wunsch äußern?"

„Jeden, den ich erfüllen kann."

„Ich meine einen musikalischen!"

„Ich hatte keine Hintergedanken, ich schwöre es!"

„Habt ihr *Mercy, Mercy* im Repertoire?"

„Haben wir, und wir werden den zweiten Teil deinetwegen gerne damit beginnen."

Nach der Pause wieder das übliche, aber stark verkürzte Ritual: Hi-Hat, Snaredrum, Kickdrum, kurzer Check der Stimmung des Kontrabasses, toc ... toc ... toc ... toc ... toc ... toc, und mit den ersten Tönen des E-Pianos brandete Applaus auf; das sachkundige Publikum hatte Joe Zawinuls wunderbare Komposition sofort erkannt.

Während des zweiten Teils des Konzertes war das Publikum zwar total auf das musikalische Geschehen konzentriert, trotzdem stieg der Lärmpegel fast mit jedem Stück. Das Bier floss in Strömen, eine Unterhaltung war nur noch durch Schreien möglich, die Menge war elektrisiert. Getragen von dieser Stimmung war es für die Musiker leicht, ihr Können bis an die Grenzen auszuloten. Jedes Solo, jeder geglückte Lauf wurde von frenetischem Applaus begleitet.

Wann immer Kern während des Spielens kurz in die Menge blickte, fing er den Blick von Marie Rossi auf, die sich stehend, tanzend und rhythmisch mitklatschend mit ihrer Begleiterin in der kochenden Menge bewegte.

Am Ende des Konzerts, als allerletzte Zugabe und Höhepunkt erklang dann *The In Crowd*, ein Song, der es in der Jazztrioversion von Ramsey Lewis vor vielen Jahren sogar in die Toppositionen der Pop-Charts geschafft hatte. Durch das Klatschen, Schreien und Pfeifen näherte sich der Geräuschpegel dem gefühlten Maximum. Für die Leute in den hinteren Reihen war die Band kaum mehr zu hören. Als nach langem Improvisieren das Stück ausklang, schwoll der Lärmpegel noch einmal an und der von Pfiffen und Schreien begleitete Applaus war lang anhaltend und echt. Der Abend war gelungen, das Publikum hellauf begeistert.

Bei einem Bier wollte man nun das Konzert ausklingen lassen. Die Musiker mischten sich unter das Publikum, und Kern sah sich plötzlich Marie gegenüber, die ihn spontan an den Oberarmen packte und ihm einen schmatzenden Kuss auf die Wange drückte.

„Das war großartig, Dieter, vielen Dank für *Mercy, Mercy*."

„Trinken wir noch was?"

„Gerne."

Kern blickte sich suchend um und sah, dass Maries Begleiterin von Bekannten umringt war und deshalb keiner zusätzlichen Betreuung bedurfte.

Ein Sitzplatz war nicht auszumachen, weshalb man sich stehend unter die dicht gedrängten Gäste an der Theke mischte.

„Hi, Dieter, du warst ja groß in Form, Klasse!"

Kern traute seinen Augen und Ohren nicht: Der Mann, der ihm dies schulterklopfend sagte, war niemand anderer als Hartmut Fink, der zum ersten Mal einem Konzert des Trios beiwohnte. Wirklich erfreut über den unerwarteten Gast, erwiderte Kern:

„Hartmut, dich hätte ich hier nicht erwartet. Ich wusste gar nicht, dass du Jazzfan bist. Eher hätte ich dich bei einem Platzkonzert der Blasmusik auf dem Biogemüsemarkt gesucht." Lachend zog er dann mit seinem rechten Arm die Pflegechefin näher: „Darf ich dir Marie Rossi vorstellen, sie arbeitet bei uns in der Klinik."

Für Fink, der keine beruflich bedingten Kontakte zur Klinik hatte, war Marie Rossi völlig unbekannt. Während er sie mit einem warmen Händedruck begrüßte, musterte er die schöne Frau, und in der Annahme, dass sie Kerns Freundin war, kam er neidlos zum Schluss, dass dieser einen sehr guten Geschmack in Bezug auf Frauen hatte.

Kern setzte sich in Bewegung, um für alle etwas zu Trinken zu holen. Dank großem Körpereinsatz konnte er sich schließlich durch die Menge bis zur Theke durchwinden und für sich ein Bier, für Marie einen Caipirinha und für Fink ein Mineralwasser bestellen.

Die Getränke schützend über dem Kopf haltend, bahnte er sich dann den Weg zurück. Als jeder seinen Drink sicher in der

Hand hielt, prostete man sich, trotz stark eingeschränkter Bewegungsfreiheit, gegenseitig zu. Die dichte Menge bewirkte, dass die normal tolerierbaren Minimalabstände zwischen den Menschen deutlich unterschritten wurden und Kern an Marie und Marie an Kern gedrückt wurde, was beide nicht als unangenehm empfanden. Der Lärm hatte zur Folge, dass man sich gegenseitig ins Ohr sprechen musste, was noch zusätzliche Nähe brachte. Marie war stolz darauf, einen der drei Musiker für sich zu haben. Und Kern genoss ihre Nähe gleichermaßen.

Während seine beiden Musikerkollegen als Einheimische von Bekannten und Freunden umringt waren, kannte Kern sonst niemanden im Club. Sein Bekanntenkreis war verhältnismäßig klein und auf das berufliche Umfeld im weitesten Sinne beschränkt. Große Aussicht auf Erweiterung gab es kaum, da er verhältnismäßig selten ausging.

Seine Musikkumpels hatte Kern über einen Aushang am schwarzen Brett in einem Laden für gebrauchte Musikinstrumente gefunden. Franco Hiller hatte sich damals als Erster für den Job als Schlagzeuger gemeldet. Überraschenderweise war er so gut und als Kollege so angenehm, dass Kern die weitere Suche sofort abbrach und den Aushang im Musikaliengeschäft entfernte. Franco war in der lokalen Jazzszene sehr gut vernetzt, kannte viele Musiker und hatte als Mitglied einer Fastnachtsclique[15] Zugang zu deren Cliquenkeller, womit sich auch die wichtige Frage nach einem passenden Probelokal erledigte. Bei der Auswahl des Bassisten vertraute Kern ganz auf Francos Erfahrung: Der von Franco mit Nachdruck vorgeschlagene Rolf Weber war nicht nur ein super Bassist, er passte auch als Kollege auf Anhieb perfekt ins Team. Somit hatten sich drei musikalisch sehr stark wesensverwandte, kreative Individuen zu einer fast auf Anhieb optimal funktionierenden Einheit gefunden. Innerhalb kürzester Zeit war Kerns Repertoire eingeübt und mit neuen Vorschlägen

---

[15] Trommel- und Pfeifergruppe, die an der Basler Fastnacht aktiv teilnimmt.

erweitert worden. Seit ein paar Monaten ließ sich die Band über eine Agentur für Konzerte und private Anlässe buchen.

Als sich im Club die Anzeichen dafür mehrten, dass bald Schluss sein würde, verabschiedete sich Hartmut Fink und machte sich per Fahrrad auf den Heimweg. Eine halbe Stunde später war dann der Club geschlossen. Das übliche, lästige Abbauen der Instrumente entfiel. Kern und Hiller durften ihre Instrumente stehen lassen und erst am folgenden Morgen abholen.

Marie Rossi und Dieter Kern suchten ihre Jacken und verließen das Lokal. Die belebende Wirkung der frischen Luft ließ Kern mit Schaudern daran denken, wie schlecht die Luft gewesen sein musste, die er die letzten drei Stunden ein- und ausgeatmet hatte. In unausgesprochener Übereinkunft und mit großer Selbstverständlichkeit begleitete er Marie Rossi nach Hause. Als sie bei ihrem Gang durch die Mitternachtsstille wortlos nur dem Klang ihrer Schritte nachhörten, fühlte Kern, wie sich Marie bei ihm am Arm einhängte, und er wünschte sich, dass der Weg zu ihrer Wohnung sehr, sehr lange sein würde. Marie hatte aber eine kleine Wohnung auf der Lyss, was nur ein Katzensprung war. Als sie vor der Türe standen, blieb sie eingehängt und, sich gegenseitig in die Augen sehend, standen sie eine Weile da, bis Marie sagte:

„Möchtest du noch auf einen Kaffee raufkommen?"

„Nur, falls er nicht zu stark ist."

Lächelnd öffnete sie die Haustür, knipste das Licht an und ging voraus.

5

Alle für die erste Serie von Experimenten benötigten antipsychotischen Substanzen, Haloperidol, Risperidon und Olanzapin, waren unterdessen eingetroffen. Später sollten dann noch die entsprechenden Untersuchungen mit Quetiapin, Aripiprazol und

Asenapin durchgeführt werden. Die ersten geplanten Versuche waren auf die Erfassung der kleinsten voll wirksamen Dosis der drei Antipsychotika ausgelegt. In einer zweiten Etappe stand die nächste Frage im Vordergrund: Würde die Zugabe einer wirksamen Dosis eines Cognitive Enhancers die Wirkung der antipsychotischen Medikamente in nicht erwünschter Art und Weise verändern?

Für alle diese In-vivo-Versuche gab es einen speziellen ruhigen Raum, wo die Resultate nicht durch aus- und eintretende Personen und den allgemeinen Laborbetrieb negativ beeinflusst werden konnten. Kern suchte Hartmut Fink und fand ihn dort. Er war gerade dabei, für den geplanten Versuchsablauf die Position der Käfige auf dem großen fahrbaren Rack festzulegen. Das eigentliche Pilotexperiment war für den nächsten Tag geplant.

„Wie läuft es, Hartmut?", fragte Kern mit gesenkter Stimme.

„Ich bin dabei, alle Abläufe zu optimieren und die Versuchsparameter festzulegen. Die für den Versuch aus statistischen Gründen notwendige Gruppengröße hat mir noch etwas Sorge bereitet. Ich muss das Experiment in verschiedene Tranchen aufteilen, sonst komme ich organisatorisch nicht durch."

Er erklärte Kern seinen Plan, woraufhin dieser zustimmend nickte. Für Kern war klar: Finks jahrelange Erfahrung in der Planung und optimalen Durchführung der Experimente hatte sich einmal mehr bezahlt gemacht; sein Plan war perfekt durchdacht.

„Gute Idee. Mit diesem Design solltest du für die erste Etappe eigentlich nicht mehr als zwanzig bis dreißig Wochen benötigen. Welche Menge der antipsychotischen Substanzen steht uns zur Verfügung?"

„Wir haben von allen drei mindestens je drei bis fünf Gramm."

„Hast du alle für die Experimente notwendigen Bewilligungen von der Behörde?"

„Ja, die sind da."

„Somit ist alles auf dem besten Weg?"

„Eigentlich ja. Voraussetzung für den reibungslosen Ablauf der Experimente ist allerdings, dass dem Gruber klar wird, dass die Tafel ‚Bitte nicht eintreten!' an der Labortür auch für Leute seines gehobenen Standes gilt. Er ist letzte Woche mitten im Experiment in den Versuchsraum reingeplatzt und hat mich mit lauter Stimme gefragt, was ich genau mache. Der hat überhaupt nicht kapiert, dass derartige Ereignisse die Experimente stören. Ich habe die ganze Serie deswegen annullieren müssen."

Sehr zufrieden mit dem Stand der Dinge ging Kern zurück ins große Labor, wo er Céline anzutreffen hoffte. Sie war aber nicht da. Kern glaubte sofort zu wissen, in welchen benachbarten Labors er sie finden könnte, und lag bereits beim zweiten Versuch richtig: Am Plastikbecher mit Kaffee nippend, tratschte sie vergnügt drauflos. Da in dem betreffenden Hormonlabor zwei Elsässer Laborantinnen arbeiteten, verlief die Unterhaltung in buntem Wechsel halb im Elsässer Dialekt und halb auf Französisch. Es ging dabei, wie fast immer, um Männer. Als Céline Kern bemerkte, lächelte sie, stand – für ihre Verhältnisse – schnell auf und versicherte ihm, dass sie gleich kommen würde.

Kern ging in sein Labor zurück und hörte Célines Schritte hinter sich. Die Tür offen haltend, blieb er stehen, um sie vorzulassen. Während sie durch die Tür trat, fragte er: „Céline, wie viele Versuche kannst du pro Monat machen?"

Sie blieb stehen und drehte sich um. „Ich schätze, dass ich am Anfang bei optimaler Organisation in vier Wochen eine Substanz voll charakterisieren kann. Das heißt, du bekommst jeden Monat graphisch aufgearbeitete Resultate mit statistischer Analyse. Einen vollständigen Bericht kann ich am Anfang jedoch nicht garantieren. Sobald sich die Routine einmal eingestellt hat, werde ich wahrscheinlich pro Monat auch den dazugehörigen Bericht liefern können. Der Zeitbedarf für die gesamte Serie mit allen zurzeit geplanten Substanzen beträgt damit ungefähr sechs Monate. Dazu kommen dann die Wiederholungen und möglicherweise neu hinzukommende Substanzen. Die Kombinationsexperimente werden mindestens noch einmal so lange brauchen."

Schon während er mit ihr sprach, war ihm eine grüne Plastikdose auf dem Tisch aufgefallen. Er nahm sie in die Hand und fragte, das Thema wechselnd: „Und, was hast du dir da zum Mittagessen mitgebracht?"

„Ich hatte noch etwas Foie gras von gestern", antwortete die Elsässerin. „Dazu esse ich dann Selleriesalat und eine süße Brioche."

„Klingt nicht schlecht, findest du nicht auch, Hartmut?" Beim zweiten Teil des Satzes hatte er sich Hartmut Fink zugedreht, der kurz zuvor eingetreten war.

„Für mich klingt es nicht nur schlecht, mir *wird* auch schlecht, wenn ich an Gänse- oder Entenleber denke! Das sind reine Fett-Cholesterol-Bomben, pures Gift für die Blutgefäße. Und wenn ich an die armen Tiere denke. Während ich hier rede, werden Hunderte von Gänsen gestopft."

„Dann rette die Gänse und hör auf zu reden! Ich wette, du hast Foie gras noch nie probiert. Wie ein zölibatärer Priester verzichtest du auf eine Freude, die du nicht kennst, und predigst den Segen der Enthaltsamkeit. Während mir beim bloßen Anblick der Kerne und Körner auf deinem täglichen Gesundheitsteller bereits die Pupillen austrocknen, futterst du tapfer alles in dich hinein, nur weil es gesund ist. Dazu kommt ein permanentes schlechtes Gewissen, weil du den Enten und Gänsen die Körner wegfrisst."

„Ich fresse den Gänsen nichts weg", meinte Fink lachend.

„Vielleicht ist es auch umgekehrt. Ich könnte mir vorstellen, dass du Kaninchenbraten bestellst, nur aus Rache, weil dir die Kaninchen die Karotten wegfressen."

Hartmut hielt sich den Bauch vor Lachen. Kern wusste, dass Fink kein absoluter Vegetarier war, und fragte: „Würdest du einen Hasenbraten überhaupt essen?"

„Wahrscheinlich nur die Nüsse", prustete Céline los.

„Hartmut, was hast du heute tatsächlich auf der Speisekarte?"", erkundigte sich Kern neugierig.

„Ich habe mir Vollkornbrötchen mitgenommen. Dazu esse ich einen mit Zitronensaft und ein paar Tropfen Olivenöl abgeschmeckten Feldsalat mit Dinkelkörnern." Um Céline herauszufordern, bemühte sich Fink, seinen Ausführungen einen missionarischen Ton zu verleihen. Mit einem gespielt glücklichen Gesicht kam er zu der Quintessenz: „Und damit werde ich sehr viel länger leben!"

„Es wird dir zumindest sehr lang vorkommen."

Kern wollte etwas ablenken und meinte: „Ich hätte jetzt eigentlich große Lust auf ein riesiges, saftiges Steak, *saignant*. Hast du nie Lust auf so was?"

Diese Frage war eigentlich an Fink gerichtet. Bevor Fink jedoch antworten konnte, bemerkte Roman Portner, während er seine Jacke aufhängte: „Der isst nicht einmal Blutorangen!"

Der Doktorand war soeben von der Vorlesung zurückgekommen und fühlte sich sofort animiert, etwas zum Diskussionsthema beizutragen. Grinsend wandte er sich an Fink: „Wenn du mit deinem, durch Vollwertkost misshandelten Körper über den Friedhof läufst und ein leises Rascheln hörst, dann ist es nicht der Wind im Laub, sondern die Würmer, die sich bei deinem mitleiderregenden Anblick bereits die Servietten umbinden."

Lachend konterte Fink: „Du bleibst der Welt vermutlich auf ewig erhalten. Bei deinem aus Pizza, Hamburgern und Hotdogs bestehenden Body muss man einen Notausgang in deinen Sarg bohren, damit die bedauernswerten Würmer schnell rauskriechen können, um sich zu übergeben. Die werden dich nicht fressen. Ich flehe dich deshalb im Namen aller Würmer an: Iss Gemüse. Auch Würmer haben ein Recht auf gesunde Ernährung."

„Ich verstehe überhaupt nicht, warum du das ausgerechnet mir sagst. Ich lebe zu einem großen Teil von Gemüse, denn Pommes Frites und Ketchup gehören, streng wissenschaftlich gesehen, eindeutig zur Gruppe der Gemüse."

Kern verspürte inzwischen, vom diskutierten Thema angeregt, starke Hungergefühle und riesigen Durst. Deshalb machte er sich auf den Weg in die Cafeteria. Sein Mittagessen bestand aus einem Hotdog, dazu trank er ein Glas Mineralwasser und eine Tasse Kaffee. Er musste mit seinen Finanzen immer noch etwas sparsam umgehen. Es waren noch einige Raten von Kleinkrediten für das gebrauchte Elektropiano, den Verstärker und den zehn Jahre alten VW Golf offen.

Nach dem Mittagessen begann er über etwas nachzugrübeln, was ihn unterschwellig schon längere Zeit beschäftigte: Was war mit Marie? Warum hatte sie ihn bislang nicht angerufen? War etwas schiefgelaufen? Er jedenfalls konnte sie nicht anrufen: In der Klinik mussten ja alle privaten Mobiltelefone während der Arbeitszeit ausgeschaltet sein. Außerdem hätte er dazu ihre Handynummer gebraucht. Die war ihm aber nicht bekannt. Im Telefonbuch war ihre Festnetznummer, wie er schnell herausfand, nicht verzeichnet. Somit blieb ihm eine einzige Option: Er könnte nur versuchen, Marie über die Abteilung telefonisch zu erreichen. Da er dies aus Gründen der Diskretion zurzeit nicht besonders klug fand, blieb ihm kaum mehr, als geduldig auf einen Anruf von ihrer Seite zu warten.

Die Gedanken an Marie mit aller Macht verdrängend, wandte er sich dem Studium der beiden neuen Publikationen zum Thema „Erfassung von kognitiven Symptomen beim schizophrenen Patienten" zu, die er über PubMed[16] im Internet fand. Schon fünfmal hatte er die ersten zehn Zeilen des ersten Artikels gelesen, ohne dass irgendetwas hängen geblieben wäre.

Für ihn war es eine wunderbare Liebesnacht gewesen. Dass sie ihn am Morgen mit etwas Nachdruck aus der Wohnung gedrängt hatte, war ihm zwar nicht entgangen, aber seiner Meinung nach bedeutungslos. Oder eventuell doch nicht?

---

[16] Eine Datenbank für biologisch-medizinische Literatur.

Er überlas das Kapitel über die Eignung des MATRICS Checksheet als Messinstrument für kognitive Symptome und wusste am Ende so viel wie am Anfang.

Der Gedanke „Frauen rufen doch immer an!" beherrschte Kern den ganzen Nachmittag. Seine fruchtlosen Bemühungen, die beiden – oder zumindest eine der beiden – wissenschaftlichen Arbeiten zu lesen, hatte er inzwischen aufgegeben und stattdessen versucht, den in einigen Monaten stattfindenden zweiten Teil der Mäusestudie weiter zu planen. Welchen Cognitive Enhancer sollte er nehmen? War Piracetam als Prototyp die geeignete Substanz? Oder besser Modafinil? Sollte er eventuell Tacrin nehmen?

Aber, was war mit Marie? Für ihn völlig ungewohnt, fühlte er, wie mit jeder Stunde, die verstrich, auch seine sonst unerschütterliche Selbstsicherheit etwas mehr ins Wanken geriet.

Es war kurz vor fünf, als er alle seine Bedenken gänzlich über Bord warf und, nach einem kurzen Blick auf die interne Telefonliste, mit zittrigen Händen eine Nummer wählte.

„Abteilung B, Brigitte Voser!"

„Könnte ich bitte Marie Rossi sprechen."

„Wen darf ich melden?"

„Dieter Kern, Forschungslabor."

Nach einer Pause mit nervtötender Musik:

„Tut mir leid, sie ist bereits gegangen. Kann ich etwas ausrichten?"

„Nein, nein, danke, es ist nicht so dringend."

In diesem Moment betrat Hans Gruber das gemeinsame Büro, ging mit einer als Gruß gedachten Kopfbewegung auf seinen Schreibtisch zu, wählte noch im Stehen eine Nummer und klemmte sich den Hörer schnell zwischen Schulter und Ohr, während er sich mit spitzen Fingern die Hosenbeine hochzog. Dann setzte er sich mit bedeutungsschwerem Gesicht auf seinen statusverträglichen direktorialen Drehstuhl. Anschließend ergriff er den Hörer wieder mit der Hand, legte den Kopf elegant ins

Genick und wartete auf eine Antwort. Schon nach kurzer Zeit hörte Kern den näselnden Wiener Akzent:

„Hallo Spatzi, wie läuft es denn bei dir heute?"

„Nein, heute Abend nicht, ich bin durch die Planung von wichtigen wissenschaftlichen Experimenten fast völlig absorbiert. Ich schreibe jedes Detail auf, damit ich sicher sein kann, dass die Experimente meinen Anweisungen entsprechend umgesetzt werden."

„Nein, ich bin ziemlich im Stress, ich bin ja außerdem dabei, mein Referat für den Kongress der österreichischen Psychiater vorzubereiten."

„Hab ich dir doch bereits gesagt Spatzi: Es geht um die Frage, inwieweit Glycinagonisten für die Behandlung der Schizophrenie geeignet wären. Das Thema ist von einer unvorstellbaren Komplexität und stellt höchste Anforderungen an mich. Ohne meine unbestreitbaren didaktischen Kompetenzen wären nur wenige in der Lage, meinen Ausführungen überhaupt zu folgen, fürchte ich."

Inzwischen hatte der Rasierwassergeruch Kerns Nase erreicht, womit Grubers Präsenz nicht nur optisch und akustisch, sondern auch olfaktorisch den Raum erfüllte.

Das telefonische Palaver ging endlos weiter, bis Kern hochgradig genervt seinen Computer abschaltete, seine Jacke nahm und das Büro verließ. Er hatte genug, er wollte nach Hause.

Auf dem Heimweg beschäftigte er sich gedanklich mit Gruber. Er war sich absolut sicher, dass dieser, entgegen seinen Schilderungen, noch keine Sekunde für die Vorbereitung des Referats verschwendet hatte; notabene für ein zwanzigminütiges Referat, welches er erst Ende des Jahres halten wollte. Da er in seinem Forscherleben erst zwei wenig aufregende Einzelfallpublikationen in eher bedeutungslosen klinischen Zeitschriften verfasst hatte, war seine Zulassung als Referent von der verfügbaren Zeit und dem Wohlwollen der Organisatoren abhängig. Wegen seines Vaters wurde Gruber zwar protegiert, es bestand aber trotzdem noch die

Möglichkeit, dass er zugunsten eines etablierteren Forschers aus dem Programm gekippt und in die Postersession verbannt wurde. In der Postersession hätte er seine Resultate auf einer genau vorgeschriebenen maximalen Plakatgröße schriftlich und graphisch präsentieren und den interessierten Kongressteilnehmern zu genau definierten Zeiten für Fragen zur Verfügung stehen müssen.

Kern sinnierte weiter: Von welchen Experimenten sprach Gruber eigentlich? Als Verantwortlicher für das Labor hätte er ja davon wissen müssen. Was er aber sicher wusste, war, dass Gruber jedes selbst geplante Experiment auch mit seinen eigenen, arbeitsscheuen Händen ausführen musste, da für ihn als Gast kein technisches Personal vorgesehen war.

Inzwischen hatte Kern den Supermarkt erreicht. Er kaufte sich eine Packung frischer, mit Brasato gefüllter Ravioli, einen fertigen, frischen Pesto-Rosso-Sugo[17] im Plastikbeutel, zwei Tafeln Schokolade und eine gekühlte Dose Bier, dann ging er mit einer Plastiktragetasche in der Hand nach Hause.

Nachdem er alles abgelegt hatte, begann er sofort mit der Zubereitung des Abendessens. Er setzte in einer größeren, hohen Pfanne das Wasser auf und stellte eine kleine beschichtete Bratpfanne bereit. Dann schnitt er mit der Schere eine Ecke des Sugobeutels ab und drückte den Inhalt sorgfältig in die kleine Pfanne. Als das Wasser im großen Topf zu sieden anfing, erwärmte er den Sugo kurz auf der kleinsten Wärmestufe: Er durfte maximal lauwarm werden. Anschließend ließ er die Ravioli sorgfältig ins kochende Salzwasser gleiten.

Die Küche war sehr klein, der Herd und der Kühlschrank hatten schon einige Jahre auf dem Buckel, aber es war alles da. Alles, bis auf ein Abtropfsieb. Dieses war vor zwei Wochen kaputt gegangen und im Kehrichtsack gelandet. Kern hatte bis jetzt allerdings während der Ladenöffnungszeiten noch keine Zeit ge-

---

[17] Pastasauce, bestehend aus feingehackten getrockneten Tomaten, Pinienkernen, Olivenöl und Gewürzen.

funden, in ein Geschäft zu gehen, um ein neues Sieb zu kaufen. Deshalb musste er die *al dente* gekochten Ravioli mit einer großen, gelochten Bratenschaufel aus Chromstahl herausfischen. Er ließ sie dann kurz abtropfen und anschließend in einen weißen Suppenteller gleiten. Natürlich blieb bei dieser unvollkommenen Abtropftechnik viel Restwasser im Teller. Er nahm deshalb kurzerhand den Teller und kippte ihn über dem Abguss aus, die Ravioli mit der freien Hand zurückhaltend. Diese waren um einiges heißer als erwartet, weshalb er den Teller hektisch auf den Tisch plumpsen ließ und die schmerzende Hand schnell unter dem kalten Wasserstrahl kühlte.

Er legte einige Flocken Butter auf die Ravioli und goss die rote, wunderbar duftende Sauce darüber. Dann suchte er im Kühlschrank verzweifelt nach Parmesan, obwohl ihm eigentlich klar war, dass er vergessen hatte, welchen zu kaufen. Er nahm deshalb einen schon etwas angetrockneten, leicht gelblichen Rest Gruyèrekäse und ließ ihn mit Hilfe einer Käsereibe auf die mit Sauce bedeckten Ravioli schneien.

Während er gedankenverlorenen kaute, ertappte er sich immer wieder beim Gedanken an Marie und die bedeutungsschwere Funkstille.

Nachdem er Teller und Pfanne gespült und auf dem Trockengestell platziert hatte, nahm er sich die Schokolade und ging ins Wohnzimmer. Es war inzwischen halb acht, das heißt, Zeit für die Nachrichten. Während er sich ein Stück Schokolade in den Mund schob, tauchte schon wieder Marie in seinen Gedanken auf. Sie war so ganz anders, als er sie sich vorgestellt hatte. Ohne sie näher zu kennen, hatte er sie eher für schnippisch, kühl und etwas eingebildet gehalten. Diese Nacht hatte ihn eines Besseren belehrt: Marie zeigte sich warm, herzlich, zärtlich und voller Leidenschaft. Zum ersten Mal im Leben glaubte er, den Wunsch zu spüren, aus einer solchen Begegnung eine längere Beziehung werden zu lassen.

Warum hörte er nichts von ihr? Gab es einen Mann in ihrem Leben? Sie war so attraktiv, sie musste einen Freund haben. Er war plötzlich in einer für ihn komplett ungewohnten Rolle. Zuvor war er immer derjenige gewesen, der nicht anrief. Nicht aus bösem Willen, nein einfach, weil er es vergaß. Er fühlte, wie ihn allein der Gedanke, dass ein anderer Mann im Spiel sein könnte, nervös machte. Als die Tagesschau beendet war, stellte er mit Schrecken fest, dass er die ganze Tafel Schokolade aufgegessen hatte.

Ohne echtes Interesse ließ er anschließend einen Krimi über sich ergehen. Am Ende wusste er nicht, ob die Handlung tatsächlich so langweilig und unlogisch gewesen war oder ob er ihr nur aufgrund seiner Unaufmerksamkeit nicht hatte folgen können. Mit den Gedanken an Marie ging er schließlich zu Bett, und mit dem Gedanken an Marie schlief er endlich ein.

6

Kern streckte sich über die sitzende Céline Klein, um einen Blick auf die vor ihr auf dem Tisch liegenden Daten werfen zu können, was aufgrund ihres beträchtlichen Brustumfangs gar nicht so einfach war. Sie hatte die vielen individuellen Werte zusammengetragen und in Form eines Histogramms ausgedruckt. Auf die Daten zeigend erklärte sie: „Hier die Resultate des ersten Basisversuchs. Anscheinend funktioniert er immer noch hervorragend."

Nachdem Céline etwas auf die Seite gerückt war, konnte er die Daten tatsächlich sehen, und er musste zugeben, dass die Resultate absolut lehrbuchmäßig waren: Haloperidol, das antipsychotische Urmedikament, hemmte die Aktivität sowohl im limbischen[18] als auch im nigrostriatalen System[19]. Deutlich verschieden präsentierte sich das Bild der Untersuchungen mit Olanzapin, einem modernen Antipsychotikum. Hier zeigte sich nur eine hemmende Wirkung auf das limbische System, genau gesagt auf das ventrale Tegmentum, während die Aktivität im nigrostriatalen Bereich, genauer gesagt in der Substantia nigra, durch das Medikament nicht beeinflusst wurde. Die gängige Interpretation war, dass Wirksubstanzen, die eine selektive Wirkung auf das limbische System haben, eine viel kleinere Tendenz haben, extrapyramidale Störungen (EPS) zu verursachen. Die Resultate waren glasklar und standen im Einklang mit der wissenschaftlichen Literatur.

„Sehr gute Arbeit, Céline."

„Dieter, kannst du mir noch einmal kurz erklären, was du mit den geplanten Versuchen schlussendlich zeigen willst?"

„Gerne. Damit wir Cognitive Enhancers als Zusatzmedikation verabreichen können, müssen wir sicher sein, dass sie an der Wirkung der antipsychotischen Therapie nichts verändern. Du wirst verschiedene Kombinationen von Antipsychotika und Cognitive Enhancers testen und herausfinden, ob eine Schwächung oder Stärkung der pharmakologischen Wirkung von Haloperidol, Risperidon, Aripiprazol etc. stattfindet und ob sich eventuell das Nebenwirkungsprofil verändert. Ich nehme zwar nicht an …"

„Dieter, du wirst am Telefon verlangt!" Hartmut Fink hielt den Hörer in die Höhe. „Ich glaube, es ist deine Mutter!"

Kerns Mutter war 73 Jahre alt, seit vier Jahren Witwe und lebte gut hundert Kilometer von Basel entfernt in der Innerschweiz. Sie hatte sich nach dem Tod ihres Gatten unerwartet schnell

---

[18] Das limbische System ist ein komplexes Netzwerk verschiedener Hirnareale, welches unter anderem für Emotionen und Gedächtnis zuständig ist.

[19] Das nigrostriatale System ist ein Netzwerk, welches in die Auslösung und Kontrolle der Bewegung involviert ist. Degeneration dieser Bahnen führt zu Parkinson.

ans Alleinsein gewöhnt und sich einen Tagesrhythmus geschaffen, der aus Einkaufen, Kaffeetrinken und Arztbesuchen bestand. Kern war darüber sehr froh. Er hatte eigentlich kein besonders inniges Verhältnis zu seiner Mutter, da er sie immer als eigennützig, bequem und halsstarrig wahrgenommen hatte. Trotzdem fühlte er als Sohn eine gewisse Verpflichtung ihr gegenüber. So überwies er ihr, seitdem er in Basel arbeitete, jeden Monat eine bestimmte Summe, da ihre Rente zum Leben kaum reichte. Obwohl er die Mutter nach dem Tod seines Vaters ermuntert hatte, ihn bei Problemen ungeniert am Arbeitsplatz anzurufen, hatte sie von diesem Angebot noch nie Gebrauch gemacht. Er nahm deshalb an, dass es wichtige Neuigkeiten gab.

„Hallo Mutter, wie geht's? Ist etwas passiert?"

„Dein Bruder Hanspeter sitzt bei mir im Wohnzimmer auf dem Sofa, aber er sagt nichts, er spricht kein Wort."

Kern wusste, dass dies nicht der Fall sein konnte. Sein zehn Jahre älterer Bruder lebte seit Jahren in Südafrika. Er hatte erst letzte Woche mit ihm telefoniert und nichts von einem geplanten Besuch gehört. Er überlegte fieberhaft, wer die Person in der Wohnung seiner Mutter wohl sein könnte. War es ein „Enkeltrick"-Betrüger, der seiner Mutter an vermeintliche Ersparnisse wollte? Sollte er sofort die Polizei anrufen? War tatsächlich jemand da?

Er sagte deshalb so entspannt wie unter diesen Umständen überhaupt möglich: „Kannst du mir Hanspeter bitte ans Telefon holen?"

Er hörte, wie sie den Hörer ablegte und seinen Bruder mit Namen ans Telefon rief. Es geschah nichts. Schließlich hörte er, wie sie an den Apparat zurückkam und den Hörer ergriff. Über längere Zeit war nur ein Rumpeln zu hören. Sie schien mit dem Hörer zu hantieren. Dann sprach sie endlich: „Er will nicht, er rührt sich nicht, er spricht nicht."

„Kannst du mir einen Gefallen tun? Bitte geh zu ihm, nimm seine Hand und führe ihn ans Telefon."

Er hörte, wie sie den Hörer weglegte und ein paar Schritte weit lief, dann hörte er lange nichts. Kern wurde noch eine Spur unruhiger. War sie krank? Als Schizophrenieforscher fragte er sich sofort, ob sie eventuell Halluzinationen hatte. Wiederum war über längere Zeit nur Rumpeln zu hören, bis er endlich ihre Stimme hörte: „Er kommt nicht, ich kann ihn nicht halten, er sagt nichts."

„Bleib ganz ruhig im Wohnzimmer, ich werde versuchen, Freddy Hauser zu erreichen!"

Kern legte den Hörer auf und suchte im Internet nach Hausers Telefonnummer. Sobald er diese gefunden hatte, tippte er sie ein. Freddy Hauser, der auf demselben Stockwerk wohnende Nachbar, war gut zehn Jahre jünger als Kerns Mutter und kannte Dieter Kern schon, als dieser noch die Grundschule besuchte. Er betrieb im selben Haus ein kleines Geschäft mit Wein, Schnäpsen, Kaffeebohnen und Kaffeepulver. Kern hoffte inständig, ihn dort zu erreichen.

„Hallo Herr Hauser, Kern hier."

„Dieter?"

„Genau."

„Wie geht's dir mein Junge? Ich habe dich schon lange nicht mehr gesehen. Bist du nicht mehr in Amerika? Deine Mutter hat mir mal erzählt, dass du wieder in die Schweiz kommst."

„Ja, ich bin schon längere Zeit zurück. Jetzt lebe ich seit bald zwei Jahren in Basel, von wo aus ich auch anrufe."

„Und wo brennt's denn, Dieter?"

„Ich hätte eine große Bitte an Sie, es geht um meine Mutter."

„Gerne, was kann ich für dich tun?"

„Sie behauptet, dass mein Bruder Hanspeter bei ihr sei, was absolut nicht sein kann, ich habe erst kürzlich mit ihm telefoniert. Ich wäre Ihnen sehr dankbar, wenn Sie kurz nach ihr sehen könnten, zu meiner Beruhigung."

„Das mache ich gerne für dich. Ich habe noch einen Kunden hier, dann geh ich zu ihr hoch."

„Vielen herzlichen Dank, wenn es Ihnen recht ist, werde ich wieder anrufen, um zu fragen, was los war."

„Tu das, mein Junge."

Kern war zwar erleichtert, dass jemand nach seiner Mutter sah, trotzdem war er noch immer so beunruhigt, dass er sofort wieder ihre Nummer wählte. Doch da war nur das Besetztzeichen. Sie hatte wahrscheinlich den Hörer nicht richtig aufgelegt.

„Ist was mit deiner Mutter?", fragte Hartmut, der das Gespräch zwangsläufig mitgehört hatte.

„Ich weiß es nicht, sie ist anscheinend sehr verwirrt. Ich hoffe, ich werde bald mehr wissen."

Unruhig wartete er zehn Minuten, dann wählte er Freddy Hausers Nummer. Da war aber niemand. Erst beim vierten Versuch klappte es endlich, Hauser ging an den Apparat.

„Hallo Herr Hauser, wie steht's denn?"

„Ach ja, Dieter. Soweit, so gut. Sie hat mir Hanspeter gezeigt, aber da war niemand, der Stuhl war leer. Sie hat mir dann erklärt, dass sich der Hanspeter jetzt auf dem Balkon versteckt hätte. Ich habe mir dann den Balkon und alle Zimmer angesehen, da war nichts Besonderes. Es dauerte allerdings sehr lange, bis sie mir die Türe öffnen konnte, sie hatte offensichtlich den Schlüssel falsch herumgedreht. Ich meine, sie ist etwas verwirrt, aber sie hat sich beruhigt. Ich habe dann noch gesehen, dass sie den Telefonhörer nicht aufgelegt hatte. Das habe ich noch in Ordnung gebracht. Ich habe ihr auch gesagt, dass sie mich jederzeit, Tag und Nacht, rufen kann. Sie braucht nur an meiner Wohnungstür zu klingeln."

„Das ist äußerst nett von Ihnen. Ich bedanke mich sehr herzlich."

Als Kern den Hörer auflegte, fiel ihm zwar ein Stein vom Herzen, er beschloss jedoch, seinen Chef einzubeziehen und ihn als Kliniker um Rat zu fragen. Auf seine Ausführungen antwortete Herschkoff mit hochgezogenen Augenbrauen: „Bist du sicher, dass sie ausreichend isst und vor allem trinkt? Alte Leute spüren den Durst viel weniger, und als Folge dieser Dehydrierung sind Halluzinationen keine Seltenheit. Sorgt sie für sich selbst?"

„Ja, sie kauft ein und kocht für sich, falls ich ihren Schilderungen Glauben schenken kann, aber jetzt bin ich plötzlich ernsthaft im Zweifel."

„Das ist bis jetzt ja eine einmalige Sache gewesen", meinte Herschkoff. „Sollte sich wieder etwas Ähnliches ereignen, dann müssen wir uns etwas überlegen. Bitte halte mich auf dem Laufenden."

Kern bedankte sich und machte sich auf den Weg zurück in sein Büro. Dort angekommen, stellte er erleichtert fest, dass Gruber sich wieder eine Auszeit genommen hatte und Büro- und Laborpersonal von seiner Anwesenheit verschonte. Er arbeitete noch bis gegen acht und machte sich dann auf den Weg nach Hause. Von dort aus rief er um neun Uhr noch einmal seine Mutter an und stellte beruhigt fest, dass ihrer Meinung nach alles in Ordnung sei; alles außer der Tatsache, dass auf dem gegenüberliegenden Parkplatz schon längere Zeit ein Wagen geparkt sei, von dem aus ihr Haus beobachtet würde. Kern lachte und sagte: „Jetzt musst du deine Millionen verstecken, die sind bestimmt hinter deinem Geld her."

Auf seine Frage, ob sie für sich täglich kochen würde, bekam er ein ärgerliches „ja natürlich" zu hören. Doch auf genaueres Nachfragen, was sie denn heute gekocht und gegessen hätte, folgte eine sehr lange Pause. Dann nannte sie stockend einige Speisen, als seien sie gerade ihrer Fantasie entsprungen. Einem spontanen Einfall folgend, sagte er seiner Mutter, sie solle sich in der Küche ein großes Glas Mineralwasser holen, was sie ohne Widerspruch tat.

„Und jetzt trinkst du dieses Glas vollständig aus. Ich werde vorher nicht auflegen."

Er hörte, wie sie einen Schluck trank und das Glas irgendwo hinstellte.

„Austrinken, habe ich gesagt!"

„Ich habe aber keinen Durst, ich habe heute schon viel getrunken."

„Keine Ausreden, nimm das Glas und trink es aus." Dieses Mal trank sie zwei Schlucke.

In vier weiteren Etappen trank sie das Glas dann schließlich leer.

„Wenn ich von dem vielen Wasser Bauchweh bekomme, bist du aber schuld."

„Diese Schuld nehme ich gerne auf mich. Jetzt gehst du aber ins Bett und vergiss nicht, den Hörer richtig aufzulegen." Als das Telefonat beendet war, hatte Kern ein sehr ungutes Gefühl.

7

Die Sache mit seiner Mutter hatte ihn abgelenkt und seine Gedanken an Marie Rossi etwas in den Hintergrund gedrängt. Am anderen Morgen ließ ihn die Frage, warum Funkstille zwischen ihnen herrschte, aber keine Ruhe mehr. Schließlich rief er um halb zehn in der Klinik an und verlangte, Marie Rossi zu sprechen.

„Es tut mir leid, Frau Rossi ist gerade in einer Abteilungssitzung. Kann ich ihr etwas ausrichten?"

„Nein, nein, das ist nicht so wichtig. Haben Sie vielleicht ihre Handynummer?"

„Das tut mir sehr leid, aber ich bin nicht befugt, private Nummern von Mitarbeitern weiterzugeben."

„Das ist mir vollkommen klar, ich wollte Ihnen nur weitere Anrufe ersparen."

„Dafür bin ich schließlich da. Wenn ich etwas ausrichten kann, dann tue ich dies sehr gerne für Sie, Herr Dr. Kern."

„Wann, meinen Sie, ist meine Chance am größten, sie zu erreichen?"

„Ich würde sagen, so um zwei Uhr. Die Arztvisiten, an denen sie als Pflegechefin teilnehmen muss, sind immer am Morgen. Ab zwölf gehen die ersten Mitarbeiter zum Mittagessen, um zwei sind die letzten vom Essen zurück, und da beginnt in den offenen Abteilungen die Besuchszeit."

„Vielen herzlichen Dank."

Kern ging dann noch schnell die Bilder und die Stichworte seiner Vorlesung durch, die in knapp dreißig Minuten stattfinden sollte. Thema der heutigen Vorlesung: die Pharmakotherapie der Alzheimer-Krankheit.

Kern stand pünktlich um zehn Uhr im Hörsaal und schätzte anhand der wenigen leeren Plätze, dass achtzig bis hundert Studenten anwesend waren. Nach ein paar einführenden Worten kam er gleich zur Sache und erläuterte die Pathogenese der Alzheimer-Krankheit. Er erwähnte die klassischen pathologischen Kennzeichen, die sogenannten Amyloid-Plaques, Ablagerungen von Beta-Amyloid, und die Neurofibrillary Tangles, die Alzheimer-Fibrillen sowie die Existenz von Alzheimer-Familien und die Bedeutung von Risikogenen. Dann kam er auf die Therapiemöglichkeiten zu sprechen, die er je nach angestrebter Strategie gruppierte. Am Schluss fasste er alles zusammen:

„Ich möchte hier nicht als Ketzer dastehen, aber so wie sich die Situation zurzeit darstellt, gibt es noch kaum Behandlungsmöglichkeiten für die Alzheimer-Krankheit. Eine Heilung mit den heute denkbaren Therapien halte ich für praktisch ausgeschlossen. Die angesichts der Zerstörung von cholinergen Nervenzellen erhofften therapeutischen Wirkungen von cholinergen Substanzen auf die Gedächtnisleistung haben sich nicht bewahrheitet. Eine durch therapeutische Maßnahmen angestrebte Reduktion des stark neurotoxischen Beta-Amyloids ist mit einer passiven Immunisierung tatsächlich geglückt. Leider blieben die erhofften Behandlungserfolge, wie wir heute wissen, aus. Aus diesen Resultaten erwachsen auf der einen Seite Zweifel, dass ein Zusammenhang zwischen der Amyloidbelastung des Gehirns und der mentalen Leistungsfähigkeit besteht, und erhärtet sich auf der anderen Seite der Verdacht, dass man bei einem Patienten mit Demenzsymptomen mit dieser therapeutischen Maßnahme bereits zu spät kommt. Die aktive Impfung mit Beta-Amyloid ist, zumindest aus heutiger Sicht, an untolerierbaren Nebenwirkungen gescheitert. Diese Erkenntnisse sind angesichts der vielen Milliarden Franken an Investitionen in die Forschung vonseiten der Akademie, Industrie und Klinik total frustrierend.

Das nächste Mal werden wir uns mit der Parkinson-Krankheit befassen. Da sieht es etwas besser aus. Ich danke Ihnen für Ihre Aufmerksamkeit."

Der verhaltene Applaus der Studenten reflektierte eine gewisse nachdenkliche Betroffenheit. Diejenigen, die sich durch Lesen von Artikeln in der Laienpresse mit der Materie vertraut gemacht hatten, waren von der negativen Prognose überrascht.

„Da gab es doch mehrere Artikel über baldige klinische Durchbrüche mit neuartigen Therapien. Ist das alles Schwindel?"

„Nein, kein Schwindel", antwortete Kern auf die skeptische Frage. „Die Begeisterung über eine Entdeckung und die darauf beruhenden Hoffnungen trüben oftmals den Blick für die noch anstehenden, jahrelangen Untersuchungen und deren sehr kleine Chance auf Erfolg. Oftmals öffnet eine zu optimistische Sicht auf die therapeutische Zukunft einer Entdeckung den Weg zu finanzieller Unterstützung durch Institutionen. Man muss aber auch sagen, dass es nicht immer die Forscher sind, die über die Medien unberechtigte Hoffnungen wecken. Vielfach sind es auch die Medien selbst, die sich an Artikeln in wissenschaftlichen Top-Zeitschriften bedienen und gänzlich regelkonform publizierte Befunde mit entsprechend aufgemachten Schlagzeilen und unhaltbaren Schlussfolgerungen zu einer aufmerksamkeiterregenden Story aufbauschen."

Während sich der Hörsaal langsam leerte, trennte Kern seinen Laptop vom fest installierten Projektor und packte ihn mitsamt Stromkabel und Spannungswandler in seine Aktentasche. Da standen aber wie üblich noch ein paar Studenten an, die die eine oder andere Frage loswerden wollten. Als Erster sprach ein dunkelhaariger, stark übergewichtiger junger Mann im quergestreiften Pullover:

„Ihre zusammenfassenden Bemerkungen über die therapeutischen Erfolge decken sich in keiner Weise mit den Informationen, die wir in der Neurologievorlesung hörten. Ich glaube mich zu erinnern, dass die Therapieerfolge mit Hemmern der Cholinesterase von Professor Keller als durchwegs positiv beurteilt wurden."

„Man kann diese Befunde in durchaus unterschiedlicher Art und Weise werten. Dabei kommt mir spontan das Bild vom halbvollen oder halbleeren Glas in den Sinn. Die Resultate, oder besser gesagt, einige wenige Resultate weisen tatsächlich auf einen messbaren, statistisch signifikanten, aber kleinen Effekt hin. Man kann dies jetzt als Erfolg sehen. Da keine der Behandlungen zu einer verbesserten Lebensqualität der Patienten geführt hat, kann ich das nicht als Erfolg bewerten. Das ist aber nur meine persönliche Meinung."

„Das ist doch ein erster Schritt! Wir kommen einer Behandlung näher!" Dieser Einwand kam von einer durch ihre randlose, runde Brille sehr intellektuell aussehenden Studentin.

„Wenn Sie sich auf einen Tisch stellen, kommen Sie dem Mond auch näher. Obwohl dieser Fakt physikalisch einwandfrei messbar und wissenschaftlich korrekt ist, würde ich mich weigern, dies als ersten Schritt auf dem Weg zum Mond zu betrachten."

Als alle Fragen beantwortet waren, wollte sich Kern auf den Weg zurück zum Büro machen. Kurz auf die Uhr blickend, stellte er fest, dass es bereits halb eins war. Er ging deshalb kurz in die Mensa und kaufte sich einen Wrap, den er im Büro essen wollte.

Im Treppenhaus nahm er sich eine Basler Zeitung, die jemand auf der Fensterbank liegen gelassen hatte, und rannte, wie üblich

zwei Stufen auf einmal nehmend, nach oben. Im Büro angekommen, legte er Zeitung und Wrap auf seinen Schreibtisch und
sortierte seine Vorlesungsunterlagen sorgfältig in die Hängere-
gistratur einer Schublade seines grünen Aktenkastens ein. Dann
holte er sich einen Kaffee aus dem Automaten und setzte sich an
seinen Schreibtisch. Er schlug die Zeitung auf, nahm sich den
Wrap und begann dann zu lesen, während er aß. Dabei überflog
er die Schlagzeilen und verharrte jeweils kurz an interessant erscheinenden Artikeln. Allein, es fehlte die letzte Konzentration.
Immer wieder fühlte er den Drang, auf seine Uhr zu blicken. Er
wollte Marie Rossi um zwei Uhr anrufen. Es war inzwischen genau ein Uhr geworden. Er schaltete sein kleines Radio ein und
hörte die Nachrichten.

Als sie zu Ende waren, war es, wie er auf die Uhr blickend
feststellte, erst zehn nach eins. Was nun? An Arbeiten war nicht
mehr zu denken, so nervös war er. Er nahm sich noch einmal
die Zeitung vor und durchforstete sie nach Mitteilungen von Be-
lang. Das Einzige, was an diesem Tag sein Interesse weckte, war
der BAZ-Markt, eine populäre Flohmarktplattform. Sorgfältig
las er die Beschreibungen der zum Verkauf stehenden Musikinstrumente. Er hatte zwar kaum Geld übrig, aber immer eine Schwäche für Keyboards. Für sein späteres Leben als reicher,
von der ganzen Welt gefeierter, mit Geldpreisen überhäufter Forscher hatte er den Erwerb eines Blüthner Flügels geplant. Für die
Gegenwart hätte er sich anstelle des schweren Fender-Rhodes-
E-Pianos ein gut zu transportierendes, rein elektronisches Piano
gewünscht.

Es war inzwischen zwanzig nach eins. Sich nervös umblickend, sah er einen Gratisanzeiger auf Grubers Schreibtisch
liegen. Er ergriff die Zeitung und blätterte zerstreut in dem
hauptsächlich aus Anzeigen bestehenden Blatt. Es war die Don-
nerstagausgabe der vergangenen Woche, das heißt die Ausgabe
mit der großen Flohmarktplattform. Er suchte die Rubrik mit
den Musikinstrumenten und las sie drei-, viermal durch. Da

waren zwar zwei gebrauchte Keyboards im Angebot, aber nichts, was ihn wirklich interessierte.

Inzwischen war es vierundzwanzig Minuten nach eins. Einem spontanen Einfall folgend, rief Kern seine Mutter an: Erlöst stellte er nach langem Warten fest, dass sie den Hörer abnahm.

„Hallo Mutter, wie geht es dir?"

„Mir geht es sehr gut, ich habe Besuch."

„Wer ist denn bei dir?", fragte er, seine Unruhe nur mühsam unterdrückend.

„Ein nettes Mädchen, es wohnt seit ein paar Tagen bei mir."

„Wohnt bei dir?" Jetzt klingelten bei ihm alle Alarmglocken. „Wer ist denn dieses Mädchen?"

„Du kennst es nicht, aber es kennt dich."

„Ist es jetzt da? Kann ich es sprechen?"

„Ich sehe es gerade nicht, aber es freut sich, dich kennenzulernen", antwortete sie freundlich.

„Bitte rufe es doch schnell ans Telefon."

„Es geht nicht, es ist gerade für mich einkaufen gegangen."

Ärgerlich wechselte er das Thema. „Wann musst du zum nächsten Mal zum Arzt?"

„Heute Nachmittag um vier."

„Bitte vergiss den Arztbesuch nicht", ermahnte er sie drängend.

„Keine Angst, ich vergesse nichts!"

Kern war nun äußerst beunruhigt und wählte sofort die Telefonnummer von Dr. Baumann, Mutters Hausarzt. Er schilderte diesem seine Beobachtungen und äußerte die Befürchtung, dass seine Mutter eventuell Halluzinationen haben könnte. Der Arzt hörte sich die Sache zwar an, schien aber keinesfalls beunruhigt.

„Ihre Mutter war letzte Woche bei mir. Sie war völlig normal, ihr Äußeres war sehr gepflegt, sie machte überhaupt keinen verwirrten Eindruck."

„Diese Meinung hatte ich bis vor kurzem auch. Bitte achten Sie heute genau auf sie. Fragen Sie sie nach meinem Bruder und dem Mädchen!"

„Das werde ich gerne tun."

„Darf ich sie heute Abend kurz nach sechs anrufen?"

„Kein Problem."

Nach dem Gespräch mit Dr. Baumann schaute Kern auf die Uhr, es war ein Uhr fünfundfünfzig. Mit nervösen Händen tippte er die Nummer der Psychiatrie und wartete auf die Stimme der Empfangsdame.

„Ach Herr Dr. Kern, Sie wollen bestimmt mit Marie Rossi sprechen! Ich verbinde sie gleich." Es dauerte unendlich lange, bis er Maries Stimme hörte:

„Ja, hallo!"

„Marie, wie geht's dir? Ich hatte gehofft, von dir zu hören. Ich wollte nicht in der Klinik anrufen, aber ich habe keine andere Telefonnummer, über die ich dich erreichen kann."

„Hallo Dieter, ich kann jetzt leider nicht gut sprechen … Es ist alles so kompliziert. Es tut mir leid."

„Kann ich dich später anrufen, oder willst du mich später anrufen?"

„Ich kann jetzt nicht, ich muss gehen. Sorry!"

„Gib mir doch bitte deine Handynummer!"

Es war schon zu spät, denn Marie hatte bereits aufgelegt. Sie schien kein Interesse an einer Konversation mit ihm zu haben. Es war weniger seine Eitelkeit als die ergebnislose Suche nach Gründen für die Situation, die ihn ins Grübeln brachte. Es konnte ganz einfach nicht sein, dass sie aus beruflichen Gründen nie Zeit fand ihn anzurufen. Die eben noch vorhandene erwartungsvolle Spannung war wie eine Seifenblase lautlos zerplatzt. Ernüchterung stellte sich ein. Gedankenverloren öffnete Kern seine Schublade und zog zum wiederholten Male die beiden Publikationen heraus, die er eigentlich schon seit einigen Tagen lesen wollte. Obwohl er frustriert war, schaffte er es tatsächlich, die Arbeiten zu lesen und bei der Sache zu bleiben. Um sechs Uhr abends rief er Dr. Baumann an, um sich nach dessen Eindruck von seiner Mutter zu erkundigen.

„Totale Entwarnung, Herr Kern. Ihre Mutter war pünktlich hier. Sie war gut und sauber gekleidet, hatte Make-up und Lippenstift aufgelegt und zeigte keinerlei Symptome. Auf meine Frage nach ihrem anderen Sohn hat sie mir erklärt, dass er seit langer Zeit in Südafrika lebt."

„Ein Kollege von mir hat den Verdacht geäußert, sie könnte dehydriert sein, was eine Erklärungsmöglichkeit für die Symptome sein könnte. Wie können wir sicherstellen, dass sie etwas trinkt?"

„Ich kann das zwar nicht ausschließen, aber mein Eindruck ist, dass es ihr an nichts fehlt."

Als Kern dann schließlich den Hörer auflegte, war er zwar etwas beruhigt, aber in keiner Weise entspannt.

8

Inzwischen waren die Experimente in vollem Gang. Sowohl Hartmut Fink als auch Céline Klein steckten bis zum Hals in Arbeit. Interessant und für Kern beruhigend war, dass die ersten der untersuchten Substanzen in den beiden sehr unterschiedlichen Tests ein ähnliches Muster zeigten: Die potenteren Substanzen waren in beiden Tests parallel bei tieferen Dosierungen aktiv. Entsprechend mussten die weniger potenten Substanzen in beiden Tests höher dosiert werden.

Kern war durch die neuen Experimente, die ihm täglich vorgelegten interessanten Daten und die Aufarbeitung vorhandener Ergebnisse vollkommen in die wissenschaftliche Welt eintaucht. Selbst das Klavierspiel hatte momentan nur zweite Priorität, es war auf die eine wöchentliche Probe mit dem Trio reduziert. Musikjobs gab es zurzeit keine.

Marie Rossi hatte sich seither nicht gemeldet, und es war für ihn deshalb völlig überraschend, als er am Telefon ihre Stimme hörte.

„Marie, was für eine Überraschung."

„Bist du mir sehr böse?"

„Ich war dir nie böse. Ich war verwundert, überrascht, betroffen, sehr traurig, aber nie böse. Ich hätte wahnsinnig gerne etwas von dir gehört, habe aber deine unausgesprochene Entscheidung akzeptiert. Ich möchte nur eines wissen: Habe ich etwas falsch gemacht?"

„Nein, nein, keineswegs. Du hast gar nichts falsch gemacht. Es war ... wundervoll."

„Aber?"

„Du musst es vergessen. Das alles ist nie geschehen. Ich habe den Kopf verloren, mich vergessen. Ich hätte nie gedacht, dass mir so etwas passieren könnte."

„Deine Wortwahl macht mir Sorgen, Unfälle ,passieren'. Bist du verheiratet?"

„Nein, das nicht ... "

„Aber du hast einen Freund?"

„Ja, nein ... "

„Dann beende doch diese Geschichte."

„Dieter, das geht nicht. Bitte akzeptiere einfach meine Entscheidung. Du bist ein sehr liebenswerter, feiner Mensch, an dir ist nichts falsch, aber ich kann nicht anders. Mach's gut."

Kern hielt den Hörer noch am Ohr, als die Verbindung schon längst gekappt war, und war sich nicht klar, wie er dieses Gespräch einordnen sollte. Er wusste so viel wie vorher. Nein, doch etwas mehr, nämlich dass es nicht seine Schuld war.

Nach dem Gespräch brauchte er einige Zeit, um seine Gedankenwelt in produktive Bahnen zu lenken. Erst dann war es ihm möglich, mit seiner Arbeit an einem Referat fortzufahren. Es handelte sich um einen Vortrag, den er auf Einladung der Rutgers University in Newark, USA, zum Thema „Die Bedeutung von Dopamin in der Therapie der Schizophrenie" halten sollte. Sein Doktorvater, Kevin Shorter, hatte ein kleines, hochkarätiges Schizophreniesymposium organisiert und Kern eingeladen, in diesem Kreis einen Vortrag zu halten. Kern gedachte für diesen Zweck den Vortrag, den er in Basel bei der Bewerbung um seinen Job gehalten hatte, zu aktualisieren und etwas aufzupeppen.

9

Als Kern die Wohnungstür seiner Mutter aufschließen wollte, sah er, dass sie etwas offen stand. Er konnte seine Mutter deshalb sprechen hören. Leise schob er die Tür auf und trat ein. Seine Mutter stand im Korridor vor dem Spiegel und sprach mit lauter Stimme auf ihr Spiegelbild ein.

„Bitte gib mir den Schlüssel. Ich weiß, dass du ihn genommen hast! Jetzt gib ihn doch her, ich brauche ihn."

„Mutter, was ist los, mit wem sprichst du da?"

„Das Mädchen hat meinen Schlüssel genommen und gibt ihn mir nicht zurück."

„Mutter, da ist niemand, du sprichst mit deinem Spiegelbild."

Sie schaute ihn völlig verunsichert an, ging auf ihn zu und lächelte.

„Dann bin ich aber froh."

Kern dachte an die offene Tür und blickte suchend auf das Schlüsselbrett. Da hing keiner der drei Wohnungsschlüssel: Es fehlte ihr eigener, mit einem roten Lederanhänger versehener Schlüsselbund, an dem außer dem Wohnungs- und Hausschlüssel auch die Schlüssel für den Briefkasten und die Kellertür hingen. Es fehlte der in einem braunen Lederetui befindliche Schlüsselbund seines verstorbenen Vaters. Und es fehlten die nur in einen dicken Metallring eingeklinkten Reserveschlüssel für die Wohnungs- und Haustür.

„Komm, setz dich hin, ich suche die Schlüssel."

Seine Mutter setzte sich gehorsam, und Kern begann mit der Suche. Sein erster Gedanke galt den Handtaschen: Sie hatte sowohl zum Kaffeetrinken als auch zum Einkaufen immer eine Tasche dabei. Normalerweise fanden sich in diesen Taschen neben Geldbeutel und Schlüssel auch immer mehrere Packungen Papiertaschentücher. Seine Mutter hatte stets die Befürchtung, einmal ein Taschentuch zu benötigen und keins dabeizuhaben, was fast schon einer Obsession gleichkam. Kern durchsuchte die erste Tasche, in der eine chaotische Unordnung herrschte. Er nahm die losen, teilweise entfalteten, aber ungebrauchten Taschentücher heraus und warf sie in den Kehrichtsack in der Küche. In der zweiten Tasche fand er schon das braune Schlüsseletui seines Vaters. Außerdem fand er unter den vielen Taschentüchern drei Zehn-Franken- und eine Zwanzig-Franken-Banknote sowie eine Handvoll Münzen.

Die Suche nach dem nächsten Schlüsselbund gestaltete sich wesentlich schwieriger. Er fand zwar auch in den weiteren Taschen Papiertaschentücher, manchmal etwas Kleingeld oder eine unbezahlte Rechnung, aber keine Schlüssel. Die Mutter sah ihm stumm zu und sagte dann:

„Ich habe dir doch gesagt, dass das Mädchen die Schlüssel hat!"

„Es gibt kein Mädchen hier!"

Mutter hatte nun einen sehr ärgerlichen Gesichtsausdruck. Ihre Stimme klang plötzlich um einiges schärfer: „Wenn ich dir doch sage, dass ich ihr den Schlüssel gegeben habe."

Kern wollte keinen unnötigen Streit und setzte seine Schlüsselsuche in ihrem Schlafzimmer fort. Dort stand ein Hocker, der eigentlich in die Küche gehörte, vor dem linken äußersten Spiegelschrank. Verwunderlich war, dass auf dem Hocker ein Teller mit einem Stück angetrocknetem Käse und einer Scheibe vertrockneter Wurst lag. Kern schob den Hocker beiseite, öffnete den ersten der sechs aneinandergebauten braunen Ikea-Kleiderschränke und begann, alle Jacken und Manteltaschen zu durchsuchen, in der Annahme, seine Mutter hätte den Schlüssel vielleicht nur schnell weggesteckt. Diese Idee erwies sich letztlich als goldrichtig. Nach einer langen Zeit des Suchens wurde er in Schrank Nummer vier fündig und hielt den Ring mit den Reserveschlüsseln in der Hand. Er schaute die Schlüssel genau an und bemerkte, dass sowohl der Wohnungs- als auch der Haustürschlüssel in zweifacher Ausführung am Bund hingen. Er erinnerte sich, dass das eigentlich so sein musste, denn es waren immer vier Schlüsselsätze vorhanden gewesen; zwei für die Eltern und je einer für die beiden Söhne. Kern stellte noch eine ganze Stunde lang die Wohnung auf den Kopf, der Bund mit dem roten Lederanhänger war und blieb aber verschwunden.

„Ich hänge jetzt beide Schlüssel ans Schlüsselbrett und du wirst das ab heute auch immer so machen. Dann hast du immer einen Schlüssel zur Hand."

Schließlich wechselte er das Thema: „Mutter, warum steht ein Teller mit Käse und Wurst im Zimmer?"

Nach einer längeren Pause antwortete sie: „Das Mädchen hatte doch Hunger."

„Es ist jetzt Mittag und ich habe auch Hunger. Komm wir gehen was essen."

Kern half seiner Mutter in die Jacke und ließ sie die Wohnung selbst zuschließen. Er beobachtete sehr genau, wohin sie den Schlüssel steckte. Während sie zusammen die vielen Treppenstufen aus dem vierten Geschoss des alten Hauses hinuntergingen, hielt er sie vorsichtig am Arm. Vor Hausers Laden blickte Frau Kern ins Schaufenster und begann, mit freundlichem Gesicht zu winken. Kern glaubte, sie winke dem Ladeninhaber zu; der war aber gar nicht zu sehen.

„Siehst du, das Mädchen ist wieder da, es winkt mir freundlich zu."

Ihm wurde nun klar, dass seine Mutter ihrem Spiegelbild im Schaufenster zuwinkte. Missmutig nahm er sie etwas kräftig am Arm, was sie laut und ärgerlich kommentierte, und führte sie die wenigen Schritte zum sehr nahe gelegenen Restaurant. Sie bestellte ihr Lieblingsgericht: im Teig gebackene Fischstücke. Der Einfachheit halber bestellte Kern für sich das Gleiche.

„Was möchtest du trinken?"

„Ich hätte große Lust auf ein Bier, ich habe schon lange keins mehr getrunken."

Mit sichtlichem Appetit verspeiste seine Mutter den Fisch und trank dazu das Bier. Doch Kern machte sich große Sorgen um sie. Er sah, dass da etwas sehr schieflief. Da er vom Hausarzt keine hilfreichen Informationen erwartete, nahm er sich vor, sobald wie möglich die spezifische klinische Fachliteratur zu studieren. Als Sofortmaßnahme musste er hier für rasche Hilfeleistungen vor Ort ein Aufsicht- und Notfallmanagement einrichten. Man konnte seine Mutter in ihrem Zustand nicht mehr völlig alleine lassen.

Als sie zurück in Mutters Wohnung waren, rief er deshalb Elisabeth, die nicht sehr weit entfernt wohnende Cousine seiner Mutter, an und schilderte ihr die Situation. Hilfsbereit bot sie an, am nächsten Tag bei Kerns Mutter nach dem Rechten zu sehen. Damit fiel Kern schon einmal ein Stein vom Herzen. Dann rief er Freddy Hauser an und fragte, ob er für alle Fälle einen Wohnungsschlüssel bei ihm deponieren könne. Wiederum bedeutete dieser, dass er sehr gerne helfen würde. Er werde Frau Kern auch täglich einen kurzen Besuch abstatten.

Kern vergewisserte sich sowohl bei Mutters Cousine als auch beim Nachbarn, dass sie seine Telefonnummern aufgeschrieben hatten. Dann rief er in der Praxis von Dr. Baumann an und machte der Arzthelferin gleich klar, dass es wichtig sei und er den Doktor sofort sprechen müsse. Kern schilderte ihm seine neuerlichen Beobachtungen. Doch der Hausarzt beteuerte auch nun wieder, dass ihm nichts Besorgniserregendes aufgefallen wäre und ihm deshalb die Hände gebunden seien.

„Mein lieber Herr Doktor Baumann, ich bin kein Idiot. Ich erkenne meine Mutter nicht wieder. Sie spricht mit ihrem Spiegelbild, sie sieht nicht existierende Gestalten. Würden Sie sich da an meiner Stelle nicht auch Sorgen machen? Falls diese Halluzinationen tatsächlich eine Folge der Dehydrierung sind, muss ich sicherstellen, dass sie trinkt. Das kann ich nicht von Basel aus. Ich habe einen Job, bei dem ich nicht einfach weglaufen kann. Ich muss Vorlesungen halten und betreue Fachkolloquien. Wir brauchen spitalexterne Dienste, um ihre elementaren Bedürfnisse abzusichern."

„Damit die Krankenkasse zahlt, brauche ich einen Befund; den habe ich aber nicht!"

„Schauen Sie sie bitte noch mal an, es muss sich doch etwas feststellen lassen."

„Meinetwegen, sie soll morgen um viertel nach zwei bei mir vorbeikommen."

„Vielen herzlichen Dank."

Kern schrieb den Arzttermin mit großen Buchstaben auf ein Papier, welches er mit Klebestreifen gut sichtbar an der Innenseite der Wohnungstür befestigte. Dann begann er, die Wohnung, so gut es ging, in Ordnung zu bringen. Er warf den vertrockneten Käse und die alte Wurst weg und stellte den Hocker wieder in die Küche. Anschließend steckte er die Stecker der verschiedenen Stehlampen wieder in die Steckdose, sich wundernd, warum sie alle herausgezogen waren. Seine Mutter hatte auf seine diesbezügliche Frage keine plausible Begründung. Er überprüfte sorgfältig den Kühlschrank, sah einige Lebensmittel mit abgelaufenem Haltbarkeitsdatum und warf alles Unbrauchbare weg. Als er sich nach vier Stunden von seiner Mutter verabschiedete, nahm er noch den prallvollen Kehrichtsack mit nach unten und warf ihn in den Müllcontainer. Dann fuhr er weg, seiner Mutter, die auf dem Balkon stand, noch lange zuwinkend. Er hatte das ungute Gefühl, viel getan, aber nicht wirklich viel erreicht zu haben. Aus Sorge über den Gesundheitszustand und die geschwundene Selbstständigkeit seiner Mutter fuhr er in Basel nicht auf dem direkten Weg nach Hause, sondern zunächst zur Universität, um nach Literatur über Halluzinationen bei alten Menschen zu suchen.

Er wurde schnell fündig. Die nicht sehr zahlreichen Publikationen betrafen aber hauptsächlich Einzelfälle. Für ihn überraschend, stieß er unter anderem auf das bei seiner Mutter so auffällige Spiegelphänomen und nahm zur Kenntnis, dass dafür sogar eine wissenschaftliche Bezeichnung existiert: „Mirror Sign" bezeichnet den Verlust der Fähigkeit, sein Spiegelbild zu erkennen. Meist treten die Symptome spontan im Zusammenhang mit einer progressiven Demenz auf. Demenz? Er klammerte sich immer noch an die von Peter Herschkoff in Betracht gezogene Dehydrierungshypothese, wurde aber mit jeder zusätzlichen Publikation, die er zu diesem Thema las, unsicherer. Seine aufkommenden Bedenken fanden neue Nahrung durch einen Übersichtsartikel zum Thema „Halluzinationen in der Demenz". Dort wurden Alzheimer-Patienten, die halluzinieren, mit einem oftmals besonders aggressiven Verlauf der Krankheit in Verbindung gebracht.

Hatte seine Mutter tatsächlich Alzheimer oder eine andere Form der Demenz? Dieser Gedanke gefiel ihm keineswegs. Vor kurzem noch hatte er in einem Pensionskassen-Gesundheitsfragebogen auf die Frage „Gab es in Ihrer Familie Fälle von Demenz?" mit Überzeugung „nein" angekreuzt. Als er in seiner Vorlesung die medikamentöse Therapie von Alzheimer-Patienten als kostspielige Illusion bezeichnete, hatte er es keine Sekunde für möglich gehalten, dass die praktischen Aspekte dieser Frage sehr bald sein Leben drastisch beeinflussen würden. Er suchte deshalb nach Publikationen, welche die Behandlung von Halluzinationen, die in Verbindung mit Demenz auftraten, zum Inhalt hatten. Sein besonderes Augenmerk fand eine

Übersichtsarbeit, die sich mit der Frage befasste, inwieweit bei halluzinierenden alten Menschen eventuell der Einsatz von Antipsychotika angezeigt wäre. Er beschloss, in den nächsten Tagen ein paar kritische Punkte zusammenzustellen und dem Hausarzt zu faxen.

10

Angesichts des von Dr. Baumann fast demonstrativ gezeigten Unwillens, aktiv zu werden, war nun Kerns Leben mehr und mehr geprägt von bangen Gedanken über das, was wohl bei seiner Mutter zu Hause ablief. Jeder Anruf ließ die Angst aufflackern, dass etwas Unvorhergesehenes passiert sein könnte. Machtlos musste er zusehen, wie sein Tagesrhythmus in zunehmendem Maße durch neue Ankerpunkte gegliedert und aufgebrochen wurde: Da waren die täglichen Anrufe bei seiner Mutter. Da waren die ein- bis zweiwöchentlichen Anrufe bei Cousine Elisabeth und beim Nachbarn Freddy Hauser und die nun wöchentlich stattfindenden Fahrten in die Innerschweiz. Verzweifelt stellte er fest, dass sich die absolute Konzentration bei der Arbeit kaum mehr einstellen wollte, und seine Arbeitsleistung, zumindest in seiner eigenen Wahrnehmung, entsprechend beeinträchtigt war.

Kern war froh, dass wenigstens die Experimente im Labor ohne Verzögerung durchgeführt werden konnten. Céline Klein war genau im Zeitplan, hatte die ganze Reihe der Antipsychotika durchgetestet und die minimale Wirkdosis bestimmt. Als Nebenprodukt bestätigten ihre Befunde auch längst bekannte Fakten: Haloperidol reduzierte die dopaminerge Aktivität sowohl im limbischen System, das für die Schizophreniesymptome verantwortlich ist, als auch in der Substantia nigra, die für die unerwünschten extrapyramidalen Bewegungsstörungen verantwortlich ist. Die modernen Antipsychotika verhielten sich anders: Sie zeigten kaum Wirkungen auf die Substantia nigra, was die im Vergleich zu Haloperidol viel schwächeren Bewegungsstörungen beim Patienten erklären könnte.

Aber da gab es in Célines Befunden überraschenderweise eine Ausnahme: Die Wirkungen von Aripiprazol, einem der modernsten Antipsychotika, waren praktisch identisch mit denen von Haloperidol, dem Antipsychotikum der allerersten Generation; da zeigte sich eine deutliche unerwünschte Wirkung im Striatum. Das passte aber überhaupt nicht mit den klinischen Beobachtungen zusammen, bei denen sich für Aripiprazol eine recht geringe Tendenz zu Bewegungsstörungen abzeichnete. Für den Wissenschaftler Kern war diese total unerwartete Diskrepanz hochinteressant und er suchte nach einer einleuchtenden Erklärung.

„Das könnte mit der Tatsache zusammenhängen, dass Aripiprazol als nur partieller Dopaminantagonist eine dopaminerge Eigenwirkung hat", murmelte er vor sich hin. „Das muss ich in nächster Zeit mit Peter Herschkoff besprechen."

Auch Hartmut Fink hatte in monatelanger Arbeit bereits mehrere Substanzen auf ihre Fähigkeit, PCP-induzierte Hyperaktivität zu normalisieren, geprüft und die kleinste voll wirksame Dosis für alle diese Substanzen bestimmt. Es offenbarten sich dabei bislang keine aufregenden neuen Erkenntnisse. Doch es lag noch viel Arbeit vor ihm.

Kern bündelte die extra für ihn angefertigten Kopien der Resultate und nahm sie zum weiteren Studium mit in sein Büro.

Er hatte gerade mit Lesen begonnen, als die Tür aufging und Gruber hereinkam. Kerns Gesicht verdunkelte sich. Gruber hingegen strahlte lebensbejahende Freude aus und die Gewissheit, ein Illuminatus zu sein.

„Guten Tag, lieber Kollege. Wie geht es dir denn heute?"

„Danke, es geht, ich habe viel zu tun."

„Wem sagst du das. Ich denke oft, dass Leute, die noch nie in einem Forschungsbetrieb in leitender Position beschäftigt waren, sich keinerlei Vorstellungen machen können von der enormen Arbeitsbelastung. Ich war gestern bis acht im Büro!"

„Das tut mir aber leid", meinte er lachend. „Du musst Céline sagen, dass du spätestens um sechs geweckt werden möchtest." Kern konnte sich diese Antwort einfach nicht verkneifen. Für ihn war dieser blasierte Schwätzer nur mit Humor zu ertragen.

„Was machst du denn zurzeit so Wichtiges?"

„Ich studiere die grundlegende Literatur, arbeite an Vorträgen und Vorlesungen, plane Experimente und betreue von hier aus meine Patienten in Wien."

„Wow, da würde wahrscheinlich jeder andere schlapp machen, bei der Belastung", erwiderte Kern.

Gruber ignorierte die spitzen Bemerkungen und meinte:

„Übrigens war ich vor ein paar Monaten einmal bei diesem Bio- Evangelisten und Vollkorn-Taliban Fink in deinen Labors und habe mir die Versuche erklären lassen. Interessant, aber meiner Meinung nach etwas antik. In-vivo-Forschung im Zeitalter der Molekularbiologie scheint mir doch einen leicht anachronistischen Beigeschmack zu haben."

Kern musste zwar über die kreativen Bezeichnungen für Fink schmunzeln, beeilte sich dann aber, die abschätzige Beurteilung der verwendeten In-vivo-Methoden zu korrigieren: „Sobald unsere Zellkulturen denken und entscheiden können, sobald sie Bluthochdruck und Durchfall haben, werde ich möglicherweise mit dir einig sein und keine In-vivo-Studien mehr machen. *Unsere* Zellen sind dazu noch nicht in der Lage, aber vielleicht seid ihr in Wien bereits etwas weiter fortgeschritten."

Da Gruber nur selten im Büro und nach Aussage seiner dortigen Kollegen praktisch nie in der Klinik anzutreffen war, fragte Kern harmlos:

„Ich habe dich in letzter Zeit kaum gesehen. Du bist wohl hauptsächlich in der Klinik? Lernst du was bei Herschkoff?"

„Die Antwort auf die erste Frage ist: Ja, ich bin sehr viel in der Klinik." Nach einer Pause meinte er: „Für die Beantwortung der zweiten Frage muss ich etwas nachdenken."

Den Kopf in den Nacken gelegt, sinnierte er: „Ob ich beim Peter viel lernen kann?", er lehnte sich noch mehr zurück und kam schließlich zum Schluss:

„Unter uns gesagt: Er macht seine Sache eigentlich ganz gut, wenn man berücksichtigt, dass ihr schon ein bisschen rückständig seid hier in der Schweiz. Eure therapeutischen Ansätze haben wir in Wien längst überwunden und in den letzten zwanzig Jahren durch fortschrittlichere Konzepte ersetzt."

Um sich dies nicht weiter anhören zu müssen, wollte Kern eiligst das Thema wechseln. Da ihm gerade nichts Besseres einfiel, fragte er: „Da kennst du ja sicher die Leute in der Klinik?"

„Die wichtigen kenne ich selbstverständlich, die Oberärzte und Assistenten. Viel entscheidender ist, dass sie mich kennen. Dies gilt genauso für das Pflegepersonal, wobei ich mir da die Mühe erspare, mir Namen zu merken. Eine Ausnahme bilden dabei diejenigen, die eine leitende Funktion haben, zum Beispiel die Pflegechefin, mit der ich mich schon aus diplomatischen Gründen arrangiere."

„Warum aus diplomatischen Gründen?"

„Ganz einfach, weil sie als Herschkoffs Geliebte eine strategisch bedeutsame Stellung innehat."

Kern fühlte, wie ihm der Boden unter den Füßen weggezogen wurde. Eben noch als Mister Supercool Herr der Lage, hörte er sich nun mit heiserer Stimme fragen: „Herschkoffs Geliebte. Wie kommst du denn auf diese verrückte Idee?"

„Verrückte Idee? Ich habe die beiden mal zusammen in Wien gesehen, beim Weltkongress der biologischen Psychiatrie. Das sah gar nicht nach einem zufälligen Treffen aus."

Kern musste zugeben, Gruber hatte ihn, wenn auch ohne böse Absicht, voll erwischt. Das durfte doch nicht wahr sein. Jetzt klärte sich vieles auf, Maries Verhalten wurde für ihn plötzlich viel verständlicher. Mit etwas mehr Fassung formulierte er sachlich: „Da hatte ich offensichtlich einen bedeutsamen Wissensrückstand."

Er konnte nicht verhindern, dass er plötzlich mit gemischten Gefühlen an das für vier Uhr geplante Meeting mit Herschkoff dachte.

Um fünf vor vier stand er im Vorzimmer von Herschkoff. Den Kopf voller sich jagender Gedanken, bemerkte er kaum, dass der Platz von Christine Sutter nicht besetzt war. Er ging direkt auf Herschkoffs Büro zu, klopfte kurz an die Tür und trat ein. Herschkoff saß hinter seinem Schreibtisch, erhob sich sofort, schüttelte Kern freundlich die Hand und bat ihn, Platz zu nehmen.

„Und, wie läuft's?"

Es war nicht zu übersehen, dass Herschkoff dieses ungefähr einmal pro Monat stattfindende Meeting mit Kern in gewissem Sinne genoss; es brachte etwas Abwechslung in seinen von administrativen und klinischen Problemen geprägten Alltag. Mit Kern konnte er spekulieren und sich über neue Ideen und Resultate freuen. Kern war im Gegensatz zu seinen etwas autoritäts- und publikationsgläubigen klinischen Assistenten und Oberärzten ein Verrückter, ein bunter Vogel. Er strotzte vor Selbstvertrauen und erlaubte sich ab und zu auch, „bahnbrechende" Erkenntnisse oder Theorien in Publikationen anzuzweifeln oder sie zumindest in einem anderen Licht zu betrachten. Herschkoff konnte Kerns komplexen Gedankengängen allerdings nicht immer entsprechend schnell folgen. Um dies zu überspielen, gefiel er sich in Kolloquien bei Anwesenheit anderer Mediziner oftmals in einer gesucht kritischen Haltung.

Kern erzählte seinem Chef von den in den Experimenten erzielten Fortschritten und den überraschenden Resultaten mit Aripiprazol.

„Schön, sehr schön. Das heißt aber nichts anderes, als dass dieser Test für die Voraussage von potenziellen extrapyramidalen

Symptomen in der Klinik, zumindest bei neuartigen Wirkstoffen, nicht zuverlässig ist. Damit stellt sich die Frage, wie wir dann in Zukunft neue, gut verträgliche Medikamente finden können. Es müsste heute doch möglich sein, eine Wirksubstanz zu finden, die in Bezug auf das Ausbleiben von extrapyramidalen Störungen mit Clozapin mithalten kann."

Nach einer kurzen Pause fuhr er fort: „Was glaubst du, ist das Geheimnis von Clozapin?"

„Ganz ehrlich, ich habe mir noch keine eigene Theorie zurechtlegen können. Alle bisherigen Theorien waren unrichtig. Clozapin hat so viele Wirkungen, dass die Identifizierung der entscheidenden Kombination wesentlich weniger wahrscheinlich ist als ein Sechser im Lotto. Es können drei, vier oder viel mehr Eigenschaften in der genau richtigen Stärke sein. Selbst wenn man die richtige Kombination wüsste, wäre die Kreation eines neuen, andersartigen Moleküls, welches alle diese Eigenschaften vereinigt, kaum zu schaffen. Man möchte ja nicht ein identisches Clozapin, sondern ein Clozapin, das keine Gewichtszunahme, keine erhöhte Epilepsieanfälligkeit, keine Sedierung und keine Agranulozytose zur Folge hat. Und das ist, so fürchte ich, fast unmöglich."

„Sollten wir uns deiner Meinung nach eventuell auch mit der Synthese neuer antipsychotischer Moleküle befassen, zum Beispiel in Zusammenarbeit mit dem Institut für Pharmakologie, möglicherweise mit Unterstützung der chemischen Industrie?"

„Ich weiß nicht, ob die chemische Industrie da besonders interessiert wäre an unserem Input. Die wissen sehr wohl, wo die Probleme liegen, und haben vermutlich sehr klare Zielsetzungen in ihren Schizophrenieprojekten."

„Ich habe sehr gute Verbindungen zu den oberen Etagen der großen chemischen Industrie, ich kenne Martin Kolb, den Forschungschef von Therapsis, persönlich sehr gut. Ich kann ihn jederzeit in unser Projekt einweihen."

Kern wollte sich die Führung in diesem Projekt weder von Herschkoff noch von einem Industriemanager aus der Hand nehmen lassen und äußerte sich entsprechend ablehnend:

„Ich glaube nicht, dass das zurzeit sinnvoll ist. Ich glaube auch nicht, dass ich zurzeit eine Idee habe, die die Industrie nicht selbst auch hat. Aber wer weiß, vielleicht werden uns neue Daten in Zukunft auf neue Wege leiten."

Herschkoff schien wegen der abweisenden Haltung Kerns etwas ärgerlich zu sein. Er wechselte abrupt das Thema und fragte: „Wann gehst du in die USA?"

„In zwei Monaten."

„Was sind deine Stationen?"

„Nur die Rutgers University in Newark, wo ich an einer kleinen Schizophreniekonferenz teilnehme, und ein kurzer Besuch bei Kelly an der Columbia University bezüglich kognitiver Symptome."

„Das heißt nur New York und Umgebung?"

„Ja, ich hätte noch nach North Carolina in den Research Triangle gehen können, wo ich auch seit langem von Synapticon, einer Biotech-Firma, eingeladen bin. Das ist mir aber zu kompliziert und hätte drei zusätzliche Tage bedingt. Ich muss sagen, woanders, zum Beispiel in New Orleans, hätte ich die drei zusätzlichen Tage mit Freude in Kauf genommen."

„He, du bist in erster Linie Forscher und erst in zweiter Linie Musiker, vergiss das bitte nicht", ermahnte ihn Herschkoff mit einem etwas gekünsteltem Lachen.

Nach einer knappen Stunde verließ Kern das Büro seines Chefs, nicht unglücklich darüber, dass dieser keine Gedanken lesen konnte. Im Vorbeigehen bemerkte er das Fehlen von Christine Sutter, die sich, wie er später erfuhr, einen Tag freigenommen hatte.

Als er wieder im eigenen Büro war, sah er, dass Gruber seine Zelte bereits wieder abgebrochen hatte. Glücklich darüber, allein im Büro zu sein, rief er Dr. Baumann an. Als er diesen nach einigen Minuten des Wartens am Telefon hatte, hörte er jedoch nichts Neues.

„Ich kann Ihnen versichern, dass Ihrer Mutter nichts fehlt, alle Beschwerden, die ich feststellen kann, sind altersbedingt und von geringer Bedeutung. Für eine Zuweisung an spitalexterne Dienste oder gar eine Betreuung in einem Heim gibt es absolut keinen Grund. Wie Sie wissen, müssen wir angesichts der Kostenexplosion im Gesundheitswesen alle Fakten besonders genau prüfen. Ich müsste diese Spiegelgeschichte oder die anderen Halluzinationen persönlich sehen, nur aufgrund Ihrer Schilderung kann ich gar nichts machen."

Kern horchte auf. Hatte der Arzt von einer Betreuung im Heim gesprochen? Von einer Einweisung in ein Heim war aber noch nie die Rede. Glaubte Dr. Baumann womöglich, dass er seine Mutter in ein Heim abschieben wollte? Er verwarf diesen kurz aufflackernden Gedanken rasch wieder.

„Ich hatte Ihnen vor ein paar Wochen ein Fax geschickt. Haben Sie schon Zeit gefunden, es zu lesen?"

„Ich habe es kurz überflogen, muss aber gestehen, dass ich es noch nicht sorgfältig gelesen habe. Mein Wartezimmer ist so voll, dass ich nach Feierabend vollkommen fertig bin, und keine schwere geistige Kost ertrage. Ich werde versuchen, es sobald wie möglich zu lesen."

11

Am Samstagnachmittag sah sich Kern ein Fußballspiel des FC Basel im Stadion an. Er spürte, dass ihm die verschiedenen Ereignisse der jüngsten Zeit ziemlich zugesetzt hatten, und freute sich auf das Spiel. Er wollte ein bisschen Abstand von allem gewinnen und sich selbst davon überzeugen, dass es neben Marie Rossi, Peter Herschkoff, Dr. Baumann und seiner Mutter noch etwas anderes auf diesem Planeten gab.

Zunächst sah er, wie sich in der Anfangsphase ein gefälliges Spiel entwickelte, ohne dass die Heimmannschaft ihre erwartete Überlegenheit ausspielen konnte. Das Spiel flachte dann aber mehr und mehr ab, was zu erregten Diskussionen und Reaktionen der Zuschauer führte. Auch für Kern ergaben sich viele spontane Wortwechsel mit den Sitznachbarn neben, vor und hinter ihm.

Zu seiner Rechten saß ein übergewichtiger, schnauzbärtiger Mann mit großem, vom Bluthochdruck gerötetem Charakterkopf und dem Stimmvolumen eines Opernbaritons. Er trug einen blau-roten Schal und eine rot-blaue Mütze. Immer wieder gab er, an Kern gewandt, Kommentare zum Spiel ab. Von Durstschüben geplagt, wartete er seit Beginn des Spiels sehnlichst auf den Mann mit dem Bierkasten. Als dieser endlich auftauchte, war er nicht mehr zu halten: Statt an seinem Platz auf den Bierverkäufer zu warten, zwängte er sich durch die Sitzreihe bis zur Treppe durch und rannte die steilen Stufen hinunter, um so schnell wie möglich an die begehrte Erfrischung heranzukommen.

Zu Kerns linker Seite saß ein etwa dreizehnjähriger rundlicher Teenager, der mit seinem Vater zusammen gekommen war. Er futterte zuerst eine große Portion Pommes Frites mit Ketchup und anschließend eine beachtliche Pizza. Die Esserei hinderte ihn aber in keiner Weise daran, bei jeder Gelegenheit aufzuspringen und die in der Fankurve vorgelegte Choreographie aus Gesängen und Hüpfen mitzumachen. Dass Kern dabei weder den Käse noch die anderen Pizzaauflagen auf seine Hose bekam, war nur den ausgezeichneten Hafteigenschaften des Pizzakäses zuzuschreiben.

Direkt vor Kern saß eine vierköpfige Familie mit zwei Knaben von circa acht und zehn Jahren. Die beiden strapazierten ihre hohen Stimmen bis zur Heiserkeit, um ihre Mannschaft zu unterstützen. Völlig verzweifelt warteten sie auf ein Tor der Basler. Doch es wollte sich einfach keins ergeben. Die Kommentare und

Zwischenrufe wurden zunehmend lauter, häufiger und bissiger. Eben hatte ein Stürmer in aussichtsreicher Position den Ball weit neben das gegnerische Tor geknallt, woraufhin der neben Kern sitzende rot-blaue Gröhlbariton von seinem Sitz aufschoss und – seinen noch halbvollen Bierbecher bedrohlich schwingend – laut in die Runde brüllte: „Du musst nicht in die Kamera schauen, beim Schießen, du Depp, schau aufs Tor!" Dann an Kern gewandt: „Wie soll man das im Fernsehen noch in Zeitlupe zeigen, das ist doch bereits Zeitlupe!" Anschließend trank er zur Beruhigung sein ganzes Bier aus. Beim letzten Schluck meinte er prustend: „Die werden heute Abend bestimmt keine Wadenkrämpfe bekommen, weil ihnen die Beine bereits beim Spielen eingeschlafen sind."

Nach dieser tiefgründigen medizinischen Analyse stand er auf und drängte sich erneut an den in der gleichen Reihe sitzenden Zuschauern vorbei zur Treppe durch, um sich ein weiteres Bier zu holen. Die Freude über den erneuten Zwang aufzustehen, um ihn später beim Zurückkommen noch einmal durchgehen zu lassen, hielt sich bei allen unfreiwillig Beteiligten in sehr engen Grenzen. Er versuchte den vielerorts aufkommenden Unmut durch ein kurzes freundschaftliches Schulterklopfen zu dämpfen. Kaum hatte er sich wieder gesetzt, platzte ihm schon wieder der Kragen: „Hey, ihr Penner. Bewegt euch, das ist Fußball, nicht Mikado!"

Die Geduld der beiden vor Kern sitzenden Kinder wurde durch die ereignisarme Spielphase auf die Probe gestellt, und das immer sehnlicher und verzweifelter erwartete Tor wollte und wollte einfach nicht fallen. Da beschloss der Ältere der beiden, seine letzte Trumpfkarte zu spielen: Mit einem zu allem entschlossenen Gesicht entrollte er bedrohlich langsam eine große rot-blaue Fahne und schwenkte sie würdevoll hin und her. Damit beschränkte sich Kerns sichtbare Welt hauptsächlich auf ein wallendes Rot-Blau, unterbrochen von kurzen Blicken aufs Spiel, wenn die Fahne sich am rechten Rand seines Gesichtsfeldes befand.

Doch die Fahne hatte eine verblüffende Wirkung auf das Spiel: Die Mannschaft schien auf dieses Signal zum bedingungslosen Angriff förmlich gewartet zu haben, und schon nach kurzer Zeit brandete infernalischer Jubel auf. Der Fahnenschwinger geriet dabei völlig außer Kontrolle. Er schwang die Fahne viel zu knapp über die vor ihm Sitzenden: zuerst nach rechts, wo Vaters Kopf den Schwenkraum begrenzte, dann so weit nach links, dass sein Bruder sich kurz darauf mit tränenden Augen das schmerzende Nasenbein hielt.

Kern hatte zwar nichts gesehen, musste aber annehmen, dass das heiß ersehnte Tor endlich gefallen war. Die plötzliche Kälte an seinem rechten Bein war auf das nachbarliche Bier zurückzuführen und schien die Idee vom Tor wortlos zu bestätigen.

Als der Schiedsrichter nach 93 Minuten das Spiel abpfiff, zeigten der aufbrandende Applaus und die Beifallspfiffe, dass man mit dem Eins-zu-Null-Ergebnis zufrieden war. Dieter Kern war nicht nur über das Resultat des Spiels, sondern auch darüber erfreut, fast zwei Stunden lockere Unterhaltung ohne Stress gehabt zu haben. Mit unguten Gefühlen dachte er bereits an den morgigen Sonntag, an dem er, wie jedes Wochenende, seine Mutter besuchen musste.

12

Der Sonntag kam schneller als erwartet, und Kern sah sich schon wieder auf dem Weg in die Innerschweiz. Gestern hatte er noch einen Anruf von Mutters Cousine Elisabeth bekommen, die zum ersten Mal die Dialoge mit dem Spiegelbild beobachtet hatte und zutiefst besorgt war.

Ein ungutes Gefühl beschlich ihn, als er die Wohnungstür seiner Mutter abermals offen vorfand. Seine Mutter stand im Schlafzimmer vor dem Spiegel und sprach ununterbrochen.

„Ich will nicht, dass du ständig weggehst. Ich will, dass du hier bleibst." Auffällig war, dass sie nicht wie üblich Dialekt, sondern Schriftdeutsch sprach.

„Hallo Mutter, warum sprichst du Hochdeutsch?" Sie blickte nur kurz auf, begrüßte ihn aber nicht.

„Das Mädchen kommt aus Jugoslawien, es versteht unsere Sprache nicht."

Durch die offene Schlafzimmertür blickend, bemerkte Kern, dass in Mutters großem Bett das Bettzeug fehlte.

„Wo hast du denn geschlafen?"

„Ich habe im Kinderzimmer geschlafen, im Schlafzimmer waren die ganze Nacht Leute." Mit „Kinderzimmer" war Kerns früheres Zimmer gemeint.

„Was für Leute denn, Mutter?"

„Ich glaube es sind Terroristen. Sie unterhalten sich nur flüsternd und gehen ständig vom Schlafzimmer in die Küche. Der Hanspeter ist auch dabei. Ich glaube, er ist auch ein Terrorist und will sich bei mir vor der Polizei verstecken."

Während er mit ihr sprach, glitt sein Blick zum Schlüsselbrett, an dem kein einziger Schlüssel hing. Kern fühlte eine Art ohnmächtige, verzweifelte Wut hochkommen. Seine Mutter brauchte sofort Hilfe.

„Wo hast du denn die Schlüssel?"

„Die Terroristen haben sie mitgenommen." Es war zum Wahnsinnigwerden. Er wechselte das Thema: „Hast du heute schon etwas getrunken?"

„Ja, ja, ich habe heute Morgen ein großes Glas Wasser getrunken." Kern glaubte ihr kein Wort. „Mutter, ich habe dir vor einiger Zeit sechs Flaschen Mineralwasser hingestellt. Ich gehe jetzt nachsehen, wie viele davon noch übrig sind."

Als er die Küche betrat, sah er, dass die sechs Flaschen noch voll waren und genau dort standen, wo er sie damals hingestellt hatte. Allerdings war der Boden mit Wasserlachen bedeckt. Es war auch leicht zu erraten, wo das Wasser herkam: Sowohl vom

Kühlschrank als auch vom daneben stehenden Gefrierschrank standen die Türen weit offen.

„Mutter, weshalb sind die Türen hier offen?"

„Welche Türen?" Sie kam in die Küche. „Diese Türen *müssen* Tag und Nacht offen sein, die darfst du nicht schließen, da gehen die Terroristen durch, die ganze Nacht. Manchmal höre ich, wie sie die ganze Nacht dahinten", dabei deutete sie auf das Innere des Kühlschranks, „auf der Schreibmaschine oder am Computer schreiben."

Nachdem er die Kühlgeräte geschlossen hatte, suchte Kern nach einem Lappen und einem Eimer. Er wischte das Wasser auf und warf alle Lebensmittel in den Kehricht, da er keine Ahnung hatte, wie lange die Geräte schon offen standen. Nachdem die Küche einigermaßen sauber und trocken war, schenkte er seiner Mutter ein großes Glas Wasser ein und forderte sie auf, es auszutrinken. Unter Jammern und mit deutlich zur Schau getragenem Widerwillen schaffte sie es, die Geduld ihres Sohnes bis an die Grenzen auslotend, mit kleinen Schlucken, das Glas zu leeren.

Verzweifelt begann er dann mit der Suche nach den Schlüsseln. Das braune Schlüsseletui seines Vaters fand er relativ schnell. Als er das Wohnzimmer betrat, sah er den Höcker auf dem Teppich fast augenblicklich. Das war kein Versehen; sie musste den Schlüsselbund absichtlich unter dem Teppich versteckt haben. Dann schaute er noch unter alle Betten und hob die Matratzen an. Da war leider nichts. Als seine Hoffnung, die Schlüssel zu finden, schon fast geschwunden war, untersuchte er noch den bis an den Rand mit Papiertaschentüchern vollgestopften Papierkorb und wurde doppelt fündig: Er stieß nicht nur auf den Reserveschlüsselbund, sondern auch auf den Geldbeutel mit 90 Franken. Seine Mutter hatte ihn noch nicht vermisst, und Kern wunderte sich, wie sie ohne Geld einkaufen konnte.

„Ich habe die Schlüssel gefunden", sagte er ärgerlich, als er diese ans Schlüsselbrett hängte.

„Ich hätte dir sagen können, wo sie sind", meinte seine Mutter gereizt, während er sich verzweifelt fragte, wie es jetzt weitergehen sollte. Er wusste nicht, ob sie etwas gegessen hatte. Sie war aggressiv. Es war Sonntag, er konnte bestenfalls am Bahnhof oder an einer Tankstelle etwas Essbares kaufen, dazu musste er seine Mutter aber eine halbe Stunde alleine lassen. Da sie die ganze Woche – abgesehen von den zwei bis drei Besuchen ihrer Cousine und den Besuchen von Freddy Hauser – auch alleine war, überwand er seine Bedenken und fuhr weg, um das Nötigste einzukaufen: abgepacktes Brot, Butter, luftdicht verpackten Rohschinken und Salami, dazu Fertigsalat und vorgekochtes Convenience Food, welches sie nötigenfalls auch essen konnte, ohne es aufzuwärmen. Er legte alles in den Kühlschrank. Die beim Öffnen der Tür spürbare Kälte zeigte, dass der Kühlschrank noch funktionierte. Den danebenstehenden leeren Gefrierschrank schaltete er ganz ab, er musste ja nicht mehr abgetaut werden. Kern nahm an, dass seine Mutter vollkommen außerstande war, mit gefrorenem Fleisch oder Gemüse sinnvoll umzugehen.

Mit Wehmut erinnerte er sich an ihre beachtlichen Kochkünste, mit denen sie selbst aus bescheidenen Zutaten ein gut schmeckendes Menü zaubern konnte. Sie war einmal eine gut aussehende Frau gewesen, stets gut gekleidet. Sie stammte aus eher ärmlichen Verhältnissen, hatte jedoch relativ große Ansprüche an die limitierten finanziellen Möglichkeiten ihres Ehemannes. Dieser war immer um seine Frau besorgt und besserte sein Einkommen durch kleine zusätzliche Jobs etwas auf, um ihren Wünschen gerecht zu werden. Große Sprünge konnten sie trotzdem nicht machen, sie gehörten zum unteren Mittelstand und führten ein bescheidenes Leben.

Während Hanspeters Jugendjahre von Armut geprägt waren, ging es dem zehn Jahre jüngeren Dieter besser. Er wuchs in einer verhältnismäßig großen Wohnung auf, hatte schon bald sein eigenes Zimmer. Er konnte das Gymnasium besuchen und durfte Klavierstunden nehmen. Während die materielle Seite seiner

Jugend somit als durchaus akzeptabel bezeichnet werden konnte, glaubte er auf der emotionalen Seite wesentlich zu kurz gekommen zu sein. An Mutterliebe in Form von Zärtlichkeit konnte er sich nicht erinnern, seine Mutter war immer viel zu sehr mit sich selbst beschäftigt gewesen.

Mit dem Tod ihres Gatten war Kerns Mutter plötzlich gezwungen, Einzahlungen, Bankaufträge, die Steuererklärung etc. selbst zu erledigen, und musste dabei feststellen, dass sie dazu überhaupt nicht in der Lage war. Zu sehr hatte ihr besorgter Mann sie von allem ferngehalten. Doch statt sich nun selbst darum zu kümmern, hatte sie diese Aufgaben einfach ihrem Sohn Dieter übertragen, der damals ab und zu vorbeikam, sicherstellte, dass alle Rechnungen bezahlt wurden, und etwas Ordnung in die kleine Buchhaltung brachte. Eigentlich hatte er überhaupt keine Wahl; sie hätte einfach alles stehen und liegen lassen. Auf diese Weise wurde der Tod ihres Mannes statt zu einem Neuanfang zu einer bloßen Stabübergabe vom Vater an den Sohn. Ihre Lebenseinstellung bedurfte keiner Anpassung.

Da es inzwischen fast ein Uhr geworden war, schlug Kern vor, essen zu gehen, was seiner Mutter zum ersten Mal ein Lächeln entlockte. Sie gingen, wie meistens, in das nahe gelegene, zu Fuß in wenigen Schritten erreichbare Restaurant. Dort bestellte er auf ihren Wunsch abermals die im Teig frittierten Fischstücke mit Kartoffeln sowie ein Bier.

Sie aß mit großem Appetit, und Kern fragte sich immer wieder, was sie wohl die Woche hindurch gegessen hatte. Er wusste, dass Cousine Elisabeth bei ihren zwei bis drei wöchentlichen Besuchen immer etwas Essbares mitbrachte und Kaffee oder Tee kochte. Verhungern würde sie sicher nicht. Was ihm mehr Sorgen bereitete, war, dass seine Mutter zu wenig trank, eine der möglichen Ursachen für ihre Störungen.

Nachdem sie den letzten Krümel der beachtlichen, eher auf Männer zugeschnittenen Portion gegessen und die Salatsauce mit Brot aufgetunkt hatte, bestellte er für sie beide Kaffee. Da man keine Eile hatte, blieb man noch eine Zeitlang sitzen. Nachdem Kern die Rechnung bezahlt hatte, gingen sie schweigend und langsam den kurzen Weg zum Wohnblock, in dem seine Mutter wohnte, zurück. Als sie an Freddy Hausers Laden vorbeikamen, winkte sie aufgeregt ihrem Spiegelbild im Schaufenster zu und machte ihren Sohn auf das winkende „Mädchen" aufmerksam. Ein zufällig vorbeigehendes Paar, welches die Mutter zu kennen schien, blieb stehen und beobachtete die Szene interessiert, was Kern mit großem Unbehagen erfüllte. Obwohl seine Mutter lautstark protestierte, fasste er sie am Arm und zog sie mit sanfter Gewalt vom Schaufenster weg.

Im Treppenhaus stießen sie zufällig auf Freddy Hauser, und Kern glaubte bemerkt zu haben, dass seine Mutter bei dessen Anblick aufgeblüht war. Sie lächelte ihn freundlich an und begann munter zu sprechen. Auf einen Außenstehenden mochte sie auf den ersten Blick völlig normal wirken, und es schien ihm plötzlich einleuchtend, weshalb ihr Arzt einfach nichts feststellen konnte. Sie schaffte es irgendwie, sich zusammenzureißen und ihre Umgebung damit über ihren wahren, hilfsbedürftigen Zustand hinwegzutäuschen. Kern zermarterte sich das Gehirn, wie er in dieser Situation dem Arzt beibringen konnte, dass seine Mutter sofort und dringend Hilfe brauchte.

Er ergriff die Gelegenheit und fragte Hauser, der ja den Schlüssel zur Wohnung hatte, ob es irgendein besonderes Vorkommnis gegeben hätte oder ob er mit einem besonderen Problem konfrontiert worden sei, was dieser verneinte.

„Ich sehe deine Mutter zwei- bis dreimal pro Tag, und es gibt kein Problem, welches wir zwei", dabei zwinkerte er Kerns Mutter zu, „nicht bewältigen könnten."

Kern wusste, dass Hauser ein ganz feiner Kerl und zu hundert Prozent auf der Seite seiner Mutter war. Hauser würde es ihm gegenüber nie erwähnen, falls er nachts zu Hilfe gerufen würde.

„Haben Sie ‚das Mädchen' schon kennengelernt?", fragte Kern unvermittelt.

„Ja, ja, ich kenne bald alle Besucher. Vor allem im Schlafzimmer scheint nachts ab und zu ein richtiges Gedränge zu herrschen, da findet manchmal eine richtige Völkerwanderung statt. Ich wollte deshalb vorschlagen, die Spiegeltüren an den Kleiderschränken mit Klebepapier abzudecken."

Das war gar keine schlechte Idee, und Kern nahm sich vor, diese Anregung zu befolgen und beim nächsten Besuch die Spiegel mit Schrankpapier zuzukleben.

Auf der Rückfahrt fühlte er sich verantwortlich und gleichzeitig hilflos wie nie zuvor. Irgendwie kam bei ihm ein bisher unbekanntes Gefühl auf; das Gefühl, überfordert zu sein. Diese Situation konnte er kaum in seiner üblichen Art locker nehmen.

Er schlief sehr unruhig und rief am nächsten Morgen seine Mutter an, um sich zu erkundigen, wie es ihr ging.

„Es geht mir sehr gut, warum fragst du?"

„Hast du schon gefrühstückt?"

„Ja."

„Was hast du denn gegessen?"

„Kaffee und frisches Brot, das Mädchen hat für mich eingekauft."

„Mutter, ich habe dir gestern Brot, Butter und Fleisch eingekauft. Es ist alles im Kühlschrank. *Das* sollst du essen. Und wenn du zum Kühlschrank gehst und etwas herausnimmst, dann vergiss ja nicht, die Tür wieder zu schließen." Bei diesen Worten plante er, Freddy Hauser anzurufen, mit der Bitte, dem Kühlschrank die notwendige Aufmerksamkeit zu schenken.

Er hatte große Hemmungen, den Nachbarn einzuspannen, da er gewohnt war, alle Probleme selbst zu lösen, aber was blieb ihm anderes übrig? Solange der Hausarzt seine Meinung nicht änderte, war einfach nichts zu machen. Er wollte ja nur den spitalexternen Mahlzeitendienst in Anspruch nehmen, womit die tägliche Ernährung seiner Mutter gesichert wäre. Er konnte ja schließlich nicht täglich von Basel in die Innerschweiz fahren, um sie zu versorgen. Die externe Versorgung und Pflege privat zu bezahlen, dazu fehlten ihm ganz einfach die Mittel.

Eine dunkle Wolke vager Vorahnungen machte sich in seinem Kopf breit. Kern spürte, wie sehr ihn die ständig wachsende Last der Verantwortung bedrückte und bemerkte befremdet, wie sich in ihm ein starker Unwille regte, diese Verantwortung alleine zu tragen, nur weil er zufällig da war.

13

Die Reise in die USA stand vor der Tür. Kern war damit beschäftigt, seinem Vortrag den letzten Schliff zu geben, dann legte er mit seinen Mitarbeitern die nächsten Schritte für die Experimente fest. Gleichzeitig bemühte er sich, ein Betreuungsschema für seine Mutter auszuarbeiten. Mutters Cousine war wie immer sehr gerne bereit, noch etwas mehr zu tun. Hauser winkte bei den von Kern geäußerten Bedenken ab und sagte: „Geh du nur ruhig in die USA. Wir werden das hier schon in den Griff bekommen. Es gibt nichts, um das ich mich nicht kümmern kann. Ich bin froh, dass ich ihr etwas zurückgeben kann."

Am Dienstag um zehn Uhr hielt Kern dann noch wie üblich seine Vorlesung, dieses Mal zum Thema „Die Ursachen und Therapiemöglichkeiten der Depression".

Als Erstes erregte er großes Erstaunen, indem er auf die Häufigkeit dieser Krankheit hinwies: 15 Prozent der Männer und 25 Prozent der Frauen erkranken während ihres Lebens mindestens einmal an einer Depression. Noch erstaunlicher war für die Studenten die Tatsache, dass etwa 10 bis 15 Prozent der Erkrankten einen Selbstmordversuch unternehmen.

Kern sprach über mögliche Ursachen oder begünstigende Faktoren wie zum Beispiel Genetik, familiäre Aspekte wie fehlende

Anerkennung, in der Kindheit erlebte Gewalt sowie finanzielle Not, Partnerverlust, chronische Schmerzen und Krankheiten.

„Neben diesen psychologischen Faktoren im Umfeld gibt es biologische Faktoren: Hormone haben einen nicht zu unterschätzenden Einfluss auf das Gemütsleben, denken Sie an das prämenstruelle Syndrom, die Kindbettdepression und die ansteigende Häufigkeit von Depressionen in der Menopause bei Frauen.

Obwohl die Krankheit bei Frauen häufiger auftritt, ist die Depression aber keine Frauenkrankheit. Seit der Begriff ‚Burnout' die Erschöpfungsdepression salonfähig gemacht hat, ist deren Auftreten bei Männern deutlich gestiegen."

Kern präsentierte dann, in Gruppen geordnet, die pharmakologischen Therapiemöglichkeiten. Er begann mit den sogenannten „trizyklischen" Verbindungen, die in den späten 1950er- und in den 1960er-Jahren aufkamen und für die Behandlung der Depression bahnbrechend waren. Dazu gehörten unter anderen Imipramin, Desipramin und Amitriptylin, die später, nach Aufklärung ihres Wirkmechanismus, als nichtselektive gemischte Serotonin-Noradrenalin-Wiederaufnahmehemmer[20] klassifiziert wurden. Er vergaß nicht zu erwähnen, dass diese Präparate aus chemischen Gründen so heißen: Der Begriff „trizyklisch" bezieht sich auf die Tatsache, dass sie alle durch drei Ringe im Molekül charakterisiert sind. Kern wies auch auf die mit diesen Präparaten verbundenen möglichen Nebenwirkungen wie zum Beispiel Müdigkeit, Mundtrockenheit, Verstopfung und Harnsperre hin. Erwähnenswert schien ihm zudem die Tatsache, dass man mit einer Überdosis dieser Medikamente Selbstmord begehen konnte; eine besonders problematische Situation bei Depressiven.

Im Anschluss beleuchtete er die neueren selektiven Serotonin-Wiederaufnahmehemmer (SSRI) näher. Zu diesen gehören Fluoxetin, Paroxetin, Citalopram und viele andere. Diese Gruppe der

---

[20] Noradrenalin und Serotonin sind wie Dopamin wichtige Botenstoffe im Gehirn.

Antidepressiva wirkt nicht besser, tendenziell vielleicht sogar eher etwas schwächer als die trizyklischen Wirkstoffe, bedeutete aber in Bezug auf Verträglichkeit einen wichtigen Schritt nach vorn. Für einen Selbstmord sind sie wesentlich ungeeigneter. Es hat sich allerdings gezeigt, dass sie durch ihre anregende Wirkung die Suizidtendenz bei entsprechend gefährdeten Menschen in den ersten Tagen der Behandlung eher verstärken.

Nun kam Kern auf die möglichen Nebenwirkungen dieser Medikamente zu sprechen, bei denen Gewichtszunahme, Unruhe und sexuelle Störungen im Vordergrund stehen. Er leitete dann über zu den selektiven kombinierten Serotonin- und Noradrenalin-Wiederaufnahmehemmern (SNRI) wie zum Beispiel Venlafaxin.

„In Bezug auf die Wirkung können diese neueren Präparate ohne Weiteres mit den trizyklischen Medikamenten verglichen werden, haben aber durch die zusätzliche Noradrenalinwirkung auch wieder zusätzliche Nebenwirkungen."

In seinem Ausblick erwähnte er, dass viele Kliniker große Hoffnungen auf die neuesten Triple Reuptake Inhibitors (TRI) setzen, Substanzen, die gleichzeitig die Noradrenalin-, Serotonin- und Dopaminaufnahme hemmen. Diese jüngste Generation könne aber aufgrund der nicht ausreichenden klinischen Erfahrung noch nicht abschließend bewertet werden.

Dann beschrieb Kern die weniger häufig verschriebenen MAO-A-Hemmer, wie Moclobemid, und MAO-B-Hemmer, wie Deprenyl. Er vergaß auch nicht, den „Cheese-Effect" zu erwähnen, einen potenziell gefährlichen Blutdruckeffekt im Zusammenspiel mit Käse oder Wein.

Beim Erwähnen des typischen verzögerten Wirkeintritts der Antidepressiva meinte er:

„Das heißt aber nichts anderes, als dass der Patient in den ersten zwei Wochen nur die Nebenwirkungen, nicht aber den positiven Einfluss auf die Psyche spürt. Diese Erfahrung bewegt viele Patienten dazu, die Behandlung wieder abzubrechen. Der Grund für die verzögerte Wirkung ist im Detail unbekannt, deutet aber darauf hin, dass erst die Reaktion des Gehirns beziehungsweise des Körpers auf die längerfristige Behandlung zum gewünschten antidepressiven Effekt führt. Die Tatsache, dass Antidepressiva in Zellkulturen das Auswachsen neuer Nervenverbindungen stimulieren, hat die Vermutung genährt, dass eine derartige Bildung neuer funktioneller Netzwerke dem therapeutischen Effekt zugrunde liegen könnte.

Wie wir jetzt zusammenfassend erkennen, beeinflussen alle diese Medikamente die Konzentration von Dopamin, Noradrenalin oder Serotonin in bestimmten Gehirnbahnen, und es stellt sich die Frage, ob damit die Therapiemöglichkeiten für die Depression schon ausgeschöpft sind ...«

Da hob eine Studentin die Hand und fragte:

»Wie steht es denn mit Johanniskraut, das wird doch auch zur Behandlung der Depression verwendet, und den vielen homöopathischen Medikamenten?«

»Das ist eine sehr gute Frage. Erstaunlicherweise kommt die Wirkung beim Johanniskraut hauptsächlich über eine Hemmung der Serotoninaufnahme zustande. Das heißt nichts anderes, als dass die Natur über die gleichen Mechanismen wirkt wie das synthetische Medikament – oder natürlich umgekehrt.

Die zweite Frage nach der Wirksamkeit homöopathischer Medikamente ist für mich sehr schwierig zu beurteilen. Die für die ganze Welt aufgestellte Bedingung für den wissenschaftlichen Nachweis von therapeutischen Wirkungen, der klinische Doppelblindversuch[21], wird von den Homöopathen abgelehnt. Auf dieser Grundlage dann zu glauben, dass die Wirkung der Kügelchen mehr als nur ein Placeboeffekt ist, fällt mir schwer,

---

[21] Eine Versuchsanordnung, bei der weder die behandelnden Ärzte noch die Patienten wissen, wer den Wirkstoff und wer ein gleich aussehendes Scheinmedikament bekommt. Der Behandlungsplan wird erst nach Abschluss der Studie bekannt.

besonders wenn es sich beim Wirkstoff zum Beispiel um Kochsalz oder Gold in homöopathischen Dosierungen handelt. Es ist für mich aber ein Spiel mit sehr hohem Risiko, wenn schwere Fälle von Depressionen mit Kügelchen behandelt werden."

Da meldete sich ein weiterer Student: „Sie haben sich vorhin gefragt, ob mit einer Beeinflussung der biogenen Amine bereits alle Möglichkeiten ausgeschöpft sind, die Depression zu behandeln. Sehen Sie denn überhaupt noch andere Möglichkeiten?"

„Es gibt theoretisch noch zahlreiche andere Möglichkeiten, darunter eine, die mich schon immer fasziniert hat. Es gibt verschiedene Hinweise darauf, dass die Depression auch eine Störung des biologischen Rhythmus beinhaltet. Depressive Patienten beklagen sich oft über schwere Schlafstörungen. Bei Menschen in Berufen mit ständig wechselnder Tag-Nacht-Routine, wie zum Beispiel Flugpersonal, Schichtarbeiter und Pflegepersonal, ist die Anfälligkeit für Depressionen erhöht. Auch in Gegenden mit ausgeprägten saisonalen Veränderungen der Tageslänge, zum Beispiel in Skandinavien, treten Depressionen häufiger auf.

Neben diesen eher statistischen Daten gibt es auch experimentelle Hinweise auf den Zusammenhang zwischen Tagesrhythmus und Depression: Man kann gesunde menschliche Versuchspersonen künstlich vom Rhythmus der Außenwelt völlig abschneiden und ihren eigenen inneren Rhythmus leben lassen. Dabei zeigt es sich, dass sie jeden Tag ein bisschen später aufstehen und entsprechend später zu Bett gehen. Das ist bei depressiven Patienten nicht der Fall, sie zeigen diesen ausgeprägten endogenen Rhythmus viel weniger.

Umgekehrt hat sich gezeigt, dass depressive Patienten, deren Normalrhythmus aus therapeutischen Gründen aufgebrochen wurde, klinisch relevante Besserungen zeigen. Diese Patienten mussten zum Beispiel sehr früh aufstehen und eine anstrengende sportliche Aktivität ausüben.

Eine potenzielle Chance für neue Therapien liegt deshalb möglicherweise in der pharmakologischen Beeinflussung des neuronalen Regelwerks der Rhythmen. Unter den in jüngster Zeit entdeckten Genen für Proteine, die die zirkadianen Rhythmen regulieren, bieten sich zwei oder drei als neue therapeutische Strategien der Zukunft an. Ich stelle mir deshalb vor, dass Substanzen, welche ein Element des zirkadianen biochemischen Regulierungswerkes blockieren oder fördern, möglicherweise eine antidepressive Wirkung haben könnten."

Kern kam nicht mehr dazu, seine am Schluss übliche Zusammenfassung der wichtigsten Punkte vorzutragen. Die aufgeworfenen Fragen hatten den Rest der zur Verfügung stehenden Zeit völlig aufgebraucht. Die Glocke läutete, die Vorlesung war zu Ende.

Die Schlange der noch mit unbeantworteten Fragen am Stehpult anstehenden Studenten war länger als sonst. Kern glaubte, dass viele der aufgeworfenen Fragen nicht nur den akademischen Wissensdurst stillen sollten, sondern oftmals einen direkten persönlichen Bezug zum Fragesteller hatten.

Nach gut zwanzig Minuten waren die letzten Unklarheiten ausgeräumt und die letzten Wissenslücken gestopft. Kern packte den Laptop in seine Aktentasche und wollte sich auf den Weg zum Büro machen, als sich ihm eine blasse, krank aussehende junge Dame in den Weg stellte. Kern blickte in zwei übermüdete hellblaue Augen, während er sie freundlich ansprach: „Haben Sie auch noch eine Frage zur Vorlesung?"

„Nicht zur Vorlesung, aber zur Depression."

„Okay, legen Sie los."

„Meine Mutter ist depressiv, sie will aber keine Medikamente. Jetzt hat sie in irgendeiner Frauenzeitschrift etwas über Lichttherapie gelesen. Was ist das genau, und ist die Therapie wirksam?"

„Bei der Lichttherapie wird der Patient einer sehr starken Lichtquelle ausgesetzt. Das geht über tägliche Sitzungen von etwa einer halben Stunde. Es sind bei einzelnen Patienten erstaunliche Besserungen beobachtet worden, und jetzt kommt das ‚Aber': aber hauptsächlich bei Patienten mit einer ‚saisonalen' Depression. Obwohl Licht auch bei anderen Formen der Depression eine positive Wirkung haben kann, sind die Effekte wesentlich kleiner. Hat Ihre Mutter ihre depressiven Symptome nur im Winter?"

„Ich meine, dass sie im Winter viel stärker sind. Die letzten drei Monate haben mich fast geschafft. Ich bin ihre einzige Bezugsperson und zurzeit fast nicht in der Lage, ihrem enormen Bedürfnis nach meiner Anwesenheit nachzukommen. Ich wohne der Einfachheit halber wieder zu Hause und habe jeden Tag ein schlechtes Gewissen, wenn ich sie am Morgen verlasse. Ich glaube aber, dass mich diese Aufgabe langsam überfordert, ich kann ganz einfach nicht mehr."

„Ihre Mutter braucht dringend fachärztliche Hilfe, sonst sind *Sie* der nächste Patient. Wenn das so weitergeht, wird Ihre Mutter Sie in eine tiefe Depression reißen. Sprechen Sie mit dem Hausarzt, und lassen Sie Ihre Mutter von einem Psychiater untersuchen und behandeln. Sie braucht Hilfe, und zwar Hilfe von einem Experten. Sollte Ihr Hausarzt keinen kennen, kommen Sie auf mich zurück. Ich vermittle sie gerne an einen Kollegen hier aus der Klinik. Handeln Sie sofort, die Situation erträgt, nicht zuletzt für Sie, absolut keine Verzögerung."

„Ich werde den Hausarzt gleich anrufen und alles tun, damit sie eine fachärztliche Betreuung bekommt."

Kern machte sich auf den Weg zurück ins Büro.

14

Am letzten Tag vor seiner Abreise hatte er noch eine kurze Besprechung mit Herschkoff in der Klinik. Es ging um die Organisation der Vorlesung. Herschkoff hatte angeboten, Kerns Vorlesung während dessen USA-Aufenthalts zu übernehmen.

„Mein Vorlesungsaufbau ist immer gleich: Ich nehme eine Krankheit mit Ursachen und Therapiemöglichkeiten durch, zeige die Grenzen der verfügbaren Therapien auf und gebe einen Ausblick auf kommende therapeutische Strategien. Für die nächste Vorlesung hätte ich die Amyotrophe Lateralsklerose (ALS) auf dem Programm gehabt. Da aber jede Vorlesung in sich geschlossen ist, kannst du auch Angststörung, bipolare Depression oder Huntington nehmen, das sind die von mir geplanten nächsten Indikationen."

„Kein Problem", meinte Herschkoff, „und ich habe alle deine Dias auf diesem Memory-Stick?"

„Ja, ich habe alles draufgeladen, inklusive der Dias für Angststörung, bipolare Depression und Huntington."

„Okay, dann kann ja nichts mehr passieren. Ich wünsche dir einen angenehmen Trip und viel Erfolg mit deinem Vortrag."

Herschkoff streckte die Hand aus, und mit einem festen Griff verabschiedeten sich die beiden. Als Kern die Tür von Herschkoffs Büro hinter sich zuzog, sah er in das lächelnde Gesicht von Christine Sutter.

„Jetzt bin ich beruhigt!"

„Warum denn?", fragte sie überrascht.

„Sollte ich mit dem Flugzeug abstürzen, hätte ich dich wenigstens noch ein letztes Mal gesehen."

„Du wirst mich noch oft sehen. Bevor ich dich und deine Band spielen gehört habe, wirst du nicht abstürzen, das musst du mir versprechen."

„Heißt das, dass ich fest damit rechnen kann, dass du in eines unserer Konzerte kommst?"

„Ich hoffe ins nächste, wenn du mir das Datum früh genug mitteilen kannst."

„Das ist kein Problem. Unser Konzertplan ist sehr übersichtlich, weil wir nicht so oft spielen. Normalerweise haben wir pro Jahr nur etwa vier öffentliche Auftritte und dazu noch ein paar kleine Gigs zu privaten Anlässen. Ich schicke dir unseren provisorischen Konzertplan, sobald ich ihn habe."

Christine hatte beim Sprechen ihre dicke schwarze Lesebrille abgenommen, und Kern war wieder komplett gefangen von ihrem faszinierenden Gesicht.

Während seine Gedanken für Sekundenbruchteile wegglitten, öffnete Herschkoff die Tür seines Büros und riss Kern mit seiner dröhnenden Stimme aus seiner Traumwelt. Scherzend meinte er: „Dieter, du bist ja immer noch da, ich wähnte dich längst in den USA." Daraufhin wandte er sich an Christine: „Passen Sie auf, dieser Mann ist gefährlich." Dann wurde er sachlich: „Könnten Sie bitte nachher die Akte Wanner heraussuchen, die Dame kommt heute gegen vier Uhr zur Untersuchung, und so, wie ich es sehe, wird sie bestimmt wieder für längere Zeit bei uns einziehen." Dann schloss er die Tür wieder.

Definitiv aus seinen Tagträumereien geschreckt, machte Kern Anstalten zu gehen. „Okay, ich mache mich jetzt auf den Weg. Ich bin jetzt für ein paar Tage weg. Vielleicht könnten wir einmal zusammen Mittagessen?"

„Jetzt, nach Herschkoffs Warnung, werde ich mir das zweimal überlegen."

„Das war keine Warnung. Das war ein mit Peter vereinbarter Trick, um mich für dich interessant zu machen."

Grinsend und ohne weitere Worte verließ Kern das Vorzimmer. Er bildete sich ein, in Christines Augen Zustimmung gelesen zu haben.

15

Das Flugzeug hob pünktlich um siebzehn Uhr in Zürich ab und landete nach einem sehr ruhigen Flug etwas vorzeitig in Newark. Da Kern nur einen kleinen Koffer bei sich hatte, den er als Handgepäck in die Kabine mitnehmen konnte, brauchte er nicht am Gepäckband zu stehen und eilte – in Erwartung der üblichen langen Schlange bei der Einreisekontrolle – direkt in die riesige Empfangshalle, die er als Erster seiner Maschine erreichte. Eine Lautsprecherstimme machte die Ankommenden darauf aufmerksam, dass für US-Bürger und Nicht-US-Bürger getrennte Abfertigungsareale zu benutzen seien. Kern ordnete sich in den linken Kanal ein, in dem die ankommenden Nichtamerikaner wie in Viehgattern nach links, dann nach rechts und schließlich wieder nach links geschleust wurden. Er durchlief die ersten sechs noch leeren Schlaufen und schloss zu den bereits Wartenden auf. Als er auf die gegenüberliegende rechte Seite blickte, stellte er fest, dass die Warteschlange im entsprechenden „Viehgatter" für US-Bürger um einiges kürzer war. Dann ließ er sich gleichmütig Meter um Meter nach rechts und dann wieder nach links treiben. Den kleinen Koffer schob er dabei mit den Füßen vor sich her. Als er nach nur gut vierzig Minuten in die letzte Schlaufe einbog, erwartete ihn noch die finale Etappe. Fünf mit einer Ausnahme recht wohlbeleibte Damen in Uniform, mehrheitlich Afroamerikanerinnen, mit Walkie-Talkies verteilten nun die vordersten Reisenden einzeln auf die mit Zollbeamten besetzten zehn Schalter.

„Hey, Mister, ich sagte Schalter 4, nicht 2", schrie die junge Frau, mit den Armen wild gestikulierend, einem Passagier nach, der sich im gelebten Ungehorsam einfach beim Schalter mit der kürzesten Warteschlange angestellt hatte. „Bitte gehen Sie unverzüglich an den Ihnen zugeteilten Schalter." Der Passagier gehorchte kopfschüttelnd und schlurfte widerwillig zu Schalter 4.

Als die Reihe an Kern war, deutete sie mit ihrem Walkie-Talkie nach links und sagte: „Seven". Irritiert stellte er fest, dass an dem ihm zugewiesenen Schalter 7 noch drei Leute in der Reihe standen, während an Schalter 2 und 5 nur je ein einzelner Passagier stand. Besonders besorgniserregend in Bezug auf die geschätzte weitere Wartezeit war die Tatsache, dass der Sikh mit Turban, der schon längere Zeit vorne an Schalter 7 stand, offensichtlich ein Problem mit seinen Papieren hatte. Kern unterdrückte einen giftigen Kommentar und machte sich, innerlich fluchend, auf den

Weg zu Schalter 7. Er wusste aus Erfahrung, dass es besser war, nichts zu sagen, weil die selbstbewussten Damen auf Kritik nicht sehr wohlwollend reagierten. Kern hatte dann anschließend mehr als genügend Zeit, sich über die unergründliche Logik der Dame mit dem Walkie-Talkie Gedanken zu machen.

Nach zehn Minuten schien sich der Knoten am Schalter endlich zu lösen. Nachdem noch kurz ein Supervisor der Zollbehörde eingeschaltet worden war, deutete das laut knallende Geräusch des Datumstempels das glückliche Ende der Einreisezeremonie für den „Turban" an. Nach weiteren fünf Minuten waren die vor ihm in der Reihe stehenden Passagiere durch, und Kern stand vor dem Zollbeamten. Die Abfertigung war dann kurz und professionell:

„Weshalb besuchen Sie die USA?"

„Ich halte einen Vortrag."

„Was sind Sie von Beruf?"

„Wissenschaftler."

„Sie wissen, dass Sie in den USA nicht arbeiten dürfen?"

„Ja natürlich, der Vortrag wird nicht bezahlt."

„Wie lange bleiben Sie in den USA?"

„Alles in allem vier Tage."

Unterdessen war die maschinelle Prüfung des Reisepasses zufriedenstellend ausgefallen. Der Beamte nahm den Pass aus dem Gerät, öffnete ihn, haute den roten Stempel mit Datum und Einreiseort hinein, heftete ein weißes Kärtchen dazu, klappte ihn zu und reichte ihn Kern zurück.

„Welcome to the US, Sir, enjoy your stay."

Bei der anschließenden Einfuhrkontrolle winkte man ihn durch, da die Zollkontrolleure sich an einem Italiener mit einem sehr großen Koffer festgebissen hatten. Der Mann hatte, vermutlich völlig unwissend, Salami und andere verbotene Lebensmittel mit in die USA gebracht.

So war Kern trotz Walkie-Talkie-Damen und Turban-Mann unter den Ersten aus seinem Flugzeug, die im öffentlich zugänglichen Empfangsareal jenseits der Kontrollen ankamen. Suchend sah er sich um. Dort standen viele Taxi- und Limofahrer, die Namensschilder hochhielten. Nach langem Umherblicken las er dann „Dr. Dieter Kern" auf einem der Schilder. Er steuerte auf den unscheinbaren Mann, der bestimmt siebzig Jahre alt war, zu und gab sich zu erkennen. Beim Angebot des Fahrers, ihm den Koffer zu tragen, winkte er dankend ab und folgte ihm zum Parkplatz.

Das Wetter war wunderbar. Es war Kerns erster Besuch in New Jersey seit seiner Doktorandenzeit. Er schaute sich um und stellte fest, dass sich eigentlich kaum etwas verändert hatte. Den deutlichsten Unterschied zu früher hatte er bereits vor der Abreise wahrgenommen: Die Bürokratie für das Einreiseprozedere hatte sich durch die vorgeschriebene Voranmeldung noch einmal verkompliziert.

Kern packte seinen kleinen Koffer in den Kofferraum der Limousine und setzte sich dann auf die sofaähnliche, weichgesessene Sitzbank im Fond des Wagens. Dann wandte er sich an den Fahrer:

„Wohin fahren wir?"

„Ich bringe Sie direkt zum *Hilton Shorthills*, Sir, wenn Ihnen das recht ist." Das war Kern, der nun doch etwas die Müdigkeit spürte, mehr als nur recht. Seiner inneren Uhr nach war es bereits morgens viertel vor zwei. Er hatte von seinem Doktorvater, Kevin Shorter, nicht erwartet, im *Shorthills*, einer sehr feinen Adresse, einquartiert zu werden. Jetzt verstand er aber, warum ihn Shorter über das Hotel im Unklaren gelassen hatte. „Du wirst zufrieden sein", hatte er gesagt, „eine Limo wird dich am Flugplatz abholen." Entspannt lehnte er sich zurück.

„Hatten Sie einen guten Flug, Sir?"

„Ja danke, der Flug verlief ruhig und ohne Verspätung."

„Sie kommen aus der Schweiz, Sir, wenn ich fragen darf: von wo genau?"

„Ich komme aus Basel." Kern sagte dies in der Annahme, dass der Fahrer, wie die meisten Amerikaner, kaum eine Vorstellung von der Schweiz hatte.

„Basel! Mir ist Basel als großartige Kulturstadt bekannt, besonders wenn ich an die Bedeutung der alten Universität denke. Da fallen mir spontan Namen wie Erasmus von Rotterdam und Paracelsus ein."

„Es scheint mir fast, als ob Sie die Schweiz tatsächlich kennen!"

„Ja, ich kenne die Schweiz ein bisschen, vor allem aus historischer Sicht. Ich meine damit auch Zürich und Genf, die mit Zwingli und Calvin Ausgangspunkte eines grundlegenden geistig-religiösen Wandels in Europa waren. Die Schweiz ist zwar klein, aber für die europäische Geschichte sehr bedeutsam."

Jetzt war Kern verblüfft und fragte: „Warum wissen Sie so gut Bescheid? Sie haben mich mit Ihren Kenntnissen sehr beeindruckt."

Der Fahrer lächelte verschmitzt: „Sie meinen, dass es ziemlich ungewöhnlich ist, dass ein Limo-Driver so etwas weiß?"

„Ja, genau."

„Die Erklärung ist ganz einfach: Ich war früher Professor für europäische Geschichte an einem University College. Da mir meine Rente leider zum Leben nicht reicht, verdiene ich mir als Fahrer etwas dazu. Weil meine Frau krank ist, fallen einfach zu viele ärztliche Kosten an. Ab und zu gebe ich noch Fahrstunden."

Die Unterhaltung drehte sich gerade um das Thema Krankenkassen und die Hoffnung auf ein neues soziales System, als die Fahrt plötzlich zu Ende war. Der Fahrer hielt an; man stand vor dem überdachten Hoteleingang.

Kern verabschiedete sich und gab dem Fahrer, obwohl dieser zuerst vehement ablehnte, ein großzügiges Trinkgeld. Dann ergriff er seinen kleinen Koffer und betrat das Hotel. Die freundliche junge Dame am Empfang händigte ihm den Zimmerschlüssel aus und erklärte ihm noch, wo das Frühstückzimmer war.

Im Zimmer öffnete Kern den Koffer, entnahm ihm den schwarzen Plastikbeutel mit Zahnbürste, Seife und Rasierzeug, stellte alles auf das dafür vorgesehene Regal und machte seine kurze Abendtoilette. Dann legte er sich ins Bett und schlief fast augenblicklich ein.

Als er völlig erholt aufwachte, war es immer noch dunkel. Er blickte auf die Uhr: Es war erst zehn vor vier. Er rechnete nach und merkte, dass es seiner inneren Uhr nach bereits zehn vor zehn war, was auch seinen starken Hunger erklärte. Er war hellwach und versuchte gar nicht mehr einzuschlafen. Er zappte zuerst alle Fernsehkanäle durch und blieb dann erfreut bei der Wiederholung der *Daily Show with Jon Stewart*. Diese News-Show war während seiner USA-Zeit eine seiner bevorzugten Sendungen. In Ermangelung einer Alternative begann er nach der Show wieder zu zappen, erwischte dann noch die letzte Viertelstunde einer alten *Seinfeld*-Episode, bis er bei den *CNN-News* hängen blieb. Um sechs Uhr stand er unter der Dusche und bereits um viertel vor sieben trieb ihn ein Riesenhunger ans Frühstücksbuffet.

Nach einem bis auf den Kaffee erstklassigen Frühstück freute er sich darauf, die *New York Times* zu lesen, eine Zeitung, die ihm, während er in den USA weilte, immer als journalistische Referenz gedient hatte. Anderen Zeitungen aus der weiteren Region um New York konnte er wenig abgewinnen. Entspannt las er sich durch die vielen politischen und kulturellen Artikel. Am Sportteil interessierten ihn vor allem die Berichte über das NHL-Eishockey. Für Basketball, American Football und Baseball hatte er nach wie vor kaum etwas übrig. Zum Schluss vertiefte er sich auf der Seite „Kulinarisches" in einen Artikel über die italienische Küche in New York, in einen Beitrag über Sauternes-Weine und deren komplizierte Produktion sowie in einen Überblick über gute oder neu eröffnete Restaurants in New York City.

16

Pünktlich um halb neun holte ihn ein Limofahrer ab und brachte ihn auf kurzem Weg zur Rutgers University. Der Fahrer fuhr ihn direkt zum Paul Robeson Campus Center, in dem die kleine Schizophreniekonferenz stattfand. Kern dachte mit Schmunzeln an die schwer bewaffneten Wächter, die den Besucherparkplatz früher observierten, sah aber, dass zumindest die strikte vorherige Anmeldepflicht für Besucher, die diesen Parkplatz nutzen wollten, immer noch bestand. Der Fahrer musste dem Parkwächter bei der Einfahrt den Namen seines Fahrgastes angeben. Dieser wurde dann mit einer Liste abgeglichen. Kern verabschiedete sich von seinem Fahrer, betrat das Gebäude und folgte den kleinen Wegweisern aus blauem Karton, die ihm den Weg zum Konferenzraum und zur Anmeldung zeigten. Er schritt auf das Reception Desk zu. Dieses bestand aus drei aneinandergestellten großen Tischen, hinter denen zwei nette junge Frauen saßen.

„Guten Morgen, Ladies."

„Guten Morgen, Sir. Wie ist Ihr Name, bitte?"

„Dieter Kern." Während die junge Dame den Namen wiederholte, glitt sie mit dem Bleistift durch eine vielleicht fünfzig Personen umfassende Namensliste.

„Here we are!" Sie hakte seinen Namen auf der Anmeldungsliste ab, reichte ihm eine der auf dem Tisch schön aufgereihten Segeltuchmappen mit den Konferenzunterlagen und half ihm, unter den ausgelegten Patches[22] den mit seinem Namen zu finden. Dieter Kern steckte sich den Patch an und setzte sich auf einen der vielen Stühle, die an den Wänden des Foyers entlang aufgestellt waren. Dann öffnete er die blaue mit einem weißen Aufdruck der Konferenz versehene Segeltuchmappe, in der er die maximal dreißig Zeilen langen Zusammenfassungen der Vorträge, die sogenannten Abstracts, als dünnes Buch gebunden vor-

---

[22] Ansteckbare Namenschilder.

fand. Auch Kern hatte spätestens vier Wochen vor der Konferenz sein Abstract einreichen müssen. Außer dem Buch befanden sich in der Mappe Prospekte über Ziele in New Jersey: Morey's Piers, Island Beach State Park, Atlantic City mit seinen vielen Spielcasinos, die Bridgewater Mall, die exklusive Short Hills Mall, Outlet-Shops in Flemington und die Newark Symphony Hall. Obwohl er als Doktorand fast vier Jahre in New Jersey lebte, kannte er die meisten dieser „Attraktionen" nicht oder nur vom Hörensagen.

„Dieter, was für eine Riesenüberraschung. Ich hoffte so sehr, dass du kommen würdest", hörte er plötzlich eine bekannte Frauenstimme, und als er aufblickte, wurde er bereits umarmt und auf die Wangen geküsst.

„Sarah, du bist immer noch hier an der Rutgers University?" Sarah Patel war nicht nur eine ehemalige Doktorandenkollegin von Kern, sondern er hatte auch eine kurze Romanze mit ihr gehabt. Sie war etwas jünger als er und stieß damals gut zwei Jahre nach ihm zur gleichen Forschungsgruppe.

„Nein, ich bin schon zwei oder sogar drei Jahre weg von Rutgers. Ich habe eine Tenure-Track-Stelle[23] an der UCI[24] angenommen."

Sarah war eine in den USA geborene sehr hübsche, quirlige Inderin. Es war aber nicht nur ihre Schönheit, weshalb sie sich für immer in Kerns Gedächtnis einprägte, sondern auch das Chaos, welches sie überall begleitete. Ihre Molekularbiologie war technisch absolute Spitzenklasse, niemand, den er kannte, hatte beim Klonieren eines Gens auch nur annähernd das goldene Händchen, welches sie hatte. Andererseits konnte sich Kern nicht erinnern, dass der interne Beauftragte für Laborsicherheit bei seinen Kontrollen bei ihr einmal nichts zu beanstanden hatte. Sie

---

[23] Eine Stelle an der Universität, die junge Talente auf eine zukünftige Professur eingleist.
[24] University of California, Irvine.

hatte diese Dinge absolut nicht im Griff; verschüttete Gläschen mit unbekanntem Inhalt, hatte Spuren von Radioaktivität am Labormantel, arbeitete ohne Dosimeter usw. Die Liste ihrer Verfehlungen war lange und verlängerte sich mit jeder Inspektion, sie wurde sogar mehrfach verwarnt deswegen, was ihrer sprichwörtlichen Frohnatur aber kaum abträglich war.

„Gratuliere, das klingt ja sehr gut. Das musst du mir noch genau erzählen."

„Das tu ich gern. Ich will aber auch alles über dich erfahren, ich betone: restlos alles!"

„Zum Beispiel?"

„Bist du verheiratet? Ich habe zwar gesehen, dass du keinen Ring trägst, aber man weiß ja nie!"

Mit ihrer Ungeduld spielend, antwortete er geheimnisvoll: „Vielleicht können wir zusammen essen, dann erzähle ich dir alles. Ich beantworte frühestens dann auch deine Frage!"

„Sehr gerne, ich freue mich drauf. Jetzt muss ich noch schnell weg, ich will noch meine alten Kollegen hier besuchen."

„Sarah, vergiss nicht: Der erste Vortrag beginnt aber in genau dreißig Minuten und du brauchst zehn Minuten bis zum Labor!" Als er sich so sprechen hörte, war es ihm, als seien sie nie getrennt gewesen, und ihre Antwort, die er genau so erwartete, bestärkte diesen Eindruck: „Ich weiß, das schaffe ich schon."

Kern atmete tief durch. Das berühmte Chaos war immer noch da. Ihr Zeitmanagement hatte sich anscheinend nicht im Geringsten verbessert.

Er blickte umher und stellt fest, dass unter den immer zahlreicher herumstehenden und diskutierenden Konferenzteilnehmern kein bekanntes Gesicht auszumachen war. So viele alte Kollegen konnte also auch Sarah hier gar nicht mehr antreffen. Die zeitliche Beschränktheit der meisten Stellen auf zwei bis drei Jahre führt in allen Universitätsinstituten zu einer starken personellen Fluktuation, und angesichts der Zeit, die seit seiner Dissertation vergangen war, konnten nur frühere Kollegen immer noch da sein, die hier unterdessen auf eine Tenure-Track-Stelle eingegleist waren. Die einzige Person, von der er wusste, dass er sie treffen würde, war Kevin Shorter, sein Doktorvater, der als Chairman[25] die Konferenz leitete und Kern zum Meeting eingeladen hatte.

Erst kurz vor Beginn der Session[26] erhob sich Kern von seinem Stuhl und betrat den Konferenzraum. Er suchte sich einen seitlich am Rand der Sitzreihe stehenden rot gepolsterten Stuhl in der zweiten Reihe aus, setzte sich und nahm das Abstract-Buch aus der Kongressmappe, um zu sehen, ob da ausreichend Platz für Notizen eingeplant war. Es war mehr als genug Platz da, also brauchte er den mitgebrachten Schreibblock nicht zu benutzen.

Kevin Shorter kam pünktlich, stellte sich direkt ans Rednerpult und prüfte das Mikrophon. Shorter war ein großer, drahtiger Mann Mitte fünfzig mit graumeliertem Haar, faltigem, von Sonne und Wind gegerbtem Gesicht und buschigen Augenbrauen. Er wollte gerade zu seiner Eröffnungsansprache ansetzen, als er Kern erblickte. Man konnte ihm die Freude über das Wiedersehen direkt am Gesicht ablesen, als er auf Kern zulief und diesen wie einen verlorenen Sohn umarmte und ihm auf die Schultern klopfte: „Fein, dass du da bist, Dieter. Wir haben uns lange nicht gesehen. Wir sprechen uns nach der Session."

Darauf bewegte er sich mit schnellen, federnden Schritten zum Stehpult zurück und begrüßte die Teilnehmer. Er verkündete die üblichen organisatorischen Details, vor allem den Ablauf der Konferenz. Es gab vier halbtägige Sitzungen mit je fünf zwanzigminütigen Präsentationen und einer anschließenden Diskussion von je zehn Minuten. In jeder Session war nach den Präsentationen eine weitere volle Stunde zur vertieften Diskussion aller präsentierten Fakten vorgesehen. Am Morgen nach drei, am Mittag nach zwei Vorträgen war eine Kaffeepause angesetzt. Im Weiteren erwähnte Shorter das Galadinner im *Shorthills Ho-*

---

[25] Vorsitzender, Konferenzleiter.
[26] Arbeitssitzung, Verhandlung.

tel, welches für neunzehn Uhr am gleichen Abend geplant war, und wies darauf hin, dass zwei Shuttle-Busse für den Transport der Gäste zur Verfügung stehen würden. Zudem stehe der Aperitif ab achtzehn Uhr im Foyer des Hotels bereit.

„Bitte achten Sie darauf, dass Sie im Foyer für den Aperitif am richtigen Buffet anstehen, sonst muss Tommy Hilfiger für ihre Drinks aufkommen."

Am Schluss erklärte er noch, wo Kaffee und Kuchen zu finden waren; eine absolut essenzielle Information für alle diejenigen, die schon während der Präsentationen von Hungergefühlen geplagt wurden. Nach kurzem Nachdenken war Shorter sicher, alle organisatorischen Aspekte geklärt zu haben, und wandte sich der wissenschaftlichen Thematik der Konferenz zu.

In seinen einleitenden Worten sprach er über die Häufigkeit der Schizophrenie, über die Beschränktheit der pharmakologischen Therapiemöglichkeiten und die dringende Notwendigkeit neuer therapeutischer Ansätze.

Zum Schluss machte er die Vortragenden mit eindringlichen Worten noch einmal darauf aufmerksam, dass die Sprechzeit strikt auf zwanzig Minuten begrenzt sei und dass anschließend an die Referate zehn Minuten zur Diskussion des Gesagten eingeplant seien. Dann übergab er das Wort an den ersten Sprecher, den er mit Blick auf das auf die Leinwand gebeamte Bild mit Namen, Affiliation[27] und Titel der Präsentation ankündigte.

Der ganze erste Teil der Konferenz war der vergleichenden Betrachtung des Wirkungs- und Nebenwirkungsprofils typischer und atypischer Antipsychotika gewidmet, ein Thema, welches Kern in den internen klinischen Meetings in Basel schon sehr oft abgehandelt sah. Aufregend war die Bestätigung, dass die viel beschworene Überlegenheit der neueren „atypischen" Medikamente gegenüber den alten „typischen" Präparaten bei genauerem Hinsehen offensichtlich wesentlich weniger ausgeprägt war

---

[27] Zugehörigkeit zu einer Universität oder anderen Forschungsinstitution.

als angenommen. Diese Information stammte aus einer großen Studie namens CATIE[28]. Der Redner, einer der zahlreichen Co-Autoren dieser CATIE-Studie, schloss entsprechend mit der Feststellung:

„Es ist enttäuschend festzustellen, dass die Behandlungserfolge im 21. Jahrhundert nur unwesentlich besser sind als die der 70er-Jahre des vorigen Jahrhunderts. In Bezug auf die Wirkung auf negative Symptome und das Ausbleiben von EPS sind wir nach vierzig Jahren Forschung noch nicht einmal so weit wie mit Clozapin in der 1970ern, einzig das Profil der Nebenwirkungen hat sich gebessert. Ich frage mich deshalb, was wir in der Forschung falsch machen, und gebe diese Frage gerne an die Industrie weiter. Warum kommt nichts Neues?" Daraufhin eröffnete der Chairman die Diskussionsrunde.

Durch die letzten Worte des Vortragenden direkt angesprochen, hob ein anwesender Industrieforscher die Hand und bekam vom Vorsitzenden, der ihn kennen musste, als Erster das Wort:

„Ich werde heute Nachmittag genau diese Aspekte aus dem Blickfeld des Industrieforschers in meinem Referat abhandeln. Ich möchte deshalb jetzt nicht die Redezeit anderer beschneiden mit Ausführungen, die Sie heute sowieso hören werden. Um es bereits jetzt zu sagen: Es gibt leider triftige Gründe dafür, dass wenig Neues kommt."

Viele Hände gingen hoch. Ein aufgeregter, weißhaariger Mann in dunkelblauem Anzug, weißem Hemd und Krawatte bekam das Wort:

„Meines Erachtens hat die CATIE-Studie große Schwächen. Der erste Punkt betrifft die verwendeten Dosierungen. Für mich ist doch absolut klar, dass die atypischen Präparate, *wenn sie optimal dosiert werden*, in Bezug auf die extrapyramidalen Nebenwirkungen im Vergleich zu den alten Präparaten deutlich besser sind. Der zweite Punkt ist, dass Haloperidol und andere

---

[28] CATIE Abk. für „Clinical Antipsychotic Trials of Intervention Effectiveness".

Dopamin-D2-Blocker im Gegensatz zu den atypischen Medikamenten kaum auf negative Symptome wirken."

Es ging wie üblich gleich zur Sache, die Meinungen prallten aufeinander. Es schien, als hätten sich die Sparringspartner bezüglich der Streitpunkte bereits in anderen Meetings eingeboxt.

Die weiteren Vorträge des Morgens verliefen im üblichen Rahmen und brachten nichts grundlegend Neues, bestätigten aber viele in der Literatur noch wenig diskutierte Aspekte.

Am Ende der Vormittagssession, beim Sandwich-Lunch, traf Kern auf Sarah, die – nicht unerwartet – die erste Hälfte der Präsentationen verpasst hatte und erst nach der Kaffeepause im Konferenzraum aufgetaucht war. Es gab anscheinend doch noch einige „alte Freunde".

Während sie ein Sandwich aß und an einer Cola-Büchse nippte, fragte sie: „Spielst du immer noch Klavier?"

„Natürlich, ich trete sogar ab und zu in Jazzclubs oder Hotels auf."

„Ich erinnere mich immer noch gut daran, wie du im Double Tree Hotel gespielt hast. Du hast das ganze Haus zum Kochen gebracht. Der erkrankte Barpianist wäre, wenn er dich gehört hätte, vor Schreck sicher gesund geworden."

Kern beschwichtigte die quirlige Schönheit: „Bitte vergiss nicht, ich hatte mit Pico Miller am Bass und Freddie Cox am Schlagzeug erstklassige Unterstützung. Alleine hätte ich auf keinen Fall gespielt. Außerdem waren mit euch allen ja bereits mehr als zwanzig lautstarke Supporter da, der Rest war dann nicht mehr schwierig. Ich habe aber ... "

Er wurde durch Kevin Shorter unterbrochen, der sich auf leisen Sohlen genähert hatte: „Dieter, was für eine Freude, dich wiederzusehen. Du hast dich ja kaum verändert. Was tust du in der Schweiz den ganzen Tag? Geld zählen? Schokolade essen? Auf die Berge klettern? Klavier spielen? Spielst du überhaupt noch Klavier?"

„Diese Frage habe ich gerade beantwortet. Die Antwort ist: ja."

„Ich erinnere mich noch, als du im Double Tree gespielt hast und diesem aufdringlichen, stockbesoffenen Südstaatenrancher mit dem weißen Stetson ernsthaft erklärt hast, welches das Gas und welches das Bremspedal am Flügel ist, und dass der Flügel nur einen Gang hat und deshalb nicht geschaltet werden muss."

Da bemerkte Shorter plötzlich Sarah, die er während seiner ersten Worte von hinten überhaupt nicht erkannt hatte: „Sarah, schön, dich wiederzusehen, herzlich willkommen." Er drückte sie an sich. „Jetzt haben wir dann bald die ganze alte Truppe wieder beisammen."

Dann deutete er auf den Verpflegungstisch mit den in Klarsichtfolie eingepackten Sandwiches und den vielen Warmhaltekrügen mit Kaffee und Teewasser. „Bedient euch mit den Sandwiches, die sind immer noch so wie früher. Wir haben immer noch den gleichen Catering-Service."

„Ich frage mich, weshalb ich bei deiner von Stolz erfüllten Mitteilung bei mir keine Ausschüttung von Glückshormonen feststelle."

„Wenn ich das höre, weiß ich ganz sicher, dass du da bist, Dieter", sagte Shorter lachend, „weigerst du dich immer noch, im Flugzeug etwas zu essen?"

„Ja, das ist richtig, wenn ich schlecht essen will, kann ich auch selbst kochen."

Kern suchte sich sorgfältig ein Schinkensandwich heraus, nahm sich einen neben Mayonnaise und Ketchup in einem Korb liegenden Beutel mit süßem, grellgelbem Senf, peppte damit sein Sandwich auf und hievte es damit noch knapp über seine persönliche Genießbarkeitsgrenze. Außer Schinken gab es nur Pastrami- und Truthahnsandwiches. Kern hasste beides so sehr, dass er, wenn nichts anderes da gewesen wäre, überhaupt nichts gegessen hätte. Kauend erklärte er gegenüber Shorter: „Ich esse jetzt nicht viel, ich rechne fest mit einem umwerfend guten Galadinner!"

„Wir werden dich mit einem echt amerikanischen Dinner verwöhnen."

„Deine Worte beruhigen mich keineswegs. Das klingt fast wie eine Drohung. Doch nicht etwa Truthahn?"

„Du wirst es überleben."

„Falls ich es nicht überleben sollte, schickt meine Asche bitte in die Schweiz. Dort soll sie in der Natur verstreut werden, falls das nach dem Genuss des Dinners vom schweizerischen Umweltgesetz her überhaupt noch erlaubt ist."

Höhepunkt der Nachmittagsitzung des ersten Tages war die Präsentation von Tom Edwards, dem Forschungschef Psychiatrie/Neurologie von PS&R, einem der in der Gegend ansässigen großen, globalen Pharmakonzerne. Edwards war ungefähr fünfzig Jahre alt, groß und schlank mit sonnengebräuntem Gesicht. Er hatte etwas längere, leicht graumelierte Haare und blickte mit seinen grauen Augen über den Rand einer silberfarbenen halben Lesebrille in die Menge. Er trug Jeans, ein dunkelblaues Hemd mit dezent gemusterter blau-grauer Krawatte und ein dunkelblaues Sakko. Auf die von ihm selbst in Anlehnung an die Diskussion vom Morgen aufgeworfene Frage, warum kein wirklich neues Schizophreniemedikament auf den Markt komme, erklärte er:

„Viele Kritiker vergessen immer wieder den Faktor Zeit. Wenn meine Firma heute ein Präparat auf den Markt bringt, hat dieses Präparat bereits zehn bis zwölf Jahre Entwicklungszeit auf dem Buckel. Während dieser Zeitspanne verändern sich logischerweise wissenschaftliche Konzepte über Ätiologie der Krankheiten, über therapeutische Strategien und biochemische Mechanismen. Auf diese Weise ‚veraltet' das Präparat noch während der Entwicklungszeit und kommt deshalb wissenschaftlich quasi als Auslaufmodell auf den Markt."

Edwards zeigte, dass die Situation vor zehn, fünfzehn Jahren durchaus mit der heutigen vergleichbar war. Dazu präsentierte er etwa zwanzig Dias mit aufsehenerregenden wissenschaftlichen Erkenntnissen aus der Schizophrenieforschung von damals: Eine Publikation wies auf eine mögliche virale Ursache der Krankheit, eine andere auf eine Störung der Plastizität im Gehirn hin. Als vielversprechende therapeutische Strategien wurden damals nikotinische Agonisten, Sigma-Agonisten, Entzündungshemmer, Kappa-Antagonisten, Nitric-Oxide-Synthase-Hemmer und viele andere vorgeschlagen. Er fuhr fort:

„Die Industrie muss sich dann eines Tages aus der Vielzahl von Möglichkeiten für eine therapeutische Strategie und später für eine einzelne Substanz entscheiden und sieht einem großen finanziellen und personellen Entwicklungsaufwand entgegen. Bei meinen Beispielen bleibend, kann man aus heutiger Sicht sagen, dass unabhängig davon, welche Strategie wir damals gewählt hätten, die Entscheidung falsch gewesen wäre. Es ist anzunehmen, dass keine der gezeigten Strategien zum Ziel geführt hätte.

Die Situation hat sich für uns seit damals nicht wirklich verändert. Wir haben Ziele, die sich ununterbrochen bewegen, in einem Umfeld, welches sich ebenfalls bewegt. Im Fluss der Erkenntnisse ändert sich der Schwerpunkt des weltweiten wissenschaftlichen Interesses sowie das verfügbare technische Instrumentarium.

Das Einzige, was von einem bestimmten Zeitpunkt an konstant bleibt, ist der selektierte Wirkstoff mit all seinen unbekannten Nebenwirkungen, die im Verlaufe der zehn- bis zwölfjährigen Entwicklungszeit erst nach und nach zum Vorschein kommen. Viele dieser plötzlich zutage tretenden Wirkungen bedeuten für das betreffende Präparat ein abruptes Ende. Falls ein Nachfolgepräparat in der Produktpipeline ist, muss sofort abgeklärt werden, ob es die beim Vorgänger festgestellten Probleme auch hat. Diese außerplanmäßig vorgezogenen Untersuchungen sind oft sehr zeitaufwendig und teuer. Deshalb muss im Lichte der erwarteten großen Verzögerungen und der benötigten Ressourcen das dem Projekt zugrundeliegende therapeutische Konzept einer rigorosen Neubeurteilung unterworfen werden.

Ein Projekt mangels Aussicht auf Erfolg zu beenden, ist ein schwieriger Schritt. Die durch den Stopp eines Projektes freiwerdenden Ressourcen sofort in ein ähnliches Projekt mit ebenso geringen Erfolgschancen umzulagern, ist noch schwieriger. Die Frage, die sich ein Manager mit Finanzkompetenz dabei stellen muss, lautet: Warum soll dieser neue Ansatz in der Schizophrenieforschung eine größere Chance auf Erfolg haben als das eben trotz Millionenaufwand gescheiterte Projekt? Eine andere wichtige Frage: Soll man die Ressourcen nicht besser in ein Depressionsprojekt investieren oder in etwas ganz anderes?

Angesichts der generell geringen Erfolgschancen ist es deshalb nicht unverständlich, wenn vielen großen Firmen beziehungsweise deren Managern eines Tages ganz einfach der Mut fehlt, mit innovativen Konzepten, großem Aufwand und höchstem Risiko weiterzumachen. Sie gehen deshalb lieber den sichereren Weg der Politik der kleinen Schritte: verbesserte Wirkung, neue Zusatzwirkung, geringere Gewichtszunahme etc. Für mich viel bedrohlicher ist der gegenwärtige Trend, aus Risikogründen die Forschung auf dem Gebiet der Neurologie und Psychiatrie gänzlich aufzugeben und sich stattdessen stärker anderen Krankheiten zuzuwenden."

Als Edwards seine Präsentation beendet hatte, gab es hörbar stärkeren Applaus als für die Vorredner. Für viele akademische Forscher war der Vortrag ein Augenöffner, Kern war begeistert. Jetzt freute er sich richtig auf sein eigenes Referat, das sich fast lückenlos an Edwards Vortrag anschließen würde. Er beschloss, sein Referat sogar noch ein bisschen mehr anzupassen.

Bevor er zum Aperitif ging, warf er noch einen kurzen Blick auf das Mitteilungsbrett und sah zu seiner Überraschung die Notiz „Dr. Kern, bitte Büro in Basel anrufen" am Brett hängen. Er blickte auf die Uhr. Es war halb sechs, viel zu spät, um noch in Europa anzurufen, wo es bereits auf Mitternacht zuging.

Das Galadinner bestand aus einem Caesar Salad mit warmem Knoblauchbrot, gefolgt von Roastbeef, Brokkoli und Kartoffelbrei, und war, wie angekündigt, sehr amerikanisch und – Kern musste zugeben – auch sehr gut. Er saß zwischen Sarah Patel und Kevin Shorter und machte sich völlig ausgehungert über das Essen her. Es dominierte der übliche Smalltalk. Man diskutierte über die Küche in den USA, und mit ungewohnter Übereinstimmung der Meinungen erachtete man die Küche der Ost- und Westküste sowie des Südens als deutlich besser als die meist etwas wenig inspirierte Küche des Mittleren Westens. Karriere, Arbeitsbedingungen und private Veränderungen waren weitere Gesprächsthemen. Sarah wiederholte lachend und mit Nachdruck ihre Frage nach dem Zivilstand Kerns und bekam die gewünschte Antwort.

Das Dessert war genauso amerikanisch wie die ersten beiden Gänge: Es gab warmen Apple Pie mit Vanilleeis. Während das Dessert serviert wurde, hielt Shorter eine kleine launige Ansprache, hieß noch einmal alle Anwesenden willkommen, dankte der ersten Hälfte der Redner für deren sehr aufschlussreiche Vorträge und drückte die hohen Erwartungen aus, die er dementsprechend für den zweiten Tag hegte. Kern befürchtete ein wenig, dass ihn Shorter nun, wie früher üblich, ans Klavier beordern würde. Zu seinem Glück war aber, wie er schon am Morgen festgestellt hatte, kein Piano in Reichweite.

Am nächsten Morgen war Kern schon früh auf den Beinen und, sich an die Mitteilung am Anschlagbrett erinnernd, rief er Herschkoffs Büro an. Er hörte Christine Sutters vertraute Stimme und sagte: „Christine, was gibt es denn Dringliches?"

„Oh, Dieter, gut, dass du anrufst."

Bei diesem Satz dachte er sofort, dass etwas mit seiner Mutter passiert sein könnte, eine Befürchtung, die sich mit Christines nächstem Satz zu seiner großen Erleichterung als falsch erwies.

„Das Büro von Professor Kelly von der Columbia University hat angerufen: Kelly hatte einen Angina-Pectoris-Anfall. Er liegt im Spital und kann dich morgen nicht empfangen. Du hast also einen freien Tag vor dem Abflug."

Obwohl Christine es nicht sehen konnte, setzte er sein freundlichstes Gesicht auf, als er sagte: „Wunderbar, wenn du jetzt da wärst, würde ich dir New York zeigen."

„Ich war noch nie in New York."

„Dann bräuchtest du erst recht einen erfahrenen Führer wie mich. Als ich den Zettel mit der Mitteilung, dich anzurufen, am Brett sah, habe ich spontan angenommen, dass du vor Sehnsucht nach mir vergehst, und deshalb unverzüglich und mit den entsprechenden Hoffnungen angerufen."

„Wenn es dich glücklich macht, dann stell dir doch einfach vor, es wäre so", erwiderte sie scherzend. „Jetzt muss ich Schluss machen, der Chef hat eben aus seinem Büro geschaut, ich glaube, er will etwas von mir. Bis bald."

„Ich werde beim Rückflug die Piloten auffordern, schneller zu fliegen. Ciao!"

Nach dem Gespräch hatte Kern noch genügend Zeit, ein paar seiner Dias an Edwards Vortrag anzupassen, dann sah er sich auf dem Laptop noch einmal kurz alle seine Dias an. Er speicherte die Dias auf einem Memory Stick, den er in die Brusttasche steckte. Zufrieden klappte er den Laptop zu und ging zum Frühstücksbuffet, wo er sich Speck, Rührei und frische Früchte nahm. Den gewünschten Espresso bekam er nicht, weil die Espressomaschine, wie ihm gesagt wurde, erst um elf Uhr eingeschaltet würde. So musste er sich mit dem servierten schaumlosen schwarzen Gebräu begnügen, welches zu seinem Entsetzen auch mit Haselnuss- oder Vanillearoma erhältlich gewesen wäre.

Der Vormittagsteil der Konferenz nahm seinen geplanten Lauf und nach der Kaffeepause war Kern an der Reihe. Bereits vor den ersten Referaten hatte er den Memory Stick mit den Illustrationen dem technischen Angestellten gegeben. Er sah das erste Bild mit dem Titel der Präsentation und seinem Namen mit Affiliation und hörte Kevin Shorter sagen: „Und nun Dr. Dieter Kern von der Universität Basel mit einem Vortrag über ‚Die Bedeutung von Dopamin in der Therapie der Schizophrenie'."

Dieter Kern dankte dem Chairman für die Einladung zum Meeting und projizierte per Mausklick das erste einleitende Dia zur Dopamintheorie der Schizophrenie. Er wies darauf hin, dass die Dopamintheorie ihren Anfang in der Abklärung des Wirkmechanismus klinisch aktiver Substanzen nahm: Haloperidol, so wurde erkannt, blockierte die Dopaminrezeptoren. Daraus wurde gefolgert, dass die Schizophrenie, oder genauer gesagt, die mit Haloperidol behandelbaren positiven Symptome, auf einer Überaktivität der dopaminergen Bahnen im Gehirn beruhen. Kern führte weiter aus:

„Mit Clozapin stand in den 1970er-Jahren plötzlich ein Medikament zur Verfügung, welches auch negative Symptome der Schizophrenie behandelbar machte. Im Lichte der in den 1990er-Jahren verfügbaren Informationen über das pharmakologische Profil der Substanz rückte über die beobachtete zusätzliche Serotonin-hemmende Wirkung von Clozapin der Serotoninrezeptor in den Fokus des Interesses. Kombinierte Dopamin-Serotonin-Rezeptorblocker wurden zum neuen allgemeinen Forschungsziel, und die Wirkung auf negative Symptome wurde der Serotoninwirkung zugeschrieben. Versuche mit reinen Serotonin-5HT2A[29]-Blockern weckten aber in den 1990er-Jahren Zweifel an dieser Idee; die neuen Präparate hatten keine klinisch relevanten Wirkungen auf negative Symptome. Es ist also etwas grundsätzlich anderes, wenn wir Serotonin mit oder ohne gleichzeitige Blockade von Dopamin hemmen. Es ist sogar

---

[29] Der 5HT2A-Rezeptor ist einer von mehreren Serotoninrezeptorsubtypen und wird von den meisten atypischen Schizophreniemedikamenten blockiert. Es ist gelungen, Substanzen herzustellen, die ganz spezifisch nur diesen Subtyp blockieren, womit es möglich wurde, dessen Funktion genauer zu untersuchen.

möglich, dass die Serotoninhemmung nur eine Reduktion der extrapyramidalen Störungen bewirkt, was zwar bessere Verträglichkeit bedeutet, aber nicht ausschließt, dass auch die Wirkung auf die negativen Symptome über eine Dopaminhemmung zustande kommt."

Kern hatte sich unterdessen ganz von seinen Unterlagen gelöst. Er sprach frei und schaffte es zunehmend, seine Zuhörer in den Bann zu ziehen.

„Frustriert und fasziniert zugleich stehen wir vor dem Wirkspektrum von Clozapin und stellen fest, dass Clozapin zwar seit über vierzig Jahren aufgrund der antipsychotischen Wirkung Goldstandard ist, und wir aber immer noch nicht genau verstehen, warum. Wir greifen diese oder jene Eigenschaft von Clozapin heraus, um sie für einen bestimmten Aspekt des Wirkspektrums verantwortlich zu machen, kreieren neue Substanzen mit genau diesen Eigenschaften und sehen uns später von den klinischen Resultaten enttäuscht. Wir glauben, ein besser verträgliches Clozapin suchen zu müssen, und wir haben zwar besser verträgliche Substanzen gefunden, aber kein besser verträgliches Clozapin. Alles kreist um Dopamin und Clozapin, und unsere Forschung bewegt sich genauso im Kreise.

Ob wir es wollen oder nicht, bleibt Dopamin beziehungsweise der Dopamin-D2-Rezeptor unser pharmakologischer Anker. Ich habe hier eine sehr ähnliche Liste wie Dr. Edwards mit den vor zehn bis fünfzehn Jahren diskutierten therapeutischen Konzepten und den im Verlauf der Zeit ausgewählten Entwicklungssubstanzen. Ich habe mir die Mühe gemacht, über jede mir offiziell oder inoffiziell zugängliche Informationsquelle die Schicksale aller dieser nicht primär auf Dopamin ausgerichteten Wirkstoffe zu dokumentieren. Das Fazit ist niederschmetternd: kein einziges brauchbares Präparat resultierte aus diesen Anstrengungen, trotz riesiger Investitionen. Die Substanzen erwiesen sich plötzlich als toxisch und konnten deshalb klinisch nie oder nicht weiter geprüft werden, oder sie hatten unerwünschte klinische Nebenwirkungen oder waren klinisch nicht oder nicht ausreichend wirksam. Dasselbe gilt übrigens auch für nicht auf dem D2-Rezeptor basierende Dopaminstrategien: Alle Hoffnungen, über eine selektive Blockade von Dopamin-D3- und -D4-Rezeptoren[30] neue therapeutische Strategien für die Behandlung der Schizophrenie entwickeln zu können, haben sich nicht erfüllt.

Was ich jetzt vorschlage, mag auf den ersten Blick verrückt klingen, aber wir müssen vielleicht einen Schritt zurückgehen und die D2-Blockade in Kombination mit anderen, nichtserotonergen Mechanismen ansehen. Die Tatsache, dass Glutamatantagonisten[31] wie Ketamin[32] und PCP bei gesunden Probanden schizophrenieartige Symptome bewirken und beim schizophrenen Patienten die Symptome verstärken, macht eine zusätzliche agonistische Glutamatwirkung äußerst interessant.

Mit dem Fokus auf Fehlfunktionen beim Patienten gibt es aber möglicherweise noch viele andere Strategien, die Gehirnfunktionen pharmakologisch in Richtung ‚normal‘ zu verschieben. Die Spezifizität muss dabei nicht unbedingt auf Rezeptorebene liegen. Eine durch eine zusätzliche Eigenschaft bewirkte Konzentration der Dopaminblockade auf mesokortikale und mesolimbische[33] Bahnen ist denkbar. Die oft beim schizophrenen Patienten beobachtete frontale Unterfunktion macht vor allem eine pharmakologische Aktivierung des Frontallappens des Gehirns attraktiv."

---

[30] D3- und D4-Rezeptoren sind Subtypen des Dopaminrezeptors.

[31] Ein Glutamatantagonist konkurriert am Rezeptor mit den natürlichen Liganden Glutaminsäure und Asparaginsäure und verhindert dadurch die Wirkung des Transmitters. Ein Glutamatagonist wirkt am Rezeptor in die gleiche Richtung wie Glutamin- oder Asparaginsäure.

[32] Ketamin ist ein Glutamatantagonist und wird in der Anästhesie und zur Behandlung von Schmerzen verwendet. Es wird auch als Rauschdroge gebraucht.

[33] Bahnen, die vom ventralen Tegmentum ins limbische System und in den präfrontalen Kortex projizieren. Wichtig für die motivierende Wirkung von Belohnungen.

Kern entwarf dann eine Strategie, wie man in einem ersten Ansatz über Kombinationsversuche nach Wegen suchen könnte, die Wirkung des Haloperidols auf gewünschte Bahnen zu fokussieren.

Der Applaus, der seinem Referat folgte, war zwar nicht nur von beifälligem Nicken, sondern auch von zweifelndem Kopfschütteln begleitet, aber er war beträchtlich.

In der anschließenden Diskussion meldete sich ein junger Mann, der sehr lange auf ein Zeichen von Seiten des Chairman warten musste.

„Es scheint mir, als ob Sie hier das Rad der Zeit rückwärts drehen wollen. Die ganze Dopamin-D2-Ära ist nun, wie Sie selbst sagen, von einigen besser verträglichen Me-too-Medikamenten[34] abgesehen, mehr als vierzig Jahre lang bis zum Exzess und ohne weitere bahnbrechende Erfolge chemisch bearbeitet worden. Jetzt kommen Sie und empfehlen uns, diese abgegraste Thematik wieder aufzunehmen. Als Mitarbeiter in einer der Innovation verpflichteten Firma habe ich doch wesentlich vielversprechendere Optionen, wie zum Beispiel PDE10-Hemmer[35]."

Kern wandte sich dem Sprecher zu: „Damit mich hier niemand missversteht: Meine Dopamin-D2-Strategie ist nicht als Absage an andere innovative Ansätze gemeint, sondern als potenziell neuartige Erweiterung eines alten therapeutischen Konzepts, welches aber, und das darf nie vergessen werden, bisher als einziges, klinisch relevante Wirkungen gebracht hat. Mir scheint es einfach zu simpel und uninspiriert, mit jedem neuen Rezeptor oder Enzym große Hoffnungen auf einen Lucky Punch zu wecken.

---

[34] Nachahmerpräparate, meist ohne klare klinische Vorteile.
[35] Phosphodiesterase 10, ein Enzym, welches für den Abbau von intrazellulären Botenstoffen verantwortlich ist. Wird es gehemmt, ändern sich die intrazellulären Signalkaskaden.

Um es noch einmal deutlich zu sagen: Ich schließe überhaupt nicht aus, dass ein neuer spezifischer Mechanismus zu antipsychotischen Wirkungen führen kann. Die Geschichte zeigt aber, dass die Chancen für ein solches Ereignis nicht gerade groß sind. Deshalb könnte eine modifizierte, auf selektive Dämpfung mesolimbischer oder mesokortikaler Bahnen oder auf eine Aktivierung des Frontallappens ausgerichtete D2-dopaminerge Strategie eine reelle Chance auf Erfolg haben."

In der Mittagspause wurde Kern von Tom Edwards angesprochen: „Dr. Kern, haben Sie einige Minuten Zeit für mich? Ich bin Tom Edwards." Kern ergriff die ausgestreckte feste Hand.

„Ich fand Ihre Ausführungen sehr interessant. Ich nehme an, dass sich einige Ihrer Erkenntnisse auf unsere Präparate beziehen." Dann meinte Edwards breit grinsend: „Ich frage jetzt nicht, woher Sie die Informationen haben. Ich würde Sie aber sehr gerne zu einem Vortrag in unsere Firma einladen, von hier bis zu uns ist es nur ein Katzensprung. Ich bin überzeugt, dass Ihr heutiges Referat für unsere Leute von großem Interesse wäre. Wie lange werden Sie in den USA bleiben?"

„Ich muss leider bereits morgen wieder zurück, ich habe noch Lehrverpflichtungen."

„Das ist sehr schade. Ich würde mich aber sehr gerne mit Ihnen etwas ausführlicher unterhalten. Falls Sie noch nichts vorhaben, würde ich Sie gerne heute Abend zum Dinner einladen, es gibt da einen guten Italiener in Newark."

„Sehr gerne, ich habe noch nichts vor."

„Okay, treffen wir uns hier um sechs Uhr? Das Restaurant ist zwar in einer wenig vornehmen Gegend, aber die Leute sind sehr nett und die Küche ist sehr gut. Sie kennen Newark?"

„Ich war fast genau vier Jahre hier, ich habe hier an der Rutgers University bei Kevin Shorter promoviert."

„Dann wissen Sie ungefähr, was ich mit ‚wenig vornehme Gegend' meine."

„Clinton Street?"

„Nein, nein. So schlimm bei Weitem nicht, aber ich sehe, Sie kennen sich aus."

Da fragte Kern: „Wohnen Sie in Newark?"

„Nein, ich wohne westlich von hier in Bernardsville, da lebt es sich ruhiger und ungefährlicher. Also, wir treffen uns hier um sechs Uhr!"

„Ich werde da sein."

Während des üblichen Sandwichmittagessens wurde Kern noch von verschiedenen Leuten angesprochen. Darunter war auch der junge Mann aus der Diskussionsrunde. Ein Blick auf dessen Patch zeigte Kern, dass der Mann für Therapsis arbeitete. Er stellte sich als Markus Sommer vor.

„Es würde mich sehr interessieren, was Sie von PDE10 und 5HT7[36] halten."

„Bei 5HT7 muss ich auf mein Referat zurückkommen. Clozapin ist auch hier im Rennen: Clozapin hat eine starke Affinität zu 5HT7-Rezeptoren. Diese ist sogar höher als die zu D2! Es könnte also durchaus sein, dass ein Teil der antischizophrenen Wirkung von Clozapin auf eine 5HT7-Wirkung zurückzuführen ist, was uns, wie wir wissen, leider nicht wesentlich weiterhilft.

Die PDE10-Hemmung ist ein interessanter, neuer Ansatz. Die Verteilung der PDE10 im Gehirn ist mesolimbisch, was im Kontext der Schizophrenie im Prinzip höchst interessant ist. Dazu kommt eine positive Wirkung in einem Schizophrenietiermodell. Das wären alles in allem sehr überzeugende Fakten, wenn sie nicht unglücklicherweise in genau der gleichen Weise auch für die Dopamin-D3- und -D4-Rezeptorantagonisten gegolten hätten. Damit wiederholt sich die bekannte Geschichte: Aufgrund zwangsläufig vager Hinweise wird nun mit großem Aufwand ein Forschungs- und Entwicklungsprogramm durchgepeitscht. Falls sich klinische Wirkungen zeigen, wunderbar! Das ist aber in den letzten vierzig Jahren leider nie passiert."

---

[36] Ein weiterer Subtyp des Serotoninrezeptors.

Inzwischen hatten sich zwei Kliniker dazugesellt, die sich mit großem Interesse an der Diskussion beteiligten, bis Kevin Shorter zur Nachmittagssitzung rief. Man tauschte noch schnell Visitenkarten aus und begab sich wieder in den Konferenzraum. Kern genoss es, den Rest des Arbeitstages entspannt mit Zuhören zu verbringen.

Um fünf Uhr war die Konferenz zu Ende. Kevin Shorter dankte den Mitwirkenden für die ausgezeichneten Vorträge und die produktive Diskussion und wünschte allen eine gute Heimreise. Nach dem Applaus setzte sofort ein geschäftiges Treiben ein. Alle standen auf und packten erst einmal ihre Sachen zusammen. Die meisten hatten ihr Reisegepäck bereits am Morgen oder Mittag aus dem Hotelzimmer geholt und an den Wänden des Konferenzraumes entlang aufgestellt.

Dann bildeten sich wechselnde Gruppen von sich verabschiedenden Teilnehmern. Auch Kern sagte seinen neuen und alten Bekannten Goodbye, vor allem natürlich Sarah Patel und Kevin Shorter. Als er Sarah zum Abschied an sich drückte, flüsterte sie ihm lachend ins Ohr: „Eigentlich liebe ich dich immer noch, du alter Schurke!"

„Ich verstehe dich, mich muss man doch einfach lieben!"

Shorter erkundigte sich, ob Kern am Abend schon etwas vorhätte, woraufhin dieser ihm erklärte, dass er von Tom Edwards zum Abendessen eingeladen worden sei.

„Tom ist ein guter Mann", erwiderte Shorter, „ein Topmanager, der immer noch denken kann wie ein Wissenschaftler, genauer gesagt, wie ein äußerst brillanter Wissenschaftler. Ich lade ihn sehr gerne zu Meetings ein, weil er hervorragende Vorträge hält und weil er mit seinen vielen Jahren pharmazeutischer Industrieerfahrung einfach weiß, wovon er spricht. Er ist äußerst kreativ und trotzdem sachlich, kein Angeber und, last but not least, ein sehr netter Mensch. Halte ihn dir warm, das kann nie schaden."

„Ich war sehr beeindruckt von seinem Vortrag, der Mann weiß tatsächlich, wovon er spricht. Er hat eine Vision für die Zukunft der Forschung."

„Er hat mir einmal gesagt, dass Visionen zu haben, der sicherste Weg ist, sich Feinde zu schaffen. Dieser Satz aus dem Mund eines Industrieforschers hat mich lange beschäftigt."

„Wenn sich eine Möglichkeit ergibt, werde ich ihn heute Abend darauf ansprechen."

„Was für eine Meinung hast du über Markus Sommer von Therapsis? Das war der junge Mann, der dir Fragen gestellt hat. Ich habe ihn zum Meeting eingeladen, weil Therapsis über die lokale Niederlassung hier in New Jersey mein Meeting großzügig finanziell unterstützt hat."

„Ich will nicht anmaßend sein, aber ich werde den Eindruck nicht los, dass er irgendwie fast prototypisch einen großen Teil der heutigen Generation der Pharmaforscher repräsentiert. Ausgerüstet mit einem profunden technischen Wissen in Biochemie und Molekularbiologie, werden sie ohne einen gleichwertigen Background in Ätiologie und Pathophysiologie in ein therapeutisches Forschungsprojekt eingegliedert. Aufgrund einer innovativen, sprich sehr vagen, möglichen Beziehung zu einer Krankheit nimmt man ein heißes, neues Enzym oder einen neu entdeckten Rezeptorsubtyp und startet ein aufwendiges chemisches Programm mit dem Ziel, diesen Rezeptor oder das Enzym zu blockieren. Am Schluss hält man zwar ein pharmakologisch sehr aktives Präparat in den Händen, welches oftmals nur einen Makel hat: Es fehlt die erwartete Wirkung am Patienten."

„Das heißt, dass man dann, in der Perversion der Aufgabe, für das Medikament eine passende Krankheit suchen muss, was zwar nur selten funktioniert," ..., „aber im Fall von Viagra durchaus ein Volltreffer war", fiel Shorter ein.

Die grundsätzliche Übereinstimmung der Meinungen ließ sich auch in anderen, kurz berührten Aspekten feststellen, allerdings war für eine vertiefte Betrachtung einfach keine Zeit.

„Ich würde mich gerne mit dir wieder einmal ausführlicher unterhalten. Morgen bin ich leider über den ganzen Tag unabkömmlich. Wir haben eine Fakultätssitzung. Bitte vergiss bei deinem nächsten US-Trip nicht, einen Besuch bei uns zu Hause einzuplanen. Auch Angie, meine Frau, von der ich dich übrigens herzlich grüßen soll, würde sich sehr freuen, dich wieder einmal zu sehen."

Um Punkt sechs Uhr kam Tom Edwards, um Kern abzuholen. Kern verabschiedete sich von seinem früheren Boss, Kevin Shorter, der ihn wieder an sich drückte und ihm auf die Schultern klopfte, und ging dann mit Tom Edwards zum Ausgang, wo bereits ein Taxi wartete. Im Taxi sitzend, erklärte Edwards, dass er in Newark nur selten mit dem eigenen Auto herumfahren würde.

Inzwischen hatte er Kern aufgefordert, ihn Tom zu nennen: „Okay Dieter, du hast also deine Dissertation hier in New Jersey an der Rutgers University gemacht?"

„Ja, ich hatte aus der Schweiz ein Stipendium, konnte dann mit Hilfe von Kevin einen zweiten Grant[37] bekommen und hatte so genug zum Leben. Hast du auch hier in der Gegend studiert, wenn ich fragen darf?"

„Ich bin zwar hier in New Jersey geboren, habe aber an der Harvard University studiert und dann in Oxford promoviert."

„Und dann direkt in die Industrieforschung?"

„Ich hatte Angebote, für eine Tenure-Track-Stelle an die Harvard University zurückzukehren. Ich habe es dann aber vorgezogen, mich von einer innovativen Biotech-Firma anstellen zu lassen, wo ich nach vier Jahren CSO[38] wurde. Wir konnten ein interessantes Präparat an PS&R auslizensieren, wobei ich zum ersten Mal in Kontakt mit PS&R kam. Im Rahmen dieser Lizenznahme habe ich drei Jahre eng mit PS&R, vor allem mit

---

[37] Zugesagte finanzielle Unterstützung für den Lebensunterhalt oder für ein Projekt.

[38] Chief Scientific Officer: Leiter des gesamten Forschung eines Unternehmens.

deren CSO, zusammengearbeitet. Dieser machte mir dann eines Tages das Angebot, bei PS&R als Forschungsleiter Neurologie/Psychiatrie einzusteigen."

„Wie viele Leute arbeiten bei dir?"

„Zurzeit sind es, glaube ich, 148."

Inzwischen hatte der Fahrer das Lokal an der Clifford Street erreicht. Kern stieg aus und blickte sich um. Die Gegend war nicht gerade vornehm, aber doch besser als erwartet. Einfache, relativ kleine Häuser, von denen die meisten ein Make-up nötig gehabt hätten, dominierten das Bild. Es gab auch Kleinbetriebe, ein Altersheim und, wie oft in den Vororten, der Straße entlang und über die Straße hinweg viele bedrohlich altersschwach aussehende Stromleitungen.

Das Lokal lag nicht direkt an der Straße. Es war etwas zurückversetzt. Schon beim Eintreten hatte Kern ein gutes Gefühl. Das Restaurant war sehr einladend: weiß gedeckte Tische, braune Stühle mit hohen Lehnen, an den Wänden die üblichen Ölgemälde italienischer Landschaften, wie man sie oftmals in italienischen Restaurants findet. In der Mitte hing ein großer runder Spiegel.

Der Besitzer war sehr nett und bemühte sich sofort um die Gäste. Seine Herzlichkeit war direkt ansteckend, man fühlte sich gleich wohl, wie in einer Familie. Kern bestellte sich Calamari als Vorspeise und Penne Funghi als Hauptgang. Tom Edwards entschied sich für einen Caesar Salad als Vorspeise und gegrillte Scampi als Hauptgang. Edwards blickte kurz auf Kern und fragte: „Wein?"

Auf Kerns Nicken bestellte er eine Flasche Amarone Bolla und dazu eine große Flasche Pellegrino.

Das Lokal war gut besucht und der durch die zahlreichen italienisch und englisch sprechenden Gäste verursachte Geräuschpegel beachtlich. Während des Essens kreiste das Gespräch zuerst um die gute Küche, dann um die Finanzkrise und schließlich um die Gesundheitsreform.

Plötzlich fragte Edwards: „Dieter, hast du schon einmal mit dem Gedanken gespielt, in der Industrie zu arbeiten?"

Kern war sichtbar überrascht durch diese Frage und antwortete: „Ehrlich gesagt, eigentlich noch nie."

„Aus Prinzip?"

„Überhaupt nicht. Dies liegt vermutlich daran, dass ich wohl in kurzer Zeit eine Art schweizerische Tenure-Track-Stelle bekomme und meine berufliche Zukunft praktisch als nahtlose Verlängerung der Gegenwart sehe."

„Ich habe zurzeit eine schöne Stelle ‚Projektleiter Schizophrenie' zu vergeben und könnte mir vorstellen, dass du als Wissenschaftler und Mensch sehr gut da hineinpassen würdest."

„Das kommt jetzt für mich so überraschend, dass ich mir das erst einige Tage durch den Kopf gehen lassen muss. Ich muss mich zuerst mit dem Gedanken vertraut machen."

„Da ist keine Eile angesagt. Es war auch nur so ein spontaner Gedanke, aber es ist alles ernst gemeint. Hast du Familie und viele Freunde in der Schweiz?"

Beim Überlegen bemerkte er, dass er eigentlich kaum Freunde hatte. Die häufigen Stellen- und Ortswechsel hatten verhindert, dass er irgendwo tiefe Wurzeln schlagen konnte. Er hatte zwar zu seinem Chef, zu seinen Mitarbeitern und Kollegen immer ein sehr gutes, persönliches Verhältnis, aber es waren trotzdem rein geschäftliche Beziehungen. Seine langen Arbeitszeiten hatten auch nicht erlaubt, dass sich sein Verhältnis zu seinen Bandkollegen, mit denen er sich eng verbunden fühlte, hätte weiterentwickeln können. Er unterbrach seinen kurzen Gedankengang und wandte sich wieder Tom Edwards zu.

Mit der offerierten Stelle begann sich das Gespräch hauptsächlich auf die Forschung zu konzentrieren. Je länger es andauerte, desto stärker beeindruckt war er von Edwards.

Es war eigentlich seine erste Begegnung mit einem hochrangigen Forschungsmanager, und er musste zugeben, er hatte sich diese Leute ganz anders vorgestellt, viel weiter weg von der täglichen Arbeit im Labor. Trotz Mangel an Vergleichsmöglichkeiten nahm er an, dass Edwards vermutlich kein typischer Vertreter dieser Kaste war.

Es war vor allem die Breite des Wissens, die Kern faszinierte, dazu kam die Schnelligkeit, mit der Edwards eine neue Idee erfasste, und wie er dieser auf kreative Weise noch einen zusätzlichen Aspekt abgewinnen konnte. Unvermittelt dachte er an Herschkoff und musste sich eingestehen, dass Edwards völlig anders war. Herschkoff liebte es zwar, über wissenschaftliche Aspekte zu fachsimpeln, freute sich über Kerns neue Ideen, förderte diese, konnte aber wenig Eigenes dazu beitragen.

Es brauchte keine besondere Menschenkenntnis, um zu sehen, dass auch Edwards von der Diskussion sehr angetan war. Erst um halb elf, sie waren längst die einzigen Gäste im Restaurant, ließ Edwards dann ein Taxi rufen.

Das Taxi brachte sie zum Parkhaus der Rutgers University, wo Edwards' Audi geparkt war. Edwards ließ es sich nicht nehmen, Kern zum *Hilton Shorthills* zurückzufahren. Die Verabschiedung war herzlich. Edwards erwähnte noch einmal die vakante Stelle bei PS&R und fuhr dann, Kern noch einmal kurz zuwinkend, in Richtung Interstate Highway 78.

Als Kern kurz nach elf Uhr zurück im Hotelzimmer war, ließ er die zwei Tage noch einmal Revue passieren und musste feststellen, dass allein die Begegnung mit Edwards den ganzen Reiseaufwand wert gewesen war. Er hatte zuvor noch nie einen Wissenschaftler getroffen, der ihm so wesensverwandt war und der ihn so beeindruckt hatte. Natürlich freute er sich auch über die Begegnung mit Kevin Shorter, seinem Doktorvater, und das Wiedersehen mit Sarah Patel. Es war aber eindeutig die Begegnung mit Edwards und die angebotene Position als Projektleiter, die seine Gedanken beschäftigt hielten, bis er irgendwann vom Schlaf übermannt wurde.

Durch den Spitalaufenthalt von Kelly hatte Kern am folgenden Tag unerwartet viel Zeit. Er schlief bis sieben Uhr. Dann duschte und frühstückte er ausgiebig. Er checkte seine E-Mails und beantwortete die wichtigsten. Grund zur Eile gab es nicht. Sein Flug von Newark Airport nach Zürich war erst für halb zehn abends geplant. Kurz vor zwölf bezahlte er seine Rechnung, stellte seinen kleinen Koffer in einen dafür vorgesehenen kleinen Abstellraum und spazierte in die Short Hills Mall, ein Einkaufszentrum der gehobenen Klasse. Obwohl er sich normalerweise bei günstigen multinationalen Modehäusern mit Kleidern eindeckte, schenkte er seinem Aussehen viel mehr Aufmerksamkeit, als er zuzugeben bereit war. Ein Spaziergang durch die Welt von Gucci, Armani, Boss und Co. war deshalb ein willkommener Zeitvertreib. Der als kurzer Spaziergang geplante Ausflug dauerte letztendlich bis fast fünf Uhr und kostete ihn schließlich mehr als 170 Dollar für eine Hose, der er nicht widerstehen konnte, und zwei Hemden. Es war gerade Ausverkauf. Zu anderen Zeiten hätten diese Kleidungsstücke weit mehr als das Doppelte gekostet.

Glücklich über die Schnäppchen, ging er ins Hotel zurück, wo er sich in der Lobby mit einem Drink und einer Zeitung noch etwas die Zeit vertrieb. Um sechs Uhr ließ er sich vom Hotel ein Taxi bestellen, welches ihn dann die kurze Strecke bis zum Flughafen brachte. Er checkte sofort ein. Da er seinen kleinen Koffer als Handgepäck bei sich haben wollte, musste er diesen bis zum Abflug mit sich herumtragen. Er besuchte noch die Tax-free-Shops und kaufte dort einen ledernen Gucci-Schlüsselanhänger, den er samt einem kleinen Geschenkbeutel in seine Aktentasche packte.

Dann ging er zu Burger King, wo er ein Whopper-Menü verdrückte. Als er um acht Uhr vierzig das Flugzeug betrat, war er müde und gesättigt. Er verstaute sein Handgepäck und seine Jacke in der Gepäckbox und ließ sich in seinen Fenstersitz fallen. Er bedeutete dem Flight Attendant, dass er nichts zu essen wünsche und nicht gestört werden wollte. Als die Maschine pünktlich abhob, war er bereits in einen wohligen Döszustand gefallen.

17

Nach einem problemlosen Rückflug saß Kern schon bald im Schnellzug von Zürich nach Basel und beschwichtigte im imaginierten Zwiegespräch sein aufkeimendes schlechtes Gewissen. Er war vier Tage weg gewesen, hatte in dieser Zeit nichts von seiner Mutter gehört, selbst nicht angerufen, und jetzt versuchte er sich selbst zu überzeugen, dass schon alles in Ordnung sei. Nein, entschuldigte er sich, er hatte doch durchaus das Recht, in Ruhe Experimente zu planen und die Ergebnisse im Labor zu studieren und erst dann anzurufen. Das Wochenende stand ja vor der Tür, es würde nicht ohne die obligatorische Fahrt in die Innerschweiz vorbeigehen. Diese Fahrten absorbierten nun den Großteil seiner flexiblen Zeitreserven für Erholung, Sport, Einkauf und zusätzliche Arbeit und brachten ihn daher permanent in Zeitnot. Mit einer gewissen Resignation stellte er fest, dass er sein Leben nicht mehr frei gestalten konnte, er hatte als einziger erreichbarer Sohn eine Last auf den Schultern, die zu tragen er nur mit einem gewissen Unmut bereit war. Die Erkenntnis, in seiner Freiheit deutlich eingeschränkt zu sein, legte sich wie ein schwerer Ring um seine Brust und behinderte ihn beim Atmen.

Da war auf der einen Seite dieser uneinsichtige Starrkopf von Hausarzt, der sein Einverständnis für externe Hilfe von seiner persönlichen Wahrnehmung der Symptome abhängig machte und dabei aber völlig passiv blieb. Auf der anderen Seite war seine Mutter. Was ihn ärgerte, war die Selbstverständlichkeit, mit der sie seine Dienste beanspruchte. Das hatte mit der Krankheit nichts zu tun. Das war schon immer so. Er erinnerte sich daran, dass er noch vor dem Tod seines herzkranken Vaters einmal vorgeschlagen hatte, für seine Eltern Hilfe von außen, von den sozialen Diensten, in Anspruch zu nehmen. Die Antwort, die er zu hören bekam, war ein klares „Nein".

„Solange wir eigene Leute haben, kommt kein Fremder ins Haus", hatte seine Mutter gesagt, ohne sich darüber klar zu sein, dass sie damit über ihn bestimmte; die „eigenen Leute" umfassten ja nur ihn. Sein Vater hatte, vor Atemnot und Ärger krächzend, ihre Worte wiederholt: „Kein Fremder kommt mir über diese Schwelle."

Damals ging es noch um banale Dinge wie Hilfe für die Hausarbeit und das Einkaufen. Mutters Talent, sich mit fordernder Passivität durchs Leben tragen zu lassen, bekam jetzt in der sich abzeichnenden Krankheit neue Dimensionen, und Kern sah sich in die Rolle seines Vaters hineingleiten, obwohl er ihm doch sein Verhalten immer als unverzeihliche Schwäche vorgehalten hatte.

Mit Gewalt verdrängte er aufkommende Emotionen. Er blickte durchs Fenster auf die vorbeirasende Landschaft, ohne irgendein Detail zu erfassen. Schließlich nahm er sie nur noch als wogendes Streifenband wahr und geriet in einen Dösezustand, der unbemerkt in Schlaf überging. Er wusste nicht, wie viele Sekunden oder Minuten er geschlafen hatte. Die stark verlangsamte Fahrt des Zuges hatte ihn aufschrecken lassen, und er bemerkte, dass die Bahn bereits in den Bahnhof Basel einfuhr. Er nahm seinen kleinen Koffer von der Gepäckablage und bewegte sich Richtung Ausgang. Sobald sich die elektronisch gesicherte Tür öffnen ließ, stieg er aus dem Wagen. Zielbewusst verließ er den Bahnhof Richtung Centralbahnplatz, wo er das Tram Richtung Aeschenplatz mit Anschluss Richtung Universität bestieg.

Die Treppe als sportliche Herausforderung betrachtend, hastete er die Stufen hoch, den kleinen Koffer in der rechten Hand. Im zweiten Obergeschoss traf er auf Peter Kuster, der dort auf den Aufzug wartete und ihn sofort ansprach: „Ich hab gedacht du bist in Amerika. Bist du schon zurück, oder gehst du erst?"

„Ich bin zurück, ich war nur vier Tage weg"; sagte Kern, noch etwas außer Atem. „Und bei dir, alles okay bei dir, Peter? Was macht die Liebe?"

„Manchmal möchte ich schreiend im Kreis herumlaufen. Ich tu, was ich kann, aber der Blitz hat noch nicht eingeschlagen."

„Bei dir oder bei den Frauen?"

„Die, die mich wollen, mag ich nicht, und die, die ich mag, die wollen mich nicht!"

„Glaub mir, da bist du in guter Gesellschaft."

Der Aufzug hatte unterdessen den wartenden Kuster erreicht. Als der, Kern zugewandt, die Aufzugtür etwas öffnete, um in den Aufzug zu steigen, übersah er eine zierliche japanische Studentin, die den Aufzug verlassen wollte. Sie tippte ihm fordernd auf den Arm. Erschrocken trat Kuster zur Seite, machte die Tür ganz auf und stammelte eine Entschuldigung.

„Frauen scheinen dich tatsächlich etwas zu verwirren", stellte Kern lachend fest, „die Richtige wird schon noch kommen, da bin ich mir sicher. Ich drücke dir die Daumen", dann ging er mit Schwung die letzten zwei Treppenabsätze zu seinem Stockwerk hinauf.

Im Labor reagierten Céline, Roman und Hartmut sehr erstaunt auf Kerns unerwartet frühes Erscheinen.

„Du bist schon da?", fragte Céline. „Wann bist du denn gelandet?"

„Das Flugzeug ist um elf Uhr fünfunddreißig in Zürich gelandet. Ich habe dann den erstbesten Zug nach Basel genommen. Ist irgendetwas Besonderes geschehen während ich weg war?"

„Nein, alles läuft rund, ich habe das erste Kombinationsexperiment mit Piracetam und Olanzapin angefangen und bin jetzt bei der Auswertung der ersten Resultate. Es scheint, dass Piracetam überhaupt keinen Einfluss auf die Wirkung von Olanzapin hat. Ich kann dir von jetzt an jeden Monat die evaluierten Daten für eine Substanzkombination inklusive Bericht liefern."

„Das ist sehr erfreulich! Gute Arbeit, Céline." „Wie geht es dir, Roman?" Bevor Portner etwas von sich geben konnte, kam die Antwort von Céline: „Gestern ging's ihm schlecht, er hat einmal ganze fünf Minuten lang überhaupt nichts gesagt. Ich geriet darüber richtig in Panik und suchte bereits verzweifelt nach einem Defibrillator."

„Ich fühlte mich als Doktorand über die vier Tage völlig vernachlässigt. Ich möchte ja schließlich etwas werden."

„Da kannst du beruhigt sein. Wenn man aus schimmligem Brot Penicillin machen kann, dann kann man bestimmt auch aus dir etwas Brauchbares machen."

Roman arbeitete daran, mit Hilfe von sogenannten GloSensor-Zellen die pharmakologischen Effekte der Wirkstoffe zu erfassen, das heißt, er wollte nicht nur herausfinden, ob und wie stark zum Beispiel Clozapin an einen bestimmten Rezeptor bindet, sondern auch, in welche Richtung diese Wirkung ging. Er hatte in den letzten Monaten mit dem Dopamin-D2-Rezeptor erste erfreuliche Resultate erzielt, die er in einer provisorischen Excel-Tabelle dargestellt hatte und Kern jetzt zeigte.

Nachdem Kern auch mit Hartmut Fink kurz über dessen Resultate gesprochen hatte, ging er in sein Büro. Gruber war erwartungsgemäß nicht da; es war ja schließlich Freitagnachmittag. Fink hatte Kern zuvor noch lachend erzählt, dass Gruber am Morgen zur Arbeit gekommen sei und getobt hätte, weil er von den Organisatoren der Tagung der österreichischen Psychiater mit seinem Beitrag in die Postersession verbannt worden war.

Kern fragte sich beim Betreten des Büros, ob Grubers Duftmarke an diesem Tag tatsächlich besonders stark war oder er sich dies nach viertägigem Entzug nur einbildete. Die Antwort folgte wenige Minuten später, als Céline nach kurzem Klopfen die Tür öffnete, ihm einen Computerausdruck einer Kurve brachte und naserümpfend meinte: „Dieser Duft wirkt sicherer als die Pille!"

Kern war über die Abwesenheit Grubers nicht unglücklich. Er ließ sich in seinen Drehstuhl fallen und spürte plötzlich eine gewisse Erschöpfung. Das zweitägige Meeting hatte seine Aufmerksamkeit stark gefordert. Dazu kam, dass er wegen der Zeitverschiebung zu wenig geschlafen hatte. Außerdem war er in der vierten Nacht, die er im Flugzeug verbracht hatte, trotz Liegestellung der Rücklehne nur jeweils für kurze Perioden eingenickt, da es für ihn viel zu wenig Beinfreiheit gegeben hatte. Deswegen hatte er nur noch einen Wunsch: so schnell wie möglich ins Bett zu kommen. Er wollte nur noch seine E-Mails überfliegen und dann sofort nach Hause gehen.

Zu Hause angekommen, ging er, ohne etwas zu essen, ins Bett und versank praktisch augenblicklich in einen tiefen Schlaf.

Er träumte, im Büro zu sitzen, einen Bericht zu lesen und dabei durch ein klingelndes Telefon gestört zu werden. Das Geräusch wurde immer lauter. Aus dem Schlaf geschreckt, wurde ihm klar, dass das Telefon tatsächlich klingelte. Er blickte auf die Uhr: Es war viertel nach eins. Schlaftrunken ergriff er den Hörer.

„Spreche ich mit Herrn Dieter Kern?", fragte eine höfliche Stimme.

„Ja, was ist denn los?", fragte er, nun hellwach.

„Mein Name ist Herbert Steiner, Kantonspolizei Luzern. Wir haben soeben Ihre Mutter auf der Straße aufgegriffen. Sie hat uns in panischer Angst erzählt, dass sie beobachtet würde und dass fremde Leute sich in ihrer Wohnung aufhalten würden. Ich bin daraufhin mit meinem Kollegen Keller und Ihrer Mutter in die Wohnung gegangen. Wir haben alles untersucht, da war niemand. Die Wohnungstür war offen, es brannte überall Licht. Wir wissen jetzt nicht genau, was wir machen sollen. Wir können nicht die ganze Nacht bei ihr bleiben. Sollen wir sie in ein Spital bringen?"

Kern schaltete blitzschnell: „Ja bitte, bringen Sie meine Mutter doch ins nächstgelegene Spital, sie war in letzter Zeit sehr verwirrt und hat vermutlich weder gegessen noch getrunken. Sie muss eventuell per Infusion ernährt werden. Ich mache mich sofort auf den Weg nach Luzern. Ich werde etwa eine gute Stunde brauchen."

Der sehr höfliche Polizeibeamte sagte noch, dass er und sein Kollege Kern diesen Gefallen gerne tun würden und er sich beim Fahren bitte Zeit lassen solle, da für seine Mutter keine akute Gefahr bestünde.

Kern schälte sich aus dem Bett, zog sich Kleider über, setzte sich in seinen Wagen und fuhr los. Nach ein paar Kilometern zeigte ein Pfeifton an, dass der Tank bald leer sein würde. Deshalb unterbrach er seine Fahrt an der nächsten Autobahntankstelle, tankte und erreichte nach weniger als einer Stunde das Spital. Es fiel ihm nicht einmal auf, dass dies nur möglich war, weil er die angezeigten Tempolimits sehr großzügig auslegt hatte.

Es war etwa halb drei morgens, als er sich beim Notfalldienst meldete. Es vergingen nur wenige Sekunden, bis ihm geöffnet wurde. Auf die Frage nach seiner Mutter wies ihm die Nachtschwester den Weg. Als er das Zimmer betrat, empfing ihn die Mutter mit abweisendem Gesicht: „Ich hab dem Polizisten schon gesagt, dass mir nichts fehlt. Ich brauche nicht im Spital zu sein. Ich will sofort nach Hause."

Ihre Sturheit und der befehlende Ton in ihrer Stimme machten ihm abermals zu schaffen, und missmutig redete er auf sie ein: „Mutter, du warst im Nachthemd auf der Straße, die Polizei hat dich aufgegriffen und mich benachrichtigt. Ich habe angeordnet, dass du in ärztliche Obhut kommst."

„Ich bin bei Dr. Baumann in sehr guten Händen, die werden hier nichts finden."

„Das wird sich zeigen. Ich werde jetzt versuchen, mit dem Arzt zu sprechen, und dann sehen wir weiter."

Kern fragte die Schwester, ob seine Mutter bereits von einem Arzt untersucht worden sei.

„Ja, Dr. Meienberg hat sich Ihre Mutter bereits angesehen und ein paar elementare Untersuchungen durchgeführt. Angesichts der Tatsache, dass Ihre Mutter kein Notfall im eigentlichen Sinne ist, hat er sich dann wieder den akut behandlungsbedürftigen Patienten gewidmet."

„Könnte ich eventuell mit Dr. Meienberg sprechen?"

„Das ist zwar kein Problem, es kann aber noch etwas dauern, bis er Zeit hat. Es kommen ja ständig Notfälle herein."

Kerns Mutter hatte alles mitgehört und machte noch einmal deutlich, dass sie nach Hause wollte. Kern war total genervt und sagte in einem Ton, der jede Widerrede im Keime ersticken sollte: „Damit das absolut klar ist, ich bin nicht über hundert Kilometer hierher gefahren, um dich einfach nach Hause zu bringen."

Mutter war wenig beeindruckt und giftete weiter: „Du hättest gar nicht zu kommen brauchen. Mir fehlt ja nichts."

„Was hast du denn heute schon gegessen?"

„Ich habe heute sehr viel gegessen, genug für den ganzen Tag. Ich habe jetzt keinen Hunger mehr."

Es war vielleicht eine halbe Stunde vergangen, als nach einem kurzen Anklopfen die Tür geöffnet wurde und ein junger Arzt das Zimmer betrat. Er stellte sich als Dr. Meienberg vor. Kern nannte seinen Namen und schüttelte die ausgestreckte Hand. Der Arzt erklärte, dass seine ersten oberflächlichen Untersuchungen keinen Grund zur Besorgnis gaben. „Ihre Mutter war vermutlich kurzfristig geistig verwirrt, sonst aber ganz in Ordnung."

Wiederum hatte Kerns Mutter alles mitgehört und betonte: „Hast du gehört, ich bin gesund!"

Da ergriff Kern den Arm des Arztes und bedeutete ihm die Unterhaltung außerhalb des Zimmers fortzuführen. Der Arzt kapierte sofort, schloss die Tür hinter sich und blickte Kern fragend an.

„Herr Dr. Meienberg, meine Mutter ist nicht nur für kurze Zeit geistig etwas verwirrt gewesen. Sie sieht in ihrer Wohnung seit Monaten Leute, die nicht existieren, sie spricht mit ihrem Spiegelbild, weil sie nicht in der Lage ist, es als solches zu erkennen. Ich weiß nicht, ob sie etwas isst und trinkt. Sie behauptet ‚das Mädchen' kaufe für sie im Supermarkt die Lebensmittel ein. Das Mädchen gibt es aber nicht, es handelt sich dabei um ihr Spiegelbild. Meine Mutter braucht dringend Hilfe."

„Sie müssen verstehen, Herr Kern, ich bin kein Psychiater und ich bin auch kein Gerontologe, ich bin Chirurg. Mir sind diese Symptome nur wenig vertraut. Falls Sie es wünschen, kann ich

Ihre Beobachtungen gerne in unserer Stabssitzung zur Diskussion bringen. Ich kann Ihnen aber nicht garantieren, dass Ihre Mutter mehr als zwei, drei Tage hierbleiben kann ohne organischen Befund."

„Herr Dr. Meienberg, das Gehirn ist doch auch ein Organ. Jeder Psychiater wird sofort ein MMSE machen und aufgrund der Ergebnisse dann sicherlich einen großen Handlungsbedarf sehen. Meine Mutter darf nicht mehr alleine zu Hause sein. Sie lässt die Türen von Kühl- und Gefrierschrank offen, weil ‚Terroristen' da hineingehen müssen. Sie könnte vergessen, eine Herdplatte auszuschalten, und das ganze Haus abfackeln."

„Was meinten Sie mit MMSE?"

„Das ist die Mini Mental State Examination, ein strukturiertes Fragesystem, mit dessen Hilfe man eine Demenz und deren Schweregrad feststellen kann."

„Sind Sie Mediziner, Herr Kern?"

„Nein, ich bin aber in der psychopharmakologischen Grundlagenforschung tätig und deshalb mit vielen psychiatrischen Skalen durchaus vertraut."

„Ich werde sehen, was ich machen kann, kann Ihnen aber keine Versprechungen machen. Aus meiner Sicht kann ich außer einer leichten Verwirrtheit medizinisch nichts Relevantes feststellen."

Dr. Meienberg verabschiedete sich und ließ Kern ziemlich ratlos zurück.

In Absprache mit der Nachtschwester fuhr er in die Wohnung seiner Mutter, um das Nötigste für einen Spitalaufenthalt zusammenzupacken. Die Wohnungstür war erwartungsgemäß unverschlossen. Ohne genau zu wissen, was seine Mutter benötigte, füllte er eine große Tasche mit Unterwäsche, Toilettenartikel und Kleidern. Sie war ja im Nachthemd aufgegriffen worden.

Als er ging, machte er die Wohnungstür leise zu und ließ sie, da er keinen Schlüssel hatte, zwangsläufig unverschlossen. Für eine nächtliche Schlüsselsuche in der Wohnung fehlte ihm die

Motivation. Er würde am nächsten Tag Freddy Hauser anrufen und ihn bitten, die Tür mit seinem Schlüssel abzuschließen.

Als er in die Klinik zurückkam, war seine Mutter eingeschlafen, so dass er das Zimmer sofort wieder verließ und nach einem kurzen Gespräch mit der Nachtschwester zurück nach Basel fuhr. Im Gegensatz zur Hinfahrt fuhr er nun extrem vorsichtig, weil er eine bleierne Müdigkeit spürte. Ohne Zwischenfall erreichte er sein Zuhause und ließ sich zum zweiten Mal erschöpft ins Bett fallen. Es war inzwischen fast sieben Uhr morgens, und er schlief sofort ein.

Kern hatte nicht mehr so gut geschlafen, seit seine Mutter die ersten Anzeichen von Verwirrtheit gezeigt hatte. Er schlief bis zehn Uhr durch. Als er aufwachte, fühlte er sich richtig erholt. Das Bewusstsein, dass seine Mutter jetzt unter permanenter ärztlicher Beobachtung stand, dass sie gepflegt und verpflegt wurde, hatte ihm die tonnenschwere Last von seinen Schultern genommen. Ein Gefühl der Leichtigkeit ließ ihn wieder freier atmen. Er hatte die starke Hoffnung, dass den behandelnden Ärzten die unübersehbaren Symptome bei seiner Mutter auffallen würden, und sie dann problemlos spitalexterne Dienste beanspruchen könnte. Damit wären ihm wenigstens die tägliche Sorge um die Ernährung und vor allem die Flüssigkeitsaufnahme abgenommen.

Dass nun Wochenende war, empfand Kern gleichermaßen als Glück und als Unglück: Er nahm an, dass seine Mutter daher zumindest bis Montagabend im Spital bleiben musste, was ihm drei Tage Luft verschaffte, andererseits würde sie vor Montag wohl auch nicht untersucht oder behandelt werden.

Er beschloss den Tag, der nach einem kurzen Blick durchs Fenster entgegen den Voraussagen kein gutes Wetter zu versprechen schien, mit dem Lesen von Fachliteratur zu verbringen. Dieser wichtige Aspekt seiner Arbeit war in letzter Zeit viel zu kurz gekommen. Er hasste es, über neue, vielleicht wichtige Ergebnisse nicht vollständig informiert zu sein, was für ihn ein Gefühl der Unsicherheit bedeutete. In seiner Vorstellung sah er, wie sich die ungelesene Literatur zu einem bedrohlich wachsenden Berg aufhäufte.

Mit ungewohntem Schwung begann er, sich durch die im Internet über PubMed zugänglichen Kurzfassungen der neuesten wissenschaftlichen Literatur durchzuarbeiten. Für zwei Stunden tauchte er ein in diese karge, für Insider faszinierende Welt der Fakten, Hypothesen und Erkenntnisse. Er blickte erst auf, als eine plötzliche, gleißende Helligkeit anzeigte, dass sich die Sonne gegen die Wolken durchgesetzt hatte. Die in den Prognosen angekündigte Wetterbesserung hatte sich also doch noch eingestellt. Beflügelt durch die Sonnenstrahlen, gönnte er sich eine Pause und ging eine Stunde joggen. Er wollte diese unerwartete Phase der Freiheit auskosten. Er wollte wieder einmal selbst bestimmen, wie er das Wochenende zubringen würde. Die Krankheit seiner Mutter hatte das Wort „Freizeit" zu einem Fremdwort werden lassen.

Getragen von einer positiven Energie, genoss er die sportliche Tätigkeit. Noch nie zuvor war ihm die Stadtluft frischer und belebender vorgekommen. Schweißgebadet und trotzdem erholt, kam er nach einer Stunde wieder heim, fast gleichzeitig mit seiner Nachbarin, einer aufgestellten Mittfünfzigerin, die, eine schwere Einkaufstasche neben sich auf dem Boden, gerade die Haustür aufschloss.

Es war für ihn eine Selbstverständlichkeit, Frau Burckhardt spontan die Tasche abzunehmen und leichtfüßig in den dritten Stock zu tragen.

„Vielen Dank. So einen Mann wie Sie wünscht sich jede Mutter als Schwiegersohn."

„Sagen Sie das nicht. Es ist meine ganz persönliche Tragödie, dass ich bei den Müttern anfänglich immer sehr gut ankomme. Sobald sie jedoch herausfinden, dass ich Alkohol trinke, Cannabis rauche, Kokain schnupfe und alle anderen üblen Laster habe, halten sie die Töchter von mir fern."

„Dahinter steckt purer Egoismus. Das, was Sie für die Töchter plötzlich so gefährlich macht, macht Sie für uns Mütter umso interessanter", entgegnete sie mit einem neckischen Lächeln.

Nach einer langen und ergiebigen Dusche beschloss Kern die wissenschaftliche Literatur vorerst beiseitezulegen und sich stattdessen zu entspannen. Er machte er sich auf den Weg in die Innenstadt, wo er sich in einem Straßencafé einen Cappuccino gönnte.

Er holte sich eine Zeitung aus der Ablage und genoss es, ohne Verpflichtungen lesen zu können und am Kaffee zu nippen. Schließlich faltete er die Zeitung zusammen und bestellte sich einen zweiten Cappuccino. Er hatte Lust, einmal einfach nichts zu tun. Er ließ sich tief in seinen Stuhl sinken und beobachtete das Treiben der Menschen.

Beim Betrachten der zahlreichen Passanten konnte er nicht verhindern, dass ein paar Zahlen durch seinen Kopf gingen. Gemäß den Statistiken hatte rund ein Prozent der Bevölkerung mindestens einmal im Leben eine schizophrene Episode, ebenfalls rund ein Prozent eine der verschiedenen Formen der Epilepsie und rund 20 Prozent eine Depression. Ohne dass er die entsprechenden statistischen Zahlen für andere schwere Krankheiten wie Herz-Kreislauf-Erkrankungen und Krebs genau wusste, war ihm klar, dass vermutlich viel unsichtbares Leid an ihm vorüberzog. Die Gesichter, in die er sah, mochten im einen Fall Spiegel des Innenlebens, im anderen Fall Maske zum Verbergen des Innenlebens sein. Die häufig zu beobachtende Hektik mochte ein Fluchtverhalten sein, ein schnelles Waten auf Seerosen, getrieben von der ständigen Angst, in die kalte Realität einzusinken.

Kern fühlte sich gesund, zum Glück. Dieser beruhigenden Feststellung folgte sogleich die bange Frage: War er wirklich gesund oder trug vielleicht auch er den Keim einer Krankheit in sich, ein defektes Gen vielleicht? Er dachte dabei an seine Mutter. Hatte sie Alzheimer? Bei der Alzheimer-Demenz spielten Gene sicher eine wichtige Rolle. Während er diesen Fragen nachhing, kam die Bedienung zufällig vorbei. Abrupt klemmte er den Fluss seiner Gedanken ab, bezahlte seine Cappuccinos und machte sich auf den Heimweg.

Von seiner Wohnung aus rief er Freddy Hauser an, teilte ihm mit, dass seine Mutter im Spital war und bat ihn, die Wohnungstür mit seinem Schlüssel abzuschließen. Außerdem informierte er noch Mutters Cousine Elisabeth. Dann wandte er sich mit frischer Energie der Fachliteratur zu, die ihn bis Mitternacht und am verregneten Sonntag bis in den Abend beschäftigt hielt. Von einer erneuten Fahrt nach Luzern sah er ab, da inzwischen vermutlich noch kein Arzt nach seiner Mutter gesehen hatte. Deshalb rief er sie nur an. Nachdem er sich ihre Klagen und aggressiven Vorwürfe hatte anhören müssen, war er froh, den Hörer wieder auflegen zu können.

18

Am Montag besuchte Kern seinen Chef Peter Herschkoff offiziell zur USA-Berichterstattung. Er musste aber zugeben, dass sein Interesse nicht ausschließlich ihm, sondern auch Christine Sutter galt. Er betrat das Vorzimmer und sah, wie sie sofort die Lesebrille abnahm. Sie blickte ihn an, und er sah sich wieder einmal von ihrer ruhigen Aura gefangen. Er erklärte: „Hallo, hier bin ich wieder", und glaubte, den wohl dümmsten Satz seines Lebens gesagt zu haben.

Sie lächelte und meinte: „Das sehe ich. Ich habe dich fast sofort wieder erkannt. Du hast dich überraschend wenig verändert in den sechs Tagen."

„Du schon, mir scheint, dass du noch eine Spur hübscher geworden bist!" Obwohl sein Verstand „stopp!" schrie, schlüpfte ihm der Satz heraus, und er wartete bange auf eine Antwort. Erlöst stellte er fest, dass sie ihm diese etwas aufdringliche Äußerung nicht übel nahm, im Gegenteil, sie schien sich sogar darüber zu freuen: „Danke, das ist sehr nett von dir."

Er nahm den im Geschenkbeutel verpackten Schlüsselanhänger aus seiner Aktentasche und überreichte ihn ihr mit einem charmanten Lächeln: „Ein kleines Mitbringsel aus den Staaten."

„Ich kann es kaum glauben, du hast an mich gedacht? Du hast mir ein Geschenk gekauft?"

„Du glaubst nicht, wie oft ich an dich gedacht habe."

„Das möchte ich jetzt ganz genau wissen. Wie oft denn?"

„Außerhalb der Vortragssitzungen eigentlich immer. Unglücklicherweise war dann immer Essenszeit. Infolgedessen verpasste ich am Morgen das Frühstück, weil ich an dich denken musste, am Mittag das Mittagessen und am Abend das Abendessen. Am intensivsten habe ich in der Nacht an dich gedacht, als ich nicht schlafen konnte ..., weil mich der Hunger quälte!"

Christine musste schallend lachen. Während sie den Geschenkbeutel öffnete, ging die Tür zum Büro auf. Mit seiner Polterstimme rief Herschkoff aus: „Ich habe es mir doch gleich gedacht, dass der Charmeur aus der Forschung wieder da ist. Sofern dein Besuch nicht ausschließlich der Damenwelt gilt, würde ich dich gegebenenfalls gerne im Büro empfangen."

Damit schloss er die Bürotür hinter sich.

Christine hauchte ein „Danke, der Anhänger ist sehr hübsch" und glaubte, Kern würde jetzt sofort zu Herschkoff gehen. Doch er machte keine Anstalten dazu. „Wie steht's mit unserem Mittagessen? Oder Abendessen? Wann darf ich dich zum Essen ausführen?"

„Vielleicht bald, geh jetzt endlich da rein", dabei bewegte sie ihren Kopf Richtung Herschkoffs Büro. „Der meint am Ende noch, wir hätten etwas miteinander."

„Der interessiert sich ausschließlich für meine wissenschaftlichen Mitbringsel aus den USA."

Mit diesen Worten bewegte sich Kern in Richtung Herschkoffs Büro, blickte sich noch einmal um und sah mit leichter Enttäuschung, dass Christine ihre Lesebrille bereits wieder aufgesetzt und sich wieder dem Bildschirm zugewandt hatte.

Herschkoff begrüßte den Ankömmling. „Na, wie war es in der alten Heimat?"

„Von ‚alter Heimat' habe ich kaum etwas gespürt. Ich habe ganze zwei alte Bekannte getroffen, die restlichen Leute waren neu und unbekannt für mich. Aber zusammenfassend kann ich sagen: Shorter hat ein tolles Meeting organisiert, es wurde sehr konstruktiv diskutiert. Als Chairman hat er seine Sache ausgezeichnet gemacht. Er blockte Diskussionsbeiträge, die nicht konstruktiv waren, möglichst schnell ab und legte beim Zusammenfassen von Kommentaren das Gewicht primär auf die gemeinsame Linie, ohne die Diskrepanzen zu vergessen."

Kern sprach, in seinen Aufzeichnungen blätternd, über die wichtigsten Erkenntnisse, die ja eigentlich alle nicht ganz neu waren und zum großen Teil bereits auf anderen Konferenzen diskutiert wurden. Für Herschkoffs Team war es aber wichtig zu hören, dass andere Institute ganz ähnliche klinische Resultate erarbeitet hatten. Kern erwähnte auch kurz das Referat von Edwards und seine Absicht, die Verbindung zu diesem Mann zu pflegen. Natürlich erzählte er nichts von der angebotenen Stelle, da er mit seinem Job in Basel ja eigentlich sehr zufrieden war.

„Und wie lief dein Referat?"

„Die Meinungen über die präsentierten Ideen waren geteilt. Ich hatte anhand der Reaktionen aber trotzdem das Gefühl, dass das Referat *per se* gut angekommen ist. Es gab einige positive Rückmeldungen. Es ist für viele Leute schwierig zu sehen, dass man nach fünfzig Jahren Erfahrung mit Clozapin und Derivaten ein paar Schritte zurückgehen muss, um vielleicht zu neuen Ansätzen zu kommen. Durch meine eigenen Worte beflügelt, habe ich beschlossen, meine Experimente stark zu erweitern und zusätzlich zu den Cognitive Enhancers eine ganze Reihe

selektiver ,Tool-Substanzen'[39] mit Haloperidol zusammen laufen zu lassen. Wer weiß, vielleicht können wir mit einer Zusatztherapie die Dopamin-D2-Wirkung auf das mesolimbische
mesokortikale System fokussieren. Am Dopamin-D2, und das
hat das Meeting wieder deutlich gezeigt, führt zurzeit leider immer noch kein Weg vorbei." Erfolgsmeldungen über nicht-D2-
dopaminerge Therapien gab es keine.

Herschkoff und Kern diskutierten noch eine halbe Stunde,
bis Herschkoffs Telefon klingelte. Kern nahm dies als Signal zum
Aufbruch, beeilte sich aufzustehen, und verabschiedete sich wortlos mit einem freundlichen Winken.

Als er Herschkoffs Büro verließ, schenkte er Christine noch
ein Lächeln und versicherte ihr bedeutungsvoll: „Ich melde mich
bald!"

Sie winkte kurz und vertiefte sich schnell wieder in ihre Aufgabe am Computer.

Kern ging in sein Büro zurück mit der Absicht, um siebzehn
Uhr in der Klinik anzurufen. Weil noch ein Gilet an Grubers
Stuhl hing, wollte er sichergehen, dass er ungestört telefonieren
konnte, und fragte Céline, ob Gruber für heute außer Haus sei.

Sie antwortete lachend: „Ja, der ist am Mittag gegangen. Er
ist jetzt mit seinem Poster unter dem Arm für eine Woche beim
Kongress der österreichischen Psychiater. Er hat sich dafür ziemlich herausgeputzt."

„Das hat dich anscheinend sehr beeindruckt."

„Die impressionistische lila Krawatte, die er umgebunden hatte, fand ich allerdings schrecklich."

Kern ging in sein Büro zurück, rief die Klinik an und fragte
nach Dr. Meienberg. Der hatte aber seinen freien Tag, und Kern

---

[39] Substanzen, die ganz spezifisch über einen bekannten Mechanismus wirken.
Meistens ehemalige Entwicklungspräparate, die wegen Unverträglichkeit, aufgrund fehlender klinischer Wirksamkeit oder aus anderen Gründen scheiterten.

wurde schließlich mit Frau Dr. Henkel, der zuständigen Abteilungsärztin, verbunden.

Auf seine Frage nach dem Befinden seiner Mutter antwortete sie in einer für Laien verständlichen Sprache: „Herr Kern, ich kann Ihnen versichern, Ihrer Mutter geht es sehr gut. Wir haben sie untersucht, und man kann sagen, dass sie im Vergleich zu ihren Altersgenossinnen gesundheitlich sogar recht gut dasteht. Wir werden sie morgen nach Hause entlassen."

„Frau Dr. Henkel, das darf auf gar keinen Fall geschehen. Sie ist vollkommen unfähig, alleine ihren Haushalt zu führen, sie isst nichts und trinkt nichts, sie halluziniert. Ich nehme an, dass Sie wissen, dass sie nachts von der Polizei aufgegriffen worden ist?"

„Das ist mir bekannt. Wir haben uns heute bereits mit dem Hausarzt ihrer Mutter in Verbindung gesetzt. Herr Dr. Baumann ist mit uns der Meinung, dass Ihre Befürchtungen unbegründet sind."

Dieser Satz trieb Kerns Blutdruck auf Rekordhöhe. Er gab sich große Mühe, seine aufgestauten Emotionen unter Kontrolle zu halten: „Frau Dr. Henkel, wenn meine Mutter entlassen wird, ist sie gänzlich auf sich selbst gestellt. Es ist niemand da, der täglich nach ihr sehen kann, sie kann nicht einkaufen, sie weiß nicht mehr, wie man kocht. Sie braucht Hilfe."

„Darf ich fragen, warum Sie sie nicht versorgen können?"

„Weil ich gut hundert Kilometer von ihr entfernt bin. Ich lebe und arbeite in Basel."

„Haben Sie keine Geschwister?"

„Ich habe noch einen älteren Bruder, der lebt aber fast 9000 Kilometer von hier entfernt in Kapstadt, was die Sache für ihn noch etwas verkompliziert."

„Es tut mir leid, Herr Kern, aber ich befürchte, dass ich nur sehr wenig für Sie tun kann."

„Darf ich fragen, ob bei der Anamnese ein Psychiater hinzugezogen wurde?"

„Dazu gab es, unserer Meinung nach, absolut keine Veranlassung." Langsam verlor Kern die Geduld.

„Diese Antwort ist für mich mehr als verwunderlich. Meine Mutter hat Symptome, die auf eine Fehlfunktion des Gehirns zurückzuführen sind, Halluzinationen, Desorientiertheit, Denkstörungen. Ihr Team hat das Herz, den Kreislauf und die Atmung untersucht und nichts gefunden. Auf der Basis dieser Befunde wird meine Mutter für gesund erklärt, ohne dass es jemand für nötig hält, einen Experten für das Organ hinzuzuziehen, welches tatsächlich gestört ist. Soll ich das nicht seltsam finden? Finden Sie das nicht auch seltsam? Würde es Ihnen genügen, wenn bei einem bedrohlichen Motorengeräusch am Auto ein Karosseriespengler die Karosserie auf Beulen untersucht, noch die Hupe und den Luftdruck testet und Ihnen dann versichert, dass alles in Ordnung sei, ohne dass ein Fachmann einen einzigen Blick auf den Motor geworfen hat?"

Da Frau Dr. Henkel betreten schwieg, wagte Kern sich weiter vor: „Ist jetzt ein MMSE gemacht worden? Ich habe Dr. Meienberg bereits am Tag der Aufnahme auf die absolute Notwendigkeit dieser Untersuchung hingewiesen."

„Was meinen Sie mit MMSE?"

„Das ist genau die Frage, die mir Dr. Meienberg auch gestellt hat. Das ist ein einfacher Test, mit dem man eine Demenz grob quantitativ erfassen kann."

Kern war nahe am Explodieren, als er sagte: „Frau Dr. Henkel, Sie lassen jetzt eine vollkommen hilflose Frau in eine Welt gehen, die sie nicht mehr versteht. Wenn mit meiner Mutter etwas passiert, also wenn sie zum Beispiel das Haus durch eine vergessene Herdplatte in Brand steckt, werde ich auf unser heutiges Gespräch zurückkommen, da wird sich niemand, auch nicht dieser verdammte Holzkopf von Hausarzt, aus der Verantwortung schleichen können."

„Herr Kern, bitte regen Sie sich nicht auf. Ich werde tun, was in meiner Macht steht. Bitte rufen Sie mich in einer Stunde noch einmal an. Ich gebe Ihnen meine Durchwahlnummer."

Als Kern den Hörer auflegte, fühlte er seinen Puls rasen, und er fragte sich, was Leute, denen sein Fachwissen fehlte, in der gleichen Lage hätten tun können.

Nach genau einer Stunde rief er Frau Dr. Henkel wieder an. Sie berichtete, dass nach einer intensiven Diskussion im Ärzteteam beschlossen worden sei, dass seine Mutter noch ein oder zwei Tage länger bleiben könne und dass ein externer Psychiater zur Beurteilung hinzugezogen würde. Sie sagte auch, dass Kern rechtzeitig benachrichtigt würde, falls auf der Basis neuer Erkenntnisse über das weitere Vorgehen entschieden werde.

Kern war unfähig, diesen Teilerfolg als solchen wahrzunehmen, zu sehr war er mental noch auf einen Kampf gegen Windmühlen eingestellt.

Als Kern am nächsten Spätnachmittag anrief, war Frau Dr. Henkel recht kleinlaut: „Herr Kern, die Untersuchung Ihrer Mutter hat ergeben, dass sie an einer bereits stark fortgeschrittenen Demenz leidet. Wir haben ein MRT gemacht und eine starke Degeneration der Hirnrinde gesehen, was im Einklang mit den psychologischen Untersuchungen steht."

„Wie hat meine Mutter im MMSE abgeschnitten?"

„Soweit ich mich entsinne, hat sie 13 oder 14 Punkte erreicht. Ich weiß aber nicht genau, wie das im Detail zu interpretieren ist."

Dieser schlechte Wert war selbst für Kern eine Überraschung. „Das Maximum sind 30 Punkte, bei 18 bis 26 Punkten spricht man von einer leichten, bei 10 bis 17 Punkten von einer fortgeschrittenen und bei unter 10 Punkten von einer schweren Demenz."

„Entschuldigung, ich wusste nicht, dass Sie diesbezügliche Fachkenntnisse haben."

„Dafür müssen Sie sich nicht entschuldigen, das können Sie ja nicht wissen. Was mich bestürzt, ist die Tatsache, dass ohne diese Fachkenntnisse eine Patientin mit unübersehbaren mentalen Problemen einfach nach Hause entlassen worden wäre. Ich versuche gerade, mich in die Lage von Angehörigen zu versetzen, denen Fachkompetenz und Hartnäckigkeit fehlen. Es fällt mir nicht allzu schwer, diese Verzweiflung, Resignation und Hilflosigkeit nachzuempfinden. Das Gefühl, an einer Mauer der Ignoranz abzuprallen, ist mir im Zusammenhang mit meiner Mutter seit einiger Zeit äußerst vertraut."

Da seine Gesprächspartnerin schwieg, nahm Kern den Faden wieder auf und fragte: „Was geschieht nun mit meiner Mutter?"

„Wenn Sie einverstanden sind, suchen wir zuerst nach einem Platz in einer psychiatrischen Klinik, wo die Erkrankung Ihrer Mutter fachärztlich diagnostiziert wird und erste therapeutische Schritte eingeleitet werden. Dann werden wir weitersehen."

„Bitte halten Sie mich auf dem Laufenden. Ich gebe Ihnen noch meine Handynummer sowie die Nummer, über die ich am Arbeitsplatz erreichbar bin."

Als Kern den Hörer aufgelegt hatte, musste er tief durchatmen. Seine Mutter behütet und überwacht zu wissen, war so erleichternd, dass er sogar das Atmen genoss. Hatte er es tatsächlich geschafft? Die letzten Wochen waren nicht spurlos an ihm vorbeigegangen. Ständig hatte sie ihn in Alarmbereitschaft gehalten, beim Klingeln des Telefons war er jedes Mal zusammengezuckt. Die fehlgeschlagenen Versuche, Dr. Baumann davon zu überzeugen, dass Hilfe von außen nötig sei, hatten ihn beinahe resignieren lassen und ihm stark zugesetzt. Die unausgesprochene Verdächtigung, die Mutter mittels übertriebener Schilderungen in ein Alters- und Pflegeheim abschieben zu wollen, hatte ihn sehr verletzt. Kern war weit davon entfernt, jetzt mit Schuldzuweisungen zu beginnen. Er spürte ein Gefühl der Erleichterung und hoffe, in Zukunft bessere Rahmenbedingungen für seine Mutter vorzufinden.

Nach zwei Tagen hochwillkommener Normalität bekam er einen Anruf vom Spital. Man hätte für seine Mutter einen Platz im Antoniusheim, einer psychiatrischen Klinik, gefunden. Man würde sie am folgenden Morgen, einem Donnerstag, dorthin bringen lassen. Kern war das soweit recht, er kannte die betreffende Klinik nicht.

Am Freitagabend rief er seine Mutter an. Sie musste ans Telefon geholt werden, da es, so vermutete er, in ihrem Zimmer keinen Telefonanschluss gab. Sie wirkte auf ihn ziemlich verstört und aufgeregt.

Wie es ihr ginge, wollte er wissen. Sie fiel ihm während seiner Frage ins Wort: „Mir geht es sehr schlecht."

Da diese Äußerung nicht unerwartet kam, blieb er unbeteiligt und fragte emotionslos: „Hast du kein schönes Zimmer?"

Mit drängender, leiser, fast flüsternder Stimme sagte sie: „Ich bin in einem riesigen, dunklen Zimmer mir vergitterten Fenstern. Hier kann ich auf keinen Fall bleiben. Das halte ich nicht aus. Heute Nacht war zweimal ein Mann in meinem Zimmer."

„Das hast du dir sicher nur eingebildet."

„Nein, er riss die Tür auf, kam ganz schnell rein, blieb einen Moment vor der Kommode stehen, kehrte dann um, verließ das Zimmer und knallte die Tür hinter sich zu. Und das zweimal."

„Das war keiner von den Terroristen?"

„Nein, vorher hat stundenlang ein Mann geschrien und an eine Tür geklopft. Ich konnte kein Auge zumachen. Da sind lauter Verrückte, bitte hol mich sofort hier raus."

„Ist das Mädchen auch da?", fragte er beiläufig.

„Ich habe es bis jetzt nicht gesehen."

„Ich komme am Sonntag bei dir vorbei, dann können wir alles besprechen." Hinter seinen Worten verbarg sich vor allem der Wunsch nach Ruhe. Er wollte die Probleme noch einmal für zwei, drei Tage vom Tisch haben.

Nachdem er aufgelegt hatte, kam er ins Grübeln. Tendenziell war er geneigt, die Schilderungen seiner Mutter als Wahnvorstellungen abzutun. Aber irgendwie ließ ihm die Geschichte mit dem Mann keine Ruhe, und er rief die Klinik noch einmal an und verlangte, einen Arzt zu sprechen.

„Es tut mir sehr leid, Herr Kern, aber zurzeit ist kein Arzt da! Ich kann Sie aber mit der Abteilung Ihrer Mutter verbinden, das Pflegepersonal ist sehr gut informiert."

Die für den ganzen Gebäudeflügel zuständige Pflegekraft kam erst nach geraumer Zeit ans Telefon und meldete sich unwirsch mit „Schwester Helene!".

„Guten Abend, mein Name ist Kern. Ich habe gerade meine Mutter angerufen, und sie hat mir völlig verängstigt erzählt, dass sie die vergangene Nacht kaum geschlafen hätte. Ständig hätte jemand an eine Tür geklopft und zweimal sei ein Mann in ihr Zimmer eingedrungen. Ich bin mir nicht sicher, ob dies bloße Halluzinationen oder reale Erfahrungen sind."

„Herr Kern, wir sind ein psychiatrisches Spital, wir haben in der geschlossenen Abteilung psychotische Patienten. Es gehört deshalb zu unserem Alltag, dass jemand an die verschlossene Tür klopft."

Kern vermied es anzudeuten, dass er mit den Bedingungen in psychiatrischen Spitälern durchaus vertraut war, und fragte weiter: „Da Sie mir gewissermaßen bestätigen, was meine Mutter gesagt hat, nehme ich an, dass die zweite Beobachtung mit dem Mann in ihrem Zimmer auch den Tatsachen entspricht?"

Es folgte eine lange Pause, dann antwortete die Schwester: „Wenn wir verhindern wollen, dass die Klopferei die ganze Nacht durch anhält und die ganze Abteilung weckt, lassen wir den betreffenden Patienten unter Aufsicht in den langen Korridoren hin und her gehen. Es kann durchaus sein, dass er dann ab und zu eine Tür öffnet. Diese Zimmer sind bis auf das Ihrer Mutter leer. Der Mann von gestern Nacht ist aber absolut harmlos, er kann keiner Fliege etwas zuleide tun."

„Es tut mir leid, aber das verstehe ich nicht: Meine Mutter ist bei Ihnen zur Abklärung einer möglichen Demenz und ist in der geschlossenen Abteilung untergebracht?"

„Das ist nicht ganz richtig. Ihr Zimmer befindet sich zwar im gleichen Flügel, aber außerhalb des geschlossenen Bereichs."

Kern hatte Mühe, alles richtig einzuordnen, und als er den Hörer auflegte, wusste er nur eines sicher, nämlich dass die Sache mit seiner Mutter noch lange nicht ausgestanden war.

Als er am Sonntag die Klinik betrat, wähnte er sich in einem Hollywood-Szenario. Alles im Gebäude war düster, alt und hoch, die Schritte hallten. Außer der Dame am Empfang, die ihm den Weg zum Zimmer wies, sah er keinen einzigen Menschen. Er klopfte an die Tür, und beim Eintreten blickte er in ein Zimmer, wie es ihm seine Mutter geschildert hatte: riesengroß und dunkel, weit und breit kein Bild, keine Pflanze, kein Buch, keine Illustrierte. Es gab dort überhaupt nichts, was auch nur andeutungsweise auf menschliche Präsenz und Wärme hinwies. Das Zimmer war eine überdimensionierte Gefängniszelle. Seine Mutter saß verloren auf dem Bett und weinte. Als er hereinkam, schaute sie nur kurz auf und fragte: „Warum hast du mich hier reingebracht?"

„Mutter, ich habe dich nicht hier reingebracht. Die Polizei hat dich aufgegriffen und ins Spital gebracht. Im Spital wusste niemand, was mit dir los ist. Deshalb haben dich die Ärzte, nicht ich, ans Antoniusheim weitergeleitet, zur Abklärung. Ich nehme an, dass du hier bereits untersucht worden bist?"

„Ich habe noch keinen Arzt gesehen, seit ich da bin. Am ersten Tag hat man sogar vergessen, mir am Abend etwas zum Essen zu bringen." Kern konnte kaum glauben, was er hörte. Und er verstand seine Mutter, als sie sagte: „Dieter, hol mich hier raus, oder lass mich sterben."

Er versuchte, seine Mutter zu beruhigen, mit dem Hinweis, dass dieser Aufenthalt nur dazu diente, festzustellen, was ihr fehlte, und sie keinesfalls dort bleiben müsste. Doch die Mühe war vergebens. Es war vermutlich die mangelnde Überzeugung hinter Kerns Worten, die seine Mutter spürte.

Kern sah, dass er etwas unternehmen musste, und machte sich deshalb auf die Suche nach der stellvertretenden Abteilungsleiterin, der anscheinend einzigen ansprechbaren Pflegekraft der ganzen Abteilung. Als er sie endlich in einem Stationszimmer fand, fragte er, wie lange denn seine Mutter noch alleine in diesem Gebäudeflügel bleiben müsse, woraufhin sie nur hilflos und gleichgültig mit den Schultern zuckte: „Die anderen Zimmer sind belegt, da gibt es kaum Möglichkeiten. Sie wird vorläufig da bleiben müssen, es tut mir leid."

Kern blieb noch eine ganze Stunde in der Klinik, bis er sich schweren Herzens auf den Heimweg machte. Er wollte am nächsten Tag Dr. Baumann ordentlich einheizen, damit er etwas gegen diese unakzeptable Lage unternahm.

Als er am Montag früh um acht emotional geladen den Arzt anrief, erfuhr er über den Anrufbeantworter, dass die Praxis wegen Abwesenheit von Dr. Baumann den ganzen Montag geschlossen und in Notfällen eine Vertretung über eine angegebene Nummer zu erreichen sei. Die Vorstellung, dass Dr. Baumann möglicherweise entspannt auf einer Wanderung oder einem Segeltörn war und den lieben Gott einen guten Mann sein ließ, versuchte er zu verdrängen.

Am Dienstagmorgen hatte er, bevor sein Anruf pünktlich um acht Uhr angenommen wurde, vor Ungeduld berstend, bereits fünf- oder sechsmal vergeblich die Nummer gewählt. Die Sprechstundenhilfe, die nichts Gutes ahnte, stellte den Anruf unverzüglich zu Dr. Baumann durch. Auch Dr. Baumann erkannte schnell, dass Kern bis aufs Äußerste gereizt war, und beeilte sich, glaubhaft zu versichern, dass er nicht wusste, dass Kerns Mutter ins Antoniusheim verlegt worden war.

„Herr Dr. Baumann, Sie haben mir nie geglaubt, dass meine Mutter an einer fortgeschrittenen Demenz leidet. Ich habe mich bemüht, Ihnen Fachliteratur zum Thema zu verschaffen, die Sie vermutlich nie gelesen haben. Beim prinzipiell gut gemeinten Versuch, meine Mutter vor einem Pflegeheim zu bewahren, haben Sie ihr die elementarsten Hilfeleistungen, wie die externen Dienste, versagt und dadurch die Situation sowohl für meine Mutter als auch für mich unerträglich gemacht. Wenn ich jetzt sage, dass sie seit Tagen in einem therapeutischen Gefängnis sitzt, ist das bereits eine Beschönigung, denn bis gestern Abend hat noch kein Arzt nach meiner Mutter gesehen. Das Wort ‚therapeutisch' ist also in diesem Kontext vollkommen unangebracht."

„Ich habe doch Ihre Mutter nicht ins Antoniusheim einliefern lassen", versuchte der Arzt sich zum zweiten Mal zu rechtfertigen.

„Ihr Unverständnis und ihre Passivität haben zu dieser Situation geführt. Ich habe jetzt mehr als ein Jahr in einem kräftezehrenden ständigen Alarmzustand leben müssen, bin hunderte von Kilometern mit dem Auto gefahren, um sicherzustellen, dass meine Mutter versorgt wird. Mit allen meinen Vorschlägen bin ich bei Ihnen immer wieder gegen eine Betonmauer angerannt. Meine Mutter hat einen MMSE-Wert von 13 oder 14 Punkten, ihre Demenz ist also bereits stark fortgeschritten. Im Lichte all dieser Fakten glaube ich verlangen zu dürfen, dass Sie jetzt alles in Ihrer Macht stehende tun, dass meine Mutter da wieder rauskommt und unverzüglich in eine moderne, therapeutisch orientierte psychiatrische Klinik eingewiesen wird."

„Ich werde alles tun, was in meiner Macht steht, das verspreche ich. Ich kann Ihnen versichern, dass ich immer nach bestem Wissen und Gewissen gehandelt habe. Dass es so endet, konnte ich nicht voraussehen."

„Das glaube ich Ihnen sogar. Bitte entschuldigen Sie, wenn ich heftig geworden bin, aber ich bin jetzt wirklich an der Grenze meiner Belastbarkeit angelangt."

19

Kern saß in seinem Büro und erstellte eine Übersichtstabelle mit den bereits vorhandenen Kombinationsresultaten, als er aus dem Labor plötzlich Kinderstimmen zu hören glaubte. Nach dem zweiten Hinhören war er sich sicher, dass es sich tatsächlich um Kinderstimmen handelte. Da Hartmut Fink in seinem Arbeitsumfeld der Einzige war, der Kinder hatte, dachte Kern sofort an ihn, und er erinnerte sich dann vage, dass dieser ihn vor ein paar Wochen um die Erlaubnis gebeten hatte, seiner Frau und den Kindern seinen Arbeitsort zeigen zu dürfen. Kern hatte diese Abmachung im Trubel der Ereignisse um seine Mutter vollkommen vergessen. Er erhob sich, um Finks Familie zu begrüßen. Da er Fink und seine Familie einmal zufällig in der Stadt gesehen hatte, erkannte er Finks Gattin sofort wieder. Kern wusste, dass sie eine Bauerntochter war. Sie passte aber kaum ins traditionelle Bild. Sie war zierlich, blond, mit kurz geschnittenem Haar und sehr wachen, hellblauen Augen. Trotz ihrer Schmächtigkeit schien sie eine sehr starke Persönlichkeit zu sein.

„Frau Fink, herzlich willkommen!" Er schüttelte ihr die Hand und bemerkte ihren überraschend kräftigen Händedruck: „Ich bin der Dieter."

„Ich freue mich, dich kennenzulernen, Dieter. Ich bin die Anna."

„Und du bist ...?", Kern wandte sich dem größeren der beiden Kinder zu, einem etwa achtjährigen, aufgeweckt dreinblickenden Jungen. „... der Patrick", vollendete dieser Kerns Satz.

„Ich bin die Martina", stellte sich das etwa drei- bis vierjährige Mädchen vor und streckte seine Hand aus. „Und ich kann kein Blut sehen."

„Selbstverständlich kannst du Blut sehen. Nur Blinde können kein Blut sehen", belehrte Patrick seine kleinere Schwester.

„Bei uns fließt nur Blut, wenn wir uns beim Mittagessen mit dem Messer in die Finger schneiden", erklärte Céline.

„Und wie gefällt es euch hier?", fragte Kern. „Habt ihr es euch ungefähr so vorgestellt?"

Patrick fühlte sich angesprochen und sagte mit sichtlich enttäuschtem Gesicht: „Ziemlich uncool. Ich habe mir alles ganz anders vorgestellt. Im Fernsehen gibt es im Labor meistens Glasgefäße mit kochenden, gefährlichen Flüssigkeiten, aus denen Rauch aufsteigt, und einen verrückten Professor im weißen Laborkittel, der diese Substanzen mischt, worauf es zischt und stinkt."

„Einen Verrückten hätten wir hier schon, und stinken tut es ab und zu auch", meinte Céline sarkastisch.

Die Tatsache, dass Anna dabei laut lachte, machte Erklärungsversuche überflüssig. Dann wandte sich Kern an die beiden Kinder: „So, jetzt kann euch euer Papa genau erklären, was er und wir alle jeden Tag machen und ... "

„... und anschließend gibt es ein Eis oder eine Cola", vollendete Céline den angefangenen Satz.

Als Kern sich in sein Büro zurückziehen wollte und sich fürs Erste verabschiedete, äußerte Anna an ihn und Céline gewandt: „Wir würden uns sehr freuen, wenn ihr alle einmal zum Abendessen zu uns kommt. Ich höre durch Hartmut praktisch täglich von euch, und ich fände es deshalb schön, einmal einen Abend zusammen mit euch allen zu verbringen. Das schließt selbstverständlich auch Roman Portner und Dr. Gruber mit ein, die ich beide leider noch nicht kennenlernen durfte."

„Wird Hartmut für uns kochen?", fragte Céline gespielt sorgenvoll.

„Selbstverständlich werde ich für euch kochen", antwortete Hartmut lachend. „Es wird mir eine große Ehre und ein besonderes Vergnügen sein, euch in die grenzenlosen Freuden der fleischlosen Vollwertkost einzuführen."

Mit einer abwehrenden Geste erklärte Anna beschwichtigend: „Keine Angst, Céline, ich werde Hartmut nicht einen einzigen Schritt in die Küche setzen lassen. Er kann übrigens überhaupt nicht kochen ... "

In diesem Moment ging die Tür auf und Hans Gruber betrat das Labor. Sichtlich irritiert durch die anwesenden, ihm unbekannten Personen blieb er in der Tür stehen. Kern beeilte sich, Finks Familie und Gruber miteinander bekannt zu machen. Gruber kam schwungvoll näher, streckte seine Hand aus und begrüßte Anna mit einem eleganten, angedeuteten Handkuss. Die beiden Kinder übersah er aber völlig. Eigentlich war auch nur Patrick zu sehen; Martina hatte sich, von allen unbeachtet, unter dem Labortisch verkrochen. Erst als Gruber gegangen war, bemerkte man ihr Fehlen. Auf Anna Finks Rufen kroch sie, sich vorsichtig umblickend, aus ihrem Versteck.

„Warum hast du dich versteckt, Martina?"

Martina sagte flüsternd, mit weit aufgerissenen Augen: „Das war sicher der Verrückte."

„Wie kommst du denn darauf?"

„Die Frau da hat gesagt", dabei deutete sie auf Céline, „dass der Verrückte stinkt."

„Dr. Gruber stinkt nicht, er duftet."

20

Seit Wochen arbeitete Céline unermüdlich an ihren Kombinationsexperimenten. Bis jetzt gab es keinerlei Überraschungen. Keiner der bisher getesteten Cognitive Enhancers veränderte die Wirkung oder das Wirkprofil der Antipsychotika, was im Rahmen der wissenschaftlichen Fragestellung ein sehr wünschenswertes Resultat war. Auch bei Hartmut Finks Verhaltensexperimenten zeigten sich keinerlei besorgniserregende Befunde, was ja angesichts der Resultate von Céline keine Überraschung, aber eine willkommene Bestätigung war. Roman Portner hatte inzwischen große Erfahrung mit der GloSensor-cAMP-Technik und seinen Versuch soweit im Griff, dass er reproduzierbare Befunde mit den wichtigsten Dopaminrezeptoren erzielte. Er plante, seine Arbeit später auch auf die Serotoninrezeptoren auszudehnen. Es hatte sich eine entspannte Routine breitgemacht.

Auch Kern kam etwas zur Ruhe. Seine Mutter war auf Intervention von Dr. Baumann vor einigen Wochen in die Psychiatrische Klinik Bellevue am Ägerisee überwiesen worden, wo sie hervorragend betreut wurde. Durch die verordnete Teilnahme an Gruppentrainings für geistige und körperliche Aktivität, die regelmäßigen, guten Mahlzeiten und das vom Pflegepersonal überwachte Trinken erholte sie sich körperlich sehr schnell. Sie begann, sich wieder zu schminken, war wieder gut angezogen und hatte einen freundlichen, entspannten Ausdruck im Gesicht. Kern glaubte bei seinen wöchentlichen Besuchen sogar, eine gewisse mentale Stabilisierung festgestellt zu haben. Er stellte vor allem fest, dass sie sich über seine Besuche freute. Kern wusste allerdings, dass sie nie wieder würde alleine leben können, womit sich das nächste Problem bereits abzuzeichnen begann: Sie würde in ein Pflegeheim gehen müssen.

Die Ruhe, die sich durch die eingespielten experimentellen Abläufe im Labor etabliert hatte, wurde durch Célines plötzliche Geschäftigkeit jäh unterbrochen. Da sie dort aber alleine arbeitete, blieb dies vollkommen unbemerkt. Fink war im In-vivo-Labor und Roman Portner in einem wissenschaftlichen Kolloquium. Dr. Gruber war wie üblich in höchster Mission abwesend. Céline war dabei, die Daten auszuwerten, und blickte mit ungläubigen Augen auf die Ergebnisse. „Das kann doch nicht wahr sein", murmelte sie vor sich hin.

Sie überlegte sich, ob sie jetzt gleich zu Kern rennen sollte, um ihm die Resultate sofort zu zeigen, oder ob sie dieses Experiment zuerst wiederholen sollte. Aufgrund der Brisanz der Ergebnisse beschloss sie, noch nichts zu sagen und den Versuch unter genau den gleichen Bedingungen zu wiederholen. Sie wusste, dass Kern genau dies auch angeordnet hätte. Dieser ahnte nichts von dem, was gerade im Labor vorging. Er saß in seinem Büro und arbeitete an der nächsten Dienstagsvorlesung, die dem Thema „Die Pharmakotherapie der bipolaren Depression" gewidmet war.

Als zwei Wochen später die neuen Resultate vorlagen, wusste Céline, dass sie etwas Hochinteressantem auf der Spur war. Die neuen Befunde stimmten genau mit den alten überein. Mit Hilfe eines Statistik- und Graphikprogramms gestaltete sie die Ergebnisse der neuen und die der alten Serie in Form von mehrfarbigen Histogrammen, aber mit Absicht ohne erklärende Legende. Als sie fertig war, nahm sie die beiden A4-Blätter und klopfte bei Kern an die offene Bürotür. Als sie hörbar schnaufend eintrat, hatte Kern sofort das Gefühl, dass etwas Bedeutendes geschehen sein musste. Er wusste, wie viel es brauchte, damit sich Céline in Bewegung setzte. Sie hielt die beiden Blätter zuerst in die Höhe und knallte sie dann geräuschvoll auf den Schreibtisch: „Was meinst du, ist das hier?"

Kern blickte auf das erste Blatt mit den Säulendiagrammen: „Ich schätze, dass die Histogramme die Wirkungen von Haloperidol zeigen und diese hier ... ", seinen Blick auf das zweite Blatt richtend, „... die Wirkungen eines atypischen Antipsychotikums abbilden."

„Nur fast richtig, mein Lieber. Jetzt halte dich fest. Hier links, da hast du vollkommen recht, das sind tatsächlich die antidopaminergen Wirkungen von Haloperidol. Auf der rechten Seite liegst du aber komplett falsch: Das ist auch Haloperidol, aber in Kombination mit einem Dopamin-D1-Agonisten!"

Kern war immer noch nicht alles klar: „Du willst mir also sagen, dass eine Zugabe eines D1-Agonisten die Wirkung von Haloperidol auf das mesolimbische System intakt lässt, die blockierende Wirkung von Haloperidol auf das nigrostriatale System aber verhindert? Oder besser ausgedrückt, der Dopamin-D1-Agonist hat aus einem typischen ein atypisches Antipsychotikum gemacht?!"

„Genau das. Ich habe es selbst nicht geglaubt, deswegen habe ich die Experimente zuerst reproduziert. Hier sind die Daten des zweiten Versuchs. Die Übereinstimmung ist absolut überzeugend."

Während Kern die Daten studierte, ließ er seinen Gedanken freien Lauf. Was vor ihm lag, war im Prinzip eine Bestätigung für seine an der Rutgers University präsentierte Strategie. Er konnte kaum glauben, was er sah: Die in New Jersey präsentierten theoretischen Möglichkeiten waren, vollkommen überraschend, bereits Realität: Neben dem wissenschaftlich ziemlich überstrapazierten Dopamin-D2/Serotonin-2A-Konzept gab es plötzlich eine pharmakologische Alternative. Die Frage, ob sie in der fernen Zukunft ein durchschlagender therapeutischer Erfolg werden könnte, blieb dabei natürlich unbeantwortet; genauso wie die Frage, ob potenzielle toxikologische oder klinische Gefahren vom neuen therapeutischen Konzept ausgehen könnten. Die Daten waren aber wissenschaftlich so außerordentlich interessant, dass sie die Hoffnung, am Anfang einer neuen Ära in der Behandlung der Schizophrenie zu stehen, aufkeimen ließen.

Das musste er erst verdauen. Er beschloss, die Resultate bald seinem Chef zu zeigen. Dann wollte er die Daten so schnell wie möglich aufarbeiten und über eine erstklassige Publikation in einer Topzeitschrift der Öffentlichkeit zugänglich machen. Er ließ sich von Céline Kopien der Kurven mit Legende ausdrucken, und mit freudiger Erregung studierte er die Darstellungen wie wertvolle Kunstwerke. Während er auf die Kurven blickte, klingelte das Telefon.

„Hallo Dieter, ich habe schon lange nichts mehr von dir gehört und wollte fragen, wie es dir geht."

„Tom, was für eine nette Überraschung." Da er sofort an die Stelle dachte, die Edwards ihm angeboten hatte, sagte er dann entschuldigend: „Es tut mir leid, dass du so lange nichts von mir gehört hast, aber ich hatte in den letzten sechs Monaten viele private Probleme am Hals."

Er erzählte Edwards, wie sich die Dinge um seine Mutter seit seiner Rückkehr aus den USA entwickelt hatten. Er fand in Edwards einen sehr interessierten und verständigen Gesprächspartner. Auf dessen Frage, wie es in der Wissenschaft lief, sprudelte es aus Kern heraus: „Wir haben soeben, das heißt vor etwa dreißig Minuten, aufsehenerregende Befunde erarbeitet. Ich habe immer noch Mühe zu glauben, dass wir diesen wichtigen Schritt gemacht haben." Darauf erzählte er Edwards freimütig alles über seine faszinierenden Ergebnisse. Er spürte einfach, dass er diesem Mann vertrauen konnte. Edwards hörte schweigend zu und sagte: „Das klingt vielversprechend, meine herzlichsten Glückwünsche, das könnte tatsächlich ein bedeutsamer erster Schritt sein. Was machst du jetzt mit den Resultaten?"

„Ich werde eine Publikation schreiben und dann raus damit! Oder denkst du, dass ich die Geschichte zuerst patentieren lassen sollte?"

„Beim Patentieren sehe ich theoretisch zwei Optionen. Die eine Möglichkeit ist die Patentierung einer Substanzkombination. Dies halte ich aus zwei Gründen für eine schlechte Idee. Erstens will niemand eine Kombination. Dies liegt daran, dass zwei Substanzen praktisch nie die gleiche Pharmakokinetik zeigen. Wenn du beide Substanzen in einer Tablette haben willst, dann muss zumindest die Plasmahalbwertszeit der beiden Stoffe ungefähr gleich sein. Der zweite Grund ist noch schwerwiegender: Es gibt überhaupt keinen klinisch brauchbaren D1-Agonisten; keiner kam je auf den Markt. Damit ist die Kombinationstherapie als Ganzes bereits gestorben.

Die zweite Möglichkeit ist, das pharmakologische Prinzip patentieren zu lassen. Das ist aufgrund der sehr überraschenden Ergebnissen sehr leicht möglich. Wenn du das tust, wird aber das Patent nach spätestens zwei Jahren offengelegt, das heißt, es ist für jeden interessierten Außenstehenden einsehbar. Zwei Jahre Vorsprung sind unter Umständen schnell aufgeholt. Meiner Meinung nach ist es ziemlich leicht, ein solches Patent zu umgehen."

„An diese Probleme habe ich in meiner ersten Begeisterung über die Entdeckung nicht gedacht, und ich gebe gerne zu, dass mir deine Argumente einleuchten. Trotzdem bin ich jetzt aber etwas frustriert darüber, dass du kaum Möglichkeiten siehst, die Entdeckung therapeutisch umzusetzen und gleichzeitig in Bezug auf geistiges Eigentum gut abzusichern."

„Beides gleichzeitig zu tun ist tatsächlich schwierig. Wenn du dir für die Umsetzung der Idee in klinisch interessante Wirkstoffe aber genug Zeit lässt, ergibt sich schon eine Möglichkeit, aus deiner Entdeckung etwas zu machen. Ich spreche jetzt von einem Zeithorizont von zehn bis zwölf Jahren. Die Idee ist ganz einfach: Man verzichtet gänzlich auf ein Patent und vermeidet dadurch die mit der Offenlegung des Patents verbundene Publizität. Stattdessen setzt man eine starke Truppe erfahrener Medizinalchemiker an die Aufgabe, neue Substanzen zu kreieren, welche die beiden gewünschten Eigenschaften in *einem* Molekül vereinigen. Diese Substanzen können dann durch Patente optimal geschützt werden."

„Ohne Patent für das Prinzip gehe ich dabei aber das Risiko ein, dass jemand anders die Entdeckung für sich beansprucht."

„Das Risiko, dass jemand völlig unabhängig von dir in den nächsten Jahren die gleiche Entdeckung macht, ist tatsächlich beachtlich. Deshalb musst du dir deine Strategie sorgfältig überlegen. Ein erster Schritt, völlig unabhängig von der gewählten Strategie, ist sofort erforderlich: Du musst deine Idee und die Ergebnisse auch vor mir schützen. Ich schicke dir per E-Mail ein CDA[40], welches du vervollständigen und per E-Mail an mich

---

[40] Confidentiality Disclosure Agreement, Geheimhaltungsverpflichtung, die es erlaubt, Einsicht in vertrauliche Daten zu bekommen oder zu geben, mit der Verpflichtung, vom anvertrauten Wissen keinerlei Gebrauch zu machen.

senden kannst. Ich werde es dann ausdrucken und unterschreiben und per Kurier an dich zurückschicken. Damit ist ein für allemal festgelegt, dass alles, was du mir je im Zusammenhang mit dem Dopaminprojekt gesagt hast oder sagen wirst, unter diese Vereinbarung fällt, für uns nicht nutzbar und ganz allein dein geistiges Eigentum ist."

„Ich habe immer gemeint, dass man sehr vorsichtig sein muss, wenn man einem Industrieforscher etwas anvertraut", meinte Kern lachend.

„Es gibt ein paar Firmen, die tatsächlich im Hinblick auf anvertraute Ideen oder Ergebnisse einen sehr schlechten Ruf haben. Ob der schlechte Ruf berechtigt ist oder nicht, kann ich nicht beurteilen. Das ist aber ganz sicher nicht unsere Strategie.

Jetzt aber zurück zum Projekt. Die vorhin erwähnte Idee mit dem chemischen Programm finde ich so attraktiv, dass ich meine Einladung, bei uns einen Vortrag über diese Erkenntnisse zu halten, mit Nachdruck erneuere. Ich habe dabei bereits konkret einige unserer besten Chemiker vor Augen, Chemiker, die auf ein derartig innovatives Projekt sofort abfahren und mit größtem Enthusiasmus neue Substanzen kreieren würden. Dies alles natürlich nur, wenn du tatsächlich mit uns zusammenarbeiten willst. Für dein Referat würden wir dir selbstverständlich ein kleines Honorar offerieren und die Flugkosten Business Class und alle sonstigen Spesen übernehmen. Überleg es dir."

Bevor Dieter Kern etwas erwidern konnte, fuhr Edwards fort: „Dieter, ich habe jetzt leider nicht mehr viel Zeit, ich muss bald in ein Meeting. Deshalb noch schnell der Grund, weshalb ich eigentlich angerufen hab: Ich bin zurzeit dabei, fürs nächste Jahr Forschungsgelder zu budgetieren, die an akademische Labors fließen. Ich würde deine Forschung gerne finanziell unterstützen. Aber nur, sofern du dies wünschst und ein attraktives Gesuch einreichst."

„Das möchte ich sehr gerne wahrnehmen. Ich habe aber in Bezug auf die Höhe des Betrags keine Ahnung."

„Setze einmal rund 300.000 Dollar über drei Jahre ein, dann werden wir sehen. Wichtig ist, dass du transparent auflistest, wie du die verlangten Gelder einsetzen möchtest. Das können Geräte, Zellen, Reagenzien, Antikörper oder auch Gehälter für temporäre Mitarbeiter sein. Thematisch würde ich deine Forschungsstrategie, so wie du sie an der Rutgers University präsentiert hast, in den Mittelpunkt stellen. Die neuesten Daten brauchen zurzeit noch nicht eingeschlossen zu sein."

21

Herschkoff blickte mit großer Genugtuung auf die Daten. Immer wieder schüttelte er lächelnd den Kopf. „Wie haben wir das geschafft?"

„Es war das berühmte blinde Huhn, welches ein Korn fand. Während meines Vortrags in New Jersey ist mir plötzlich die Idee gekommen, die D1-Substanz in die Liste der zu testenden gedächtnisfördernden Wirkstoffe mit in die Kombinationsversuche einzuschließen. Ich dachte dabei hauptsächlich an die große Dichte der D1-Rezeptoren im Frontallappen. Bingo! Dass diese Kombination dazu noch die extrapyramidalen Nebeneffekte günstig beeinflussen könnte, daran habe ich, ehrlich gesagt, nicht im Traum gedacht", erläuterte Kern.

„Was machst du jetzt bezüglich der Idee, bereits existierende Cognitive Enhancers als Zusatztherapie zu verabreichen?"

„Das muss ich jetzt für eine gewisse Zeit in den Hintergrund schieben. Wie du dir leicht vorstellen kannst, hat diese neue Geschichte jetzt absolute Priorität. Ich werde mich für die nächste Zeit total auf D1 konzentrieren. Eigentlich passt hier fast alles perfekt zusammen: D1-Agonisten können durchaus positiv auf kognitive Prozesse einwirken, das wurde mit Primaten bereits gezeigt. D1-Agonisten sind sogar in der Lage, durch Haloperidol verursachte kognitive Störungen zu verhindern. Im Weiteren ist, wie gesagt, die Dichte der D1-Rezeptoren im Frontallappen am größten, was im Zusammenhang mit der beobachteten frontalen Unteraktivität bei Schizophrenen therapeutisch eventuell von Nutzen sein kann. Im Übrigen muss ich sagen, dass mir die vorläufige Verlagerung des Schwerpunktes nicht schwerfällt. Meine Begeisterung für klinische Kombinationen von Substanzen hat sich inzwischen fast auf null Grad abgekühlt."

„Warum denn eigentlich?"

„Ein Industrieprofi hat mich generell vor konfektionierten fixen Kombinationstherapien gewarnt, weil zwei verschiedene Substanzen meist auch eine völlig unterschiedliche Pharmakokinetik haben. Auch freie Kombinationen mit mehrfacher täglicher Dosierung sind nicht einfach. Du weißt ja besser als ich, dass die Patienten da nicht mitmachen. Sie spucken ja schon die wenigen Medikamente, die wir ihnen jetzt geben, heimlich aus. Stelle dir das Theater vor mit zwei oder drei zusätzlichen Verabreichungen."

„Aber das gleiche Problem dürfte wohl auch für deine neuen Kombinationen gelten!"

„Da hast du absolut recht. Ich denke deshalb nicht mehr an Kombinationen von zwei Substanzen, sondern an die Synthese von neuartigen Substanzen, die beide Wirkungen gleichzeitig haben."

„Du meinst, dass wir unsere chemische Fakultät einbeziehen sollten?"

„Nein, ich denke da eher an eine der großen pharmazeutischen Firmen. Da könnten wir von Jahrzehnten an Erfahrung profitieren."

„Ich habe doch bereits gesagt, dass ich einen Sitz im wissenschaftlichen Beraterstab bei Therapsis inne habe. Ich kann diese Sache dort vorbringen", meinte Herschkoff.

„Mach das bitte nicht, ich habe eine andere Idee. Ich spreche mit PS&R. Wie ich dir bereits gesagt habe, kenne ich den Forschungsleiter persönlich. Der Mann ist Klasse, und die haben ein tolles Neuropharmakologieteam."

„Das hat Therapsis auch", Herschkoffs Gesichte drückte eine gewisse Verärgerung aus.

Mit den Worten „Ich bleibe am Ball" erhob sich Kern und beendete die Besprechung. Damit ließ er keinen Zweifel offen, dass er nicht daran dachte, Herschkoffs „Hilfe" in Anspruch zu nehmen.

Nachdem er das Büro verlassen hatte, blieb er noch bei Christine stehen. Sie war gerade dabei, handschriftliche Eintragungen in einem Formular in eine entsprechende Excel-Tabelle einzutippen. Als sie Kern bemerkte, nahm sie sofort ihre Lesebrille ab und schenkte ihm ein freundliches Lächeln.

„Christine, du hast hoffentlich nicht vergessen, dass wir heute Abend zusammen essen?"

„Mit dir essen zu gehen ist so ein Privileg, das kann man gar nicht vergessen."

„Wir treffen uns um sieben im *Pasta* in der Aeschenvorstadt!"

Kern kannte noch nicht allzu viele Restaurants in Basel. Sein Budget hatte ihm anfänglich wegen seiner monatlichen finanziellen Verpflichtungen für Auto und E-Piano keine großen Sprünge erlaubt. Mit dem Lehrauftrag, der ihm ein zusätzliches Einkommen sicherte, konnte er sich schon etwas mehr leisten, und seit die monatlichen finanziellen Verpflichtungen wegfielen, bewegte sich sein Einkommen in einem durchaus akzeptablen Rahmen.

„Um sieben im *Pasta*", widerholte sie, „ich werde da sein."

Zurück im Büro gab es für Kern zwar sehr viel zu tun, aber er war motiviert wie selten zuvor. Trotzdem konnte er aber nicht verhindern, dass an diesem Nachmittag seine Gedanken ab und zu wegglitten und um Christine und das geplante Abendessen kreisten. Er sah ständig ihre dunklen großen Augen, ihr ungewöhnliches, attraktives Gesicht mit den hohen Wangenknochen, und er wünschte sich sehnlichst einen Zeitsprung von vier Stunden.

Für ihn ungewöhnlich, machte er bereits um fünf Uhr Feierabend und ging schnellen Schrittes nach Hause. Im Badezimmer entfaltete er eine ungewohnte Geschäftigkeit: Er stand länger als sonst unter der Dusche, rasierte sich ausgiebiger als üblich, putzte sich die Zähne länger als gewöhnlich und blickte prüfend in den Spiegel, nachdem er sich die wilden Haare sorgfältig gekämmt hatte. Sein in der Short Hills Mall gekauftes weißes Knitterhemd, saubere Jeans und das blaue, baumwollene H&M-Sakko hatte er sich schon vor dem Duschen auf dem Bett bereitgelegt.

Als er fertig herausgeputzt dastand und auf die Uhr blickte, bemerkte er, dass er viel zu früh dran war. Es war genügend Zeit, um noch in Ruhe die Zeitung zu lesen. Er machte es sich bequem und schlug die die Zeitung auf. Sein Lesefluss wurde anfänglich alle fünf, und schließlich alle drei Minuten durch einen nervösen Blick auf die Uhr unterbrochen. Obwohl er wusste, dass ihn der Weg zum „Pasta" nur knapp zehn Minuten Zeit kostete, verließ er seine kleine Wohnung an der Heuwaage bereits um zwanzig vor sieben. Natürlich ließ es sein Stolz nicht zu, direkt vor dem Restaurant zu stehen und Christine so zu zeigen, wie ungeduldig er auf sie wartete. Er spazierte deswegen auf der gegenüberliegenden Straßenseite zwischen Aeschenplatz und Bankverein scheinbar gelangweilt an den vielen Schaufenstern entlang, ohne die Richtung, aus der Christine vermutlich kommen würde, für längere Zeit aus den Augen zu lassen.

Als er sie von Weitem, von der Elisabethenkirche her kommend, erblickte, spürte er seinen Herzschlag. Sie war für ihn einfach etwas Besonderes, etwas Geheimnisvolles. Diesem Zauber wollte er sich an diesem Abend hingeben.

Fast gleichzeitig standen sie vor der Tür zum Restaurant. In der plötzlich aufkommenden Unsicherheit darüber, ob er sie mit einem formellen Händedruck oder mit zwei mutigen Wangenküssen begrüßen sollte, hielt er ihr stattdessen galant die Tür auf und hieß sie mit einer schwungvollen einladenden Gebärde einzutreten. Der Tisch war reserviert. Der aufmerksame Kellner erschien schon nach zwei Minuten und brachte die Menükarte.

Kern bestellte zwei Gläser Prosecco. Sie stießen an, und er sah in ihre dunklen Augen. Als ob sie dies nicht zulassen wollte, senkte sie für einen kurzen Moment den Blick. Dann lächelte sie ihn an und nahm einen Schluck.

„Ich finde es wunderschön, dass wir es endlich geschafft haben, einmal miteinander auszugehen", sagte Kern und platzierte sein Glas sorgfältig wieder genau dort, wo es der Kellner hingestellt hatte.

„Ich habe mich auch auf diesen Abend gefreut, ohne dass ich genau weiß, mit wem ich heute ausgehe: Ist es Dieter, der Musiker, oder Dieter, der Wissenschaftler?"

„Du darfst wählen. Welchen möchtest du denn lieber vor dir haben?"

„Muss ich mich jetzt entscheiden?"

„Entscheiden musst du jetzt nur, was du essen möchtest, für die andere Entscheidung kannst du dir so viel Zeit lassen, wie du willst. Beide, Dieter, der Musiker, und Dieter, der Wissenschaftler, würden alles tun, um von dir erwählt zu werden."

„Möchten Sie schon etwas bestellen?", fragte der Kellner höflich.

„Ich hätte gerne die Spaghetti mit den Meeresfrüchten", sagte Christine und wies mit dem Finger auf die entsprechende Stelle in der Menükarte.

„Nimm dir doch eine Vorspeise, bitte."

„Das ist mir zu viel. Vielleicht können wir etwas teilen?"

„Wie wäre es mit einem Antipastiteller?", meinte der Kellner, „den kann man sehr leicht halbieren."

„Gute Idee, ich nehme genau das Gleiche."

„Sie meinen die Spaghetti allo Scoglio?"

„Genau."

„Was darf ich Ihnen zum Trinken bringen?"

„Haben Sie Amarone?"

„Selbstverständlich, wir haben einen ausgezeichneten Amarone Prà, heute sogar im Offenausschank."

„Gut, dann bringen Sie uns bitte zwei Gläser Amarone." Kern hoffte, dass der Wein so gut war wie der, den er mit Tom Edwards zusammen in Newark getrunken hatte.

Das Essen war ausgezeichnet, genauso wie der Wein, den Christine schon nach einem Schluck mit dem Prädikat „wunderbar" versah. Dass Kern dies mehr wert war als 92 Punkte von Robert Parker[41], hatte einen Grund: Christine hatte, während sie „wunderbar" sagte, seinen Blick erwidert, und wie ein Teenager hatte er plötzlich Schmetterlinge im Bauch.

Das Gespräch blieb relativ unverbindlich. Kern hätte so gerne gewusst, ob sie einen Freund hatte. Er versuchte immer wieder, das Gespräch in die richtigen Bahnen zu lenken.

„Hast du dich schon für einen der beiden Dieters entschieden?"

„Muss ich das heute?"

Ernsthafte Themen bewusst vermeidend, plätscherte das Gespräch munter dahin; je nach Stichwort ergaben sich neue Themen, über die man sich unterhielt. Doch völlig losgelöst vom Inhalt des Gesprächs fühlte Kern eine zweite wunderbare Ebene der Kommunikation.

Beim Stichwort „Musik" erkundigte sich Christine nach Kerns musikalischem Werdegang.

„Hast du früher auch klassische Musik gespielt?"

„Ja, ich habe die ersten paar Jahre sehr viel, das heißt fast ausschließlich, klassische Musik gespielt und gehe auch heute noch ab und zu in klassische Konzerte."

„Und woher kommt deine Vorliebe für Jazz?"

„Die klassische Musik ließ mir im Rahmen der Interpretation der Noten zwar einen gewissen persönlichen Spielraum, der mir

---

[41] Einer der einflussreichsten Weinkritiker der Gegenwart. Schöpfer eines 100-Punkte-Systems zur Beurteilung von Weinen.

aber mit der Zeit ganz einfach zu eng wurde. Beim Jazz habe ich mehr Freiheiten, ich kann beim Improvisieren meine momentanen Gefühle spontan in Töne umsetzen."

„Ist man da nicht extrem von der Stimmung abhängig? Da muss es doch Momente geben, wo du keine Einfälle hast?"

„Eigentlich ist mir das noch nie passiert. Aber ich spiele ja nur, wenn ich Lust dazu habe. Wenn ich meiner Ansicht nach nicht besonders gut spiele, dann heißt das, dass sich beim Improvisieren einfach mehr Routinephrasen einschleichen. Es fehlen mir dann die neuen Einfälle, ich spiele dann einfacher, weniger inspiriert. Es ist aber absolut denkbar, dass dies außer mir selbst und meiner Band kaum jemandem auffallen würde. Da hilft mir die Routine sehr. Aber ich glaube durchaus, dass ich in meinem Leben viele Momente der Leere habe, in denen mir nichts oder zumindest nichts Interessantes einfallen würde, falls ich spielen müsste."

„Ich freue mich wirklich sehr darauf, dich bald einmal zu hören. Ich möchte über die Musik mehr über Dieter, den Musiker, erfahren."

Mit einem abschließenden sehr guten Espresso ging der Abend viel zu schnell zu Ende, und um halb elf verlangte Kern die Rechnung. Christine Sutter schlug vor, die Rechnung zu teilen, was er vehement ablehnte. Er fragte sie, ob sie Lust hätte, für einen Schlummertrunk noch in ein anderes Lokal zu gehen, was sie freundlich, aber bestimmt ablehnte. Sie wollte nicht zu spät ins Bett kommen, da am nächsten Tag wieder Arbeit angesagt war. Er begleitete sie bis zu ihrer Wohnung im Schützenmattquartier. Beim Abschied dankte sie ihm noch einmal für den schönen Abend. Spontan drückte sie ihm je einen kleinen Kuss auf beide Wangen, ihre Blicke trafen sich noch einmal, dann winkte sie kurz und verschwand im Haus.

22

Kern hob den Hörer ab und meldete sich. Da war eine Dame, die sich als Rosemarie Kleiner vorstellte, am anderen Ende der Leitung, Sozialarbeiterin an der Psychiatrischen Klinik Bellevue. In sehr sachlichem, aber freundlichem Ton machte sie ihn darauf aufmerksam, dass sich seine Mutter in den vergangenen zehn Wochen körperlich wunderbar erholt habe und dass sie, meistens zwar meckernd, regelmäßig an allen Beschäftigungsprogrammen teilnähme. Die medikamentöse Therapie, die aus einem niedrig dosierten Antipsychotikum gegen die Halluzinationen und einem Cholinesterasehemmer für das Gedächtnis bestand, sei optimiert und werde von ihr gut vertragen. Es sei aber absolut klar, dass eine Rückkehr in ihre Wohnung aufgrund der fortgeschrittenen Demenz auf keinen Fall verantwortet werden könne. Deshalb müsse man sich nach einem Platz in einem Alters- und Pflegeheim umsehen. Sie hätte seine Mutter schon in drei verschiedene Heime geführt und ihr alles gezeigt, es sei aber noch wenig Kooperationswille von ihrer Seite erkennbar gewesen. Seine Mutter hätte wiederholt zum Ausdruck gebracht, dass sie jetzt endlich nach Hause wolle.

Kern war nicht überrascht und meinte: „Ich kenne das. Das habe ich schon des Öfteren gehört."

Er überlegte kurz, ob er einen Kommentar zur medikamentösen Therapie abgeben sollte, vor allem zu den Gefahren von Antipsychotika bei alten Patienten und zu der zweifelhaften Wirksamkeit der Cholinesterasehemmer, ließ es dann aber bleiben. Er stellte fest, dass der klinische Alltag nach pragmatischen Entscheidungen verlangte, deren Richtigkeit oftmals nur im Fehlen von Alternativen begründet war.

Dann richtete Frau Kleiner eine konkrete Frage an Kern: „Sind Sie im Prinzip einverstanden, dass *wir* bei der Suche nach einem geeigneten Pflegeplatz die Initiative übernehmen, oder möchten Sie lieber selbst ...?"

„Auf gar keinen Fall, ich bin sehr froh, wenn Sie diese Sachen in die Hand nehmen. Sobald meine Mutter ein Heim akzeptabel findet, können wir handeln."

„Darf ich vorschlagen, dass Sie bei Ihrem nächsten Besuch in Ägeri Ihre Mutter ein bisschen einstimmen, um uns die Arbeit etwas zu erleichtern. Ich nehme an, Sie wissen, dass Ihre Mutter nicht ausgesprochen flexibel ist, wenn es um Pflegeheime geht."

Das Gespräch war noch in vollem Gange, als sich die Bürotür öffnete und Dr. Hans Gruber, mit Schirm und Aktentasche ausgerüstet, das Büro betrat. Er stellte seinen Schirm geräuschvoll in den Schirmständer, entledigte sich seines Regenmantels, schritt zu seinem Schreibtisch, legte die Aktentasche auf den Drehstuhl und ohne Rücksicht auf den telefonierenden Kern hatte er schon den Hörer am Ohr, wählte noch stehend eine Nummer und fragte mit ungebremster Stimme: „Hallo Spatzi, wie läuft es denn bei dir heute?"

Kern hatte große Schwierigkeiten seine Gesprächspartnerin noch zu verstehen. Dafür verstand er Grubers Ausführungen umso besser.

„Nein, bei mir läuft es nicht gut, ich stelle fest, dass man mir Steine in den Weg legt. Wahrscheinlich bin ich etwas zu forsch." Nach einer kurzen Pause meinte er: „Nein, nicht der Herschkoff, sondern seine einfältige Sekretärin."

„Nein, ich finde es nicht akzeptabel, dass die Leute hier anscheinend nicht wissen, wie man mit höhergestellten Menschen umgeht. Denen Manieren beibringen zu wollen ist aber vollkommen aussichtslos."

„Nein, der Herschkoff ist nicht da."

„Nein, und weil der Herschkoff heute nicht da ist, gebe ich ihr einen Auftrag, und sie führt ihn sofort aus, so einfach ist das."

„Nein, die glaubte tatsächlich, sich aufpudeln zu müssen!"

Kern hatte sein Gespräch mit Frau Kleiner notgedrungen schnell beendet und war von dem, was er gezwungenermaßen mit anhören musste, wenig erbaut.

Als Gruber schließlich nach langem Palaver den Hörer auflegte, glaubte Kern, endlich in Ruhe arbeiten zu können. Diese Annahme war aber falsch; Grubers Mitteilungsbedürfnis war noch keineswegs erschöpft:

„Hab ich mich aufregen müssen heute wegen dieser geistlosen Bürohilfskraft. Ich ging also ins Büro vom Chef mit einem Entwurf für einen Brief an Professor Knollbert von der obersten österreichischen Gesundheitsbehörde und forderte die Sutter auf, die genaue Adresse ausfindig zu machen, den Brief professionell zu gestalten, mir zur Unterschrift auszudrucken und unverzüglich per Kurier wegzuschicken. Da sagt diese unverschämte Person, dass sie gerade keine Zeit hätte, sie wäre dabei, handschriftlich ausgefüllte Formulare in Excel-Tabellen zu übertragen; also völlig unwichtige Routinearbeit. Der hab ich gezeigt, wo Gott hockt. So jemanden wie mir ist sie bestimmt noch nicht begegnet."

„Um Leuten wie dir zu begegnen, müsste sie Zugang zu unserer geschlossenen Abteilung haben, das hat sie als Sekretärin nicht."

Um seine Wut nicht unkontrolliert durchbrechen zu lassen, stand Kern, noch während er sprach, auf und ging ins Labor. An Céline gewandt sagte er, während er sich die Jacke anzog: „Falls mich jemand suchen sollte, ich bin in der Klinik, ihr könnt mich über Herschkoffs Nummer jederzeit erreichen." Damit war gleichzeitig auch klar, dass er sein Handy wieder einmal zu Hause vergessen hatte.

Schnellen Schrittes und mit bösen Ahnungen lief er zur Sankt-Urban-Klinik, um nach Christine zu sehen. Als er zur Tür hereinstürmte, blickte sie ihn gefasst an; er sah aber, dass sie geweint hatte. Sie tröstend in den Arm zu nehmen, traute er sich nicht, also sagte er: „Christine, ich habe gehört, was passiert ist. Hat dich dieser überhebliche Geck tyrannisiert?"

„Er war sehr verletzend, nur weil ich nicht sofort alles fallen ließ, um ihm seinen Brief zu schreiben; einen Brief ,von eminenter Wichtigkeit', wie er mir mehrfach gesagt hat. Ich muss aber für Herschkoff mit ausdrücklich höchster Priorität noch einen großen Stapel von Messdaten der handschriftlich ausgefüllten klinischen CRFs[42] in den Computer übertragen, damit die Datenbank für diese Studie exakt zum vorgesehenen Zeitpunkt geschlossen werden kann. Die Zeit wird immer knapper, wir haben noch lange nicht alle unklaren Einträge durch Rücksprache mit den Verfassern endgültig bereinigt."

„Dass dies Priorität hat, hätte dem Kliniker Gruber eigentlich bekannt sein sollen", meinte er kopfschüttelnd. „Außerdem hätte er den Brief selbst schreiben, ausdrucken, unterschreiben und in den Postausgang legen können."

„Anscheinend wusste oder wollte er dies nicht. Aber sag mir, warum weißt du überhaupt von dem Vorfall mit Gruber?"

„Er hat sich am Telefon mit dieser Geschichte vor seiner Freundin auch noch gebrüstet. Als ich das alles hörte, bin ich vor Wut fast geplatzt. Ich war nahe dran, diesen geschniegelten Hohlkopf an seiner pastellfarbenen Krawatte an den Garderobenhaken zu hängen. Dann bin ich sofort zu dir gerannt. Ich dachte, dass du mich vielleicht brauchst."

„Danke, das ist sehr lieb", während Christine das sagte, strich sie über Kerns Hand, was seinen Herzschlag beschleunigte.

---

[42] Case Record Forms (CRFs) sind die vorgedruckten Tabellen, in welche die Kliniker während einer Studie (z. B. einmal wöchentlich) die erhobenen Daten wie z. B. psychometrische Ergebnisse, Körpertemperatur, Körpergewicht, Plasmaspiegel, spezielle Beobachtungen eintragen. Sie sind die Grundlage für die Erfassung der klinischen Wirkung und der Nebenwirkungen einer Substanz. Deutsch: Prüfbogen.

„Sprechen wir von etwas anderem. Das war ein wunderbarer Abend mit dir. Ich habe deine Gegenwart sehr genossen", offenbarte Kern.

„Mir hat es auch gefallen. Ich war mir aber nicht sicher, ob es für dich nicht langweilig war", erwiderte Christine.

„Langweilig für Dieter, den Musiker, oder Dieter, den Wissenschaftler?"

Christine musste bei diesen Worten lachen: „Jetzt habe ich noch Dieter, den Tröster, kennengelernt. Ich glaube, dass mir dieser Dieter zurzeit am besten gefällt." Während sie dies sagte, trafen sich ihre Blicke.

„Schenkst du mir wieder einmal etwas von deiner Zeit?", fragte er behutsam.

„Ich wollte doch zu deinem nächsten Konzert kommen!"

„Der nächste Auftritt ist in ein paar Wochen in Lörrach im Jazzkeller. Ich habe das definitive Datum noch nicht. Da sitze ich aber auf der Bühne, weit weg von dir."

„Ich werde dir vielleicht einmal zuwinken", lachte sie.

23

Kern saß an seinem Schreibtisch und arbeitete seine auf dem Deckblatt seines Schreibblocks stichwortartig festgehaltenen Pendenzen ab. Einige Aufgaben waren als erledigt durchgestrichen, andere dick umrandet, und wieder andere mit einem Ausrufezeichen versehen. Absolute Priorität hatte ein Bericht mit der umfassenden Zusammenstellung seiner Resultate. Das Wort „Bericht" war infolgedessen umrandet und mit drei Ausrufezeichen versehen. Dieser Bericht diente mehreren Zwecken. Er konnte in seiner finalen Form als Publikation eingereicht werden, und er war gleichzeitig die Basis für einen möglichen Patentantrag und für das Gesuch um finanzielle Unterstützung. Das Unterstützungsgesuch war aufgrund des Einreichungstermins von erhöhter Dringlichkeit und deshalb mit einem Ausrufezeichen hervorgehoben. Hier mussten dann nebst den wissenschaftlichen Fakten noch die verlangten finanziellen Aspekte angefügt werden.

Last but not least hatte er nicht vergessen, dass Herschkoff einmal vage angedeutet hatte, dass er ihn für einen Wissenschaftspreis vorzuschlagen gedenke. Auch dazu wäre, wie Kern wusste, ein umfassender Report über die Zielsetzung des Forschungsprojektes und alle bisher erzielten, relevanten Ergebnisse erforderlich.

Für weitere Arbeit sorgte ein sehr positives Ereignis. Kern hatte eine Woche zuvor, nach langem Warten, vom *Journal of Neuroscience* gute Nachrichten bekommen: Ein zur Publikation eingereichtes Manuskript hatte die kritische Begutachtung durch die Referees ohne Probleme überstanden. An einigen Stellen musste auf Wunsch der Gutachter der Text allerdings noch etwas überarbeitet werden. Im Speziellen ging es um zwei Aspekte, die in den Augen der Referees noch etwas ausführlicher diskutiert werden sollten. Kern schätzte, dass ihn diese Revision alles in allem kaum einen halben Tag Arbeit kosten würde.

Das Schreiben des umfassenden Berichts gestaltete sich erwartungsgemäß sehr arbeitsintensiv. Kern hatte zwar eine ziemlich klare Vorstellung darüber, wie er den Leser an die Fragestellung heranführen wollte, wusste aber, dass sich diese erst aus der Kenntnis sämtlicher Fakten entsprechend gewichten und überzeugend umsetzen lassen würde.

Er suchte deshalb über PubMed im Internet zuerst einmal die Abstracts sämtlicher klinischen und nichtklinischen Publikationen, die sich mit dem Dopamin-D1-Rezeptor und seiner Pharmakologie befassten. Um die zentrale Bedeutung des Dopamin-D2-Rezeptors in der Therapie der Schizophrenie herausstellen zu können, suchte er auch die wichtigsten klinischen Berichte über Erfolge und Misserfolge mit Substanzen mit und ohne

Dopamin-D2-Wirkung heraus. Er fand alles in allem gut achtzig Publikationen, die aufgrund des Abstracts im Kontext der Fragestellung von Bedeutung waren. Eine vergleichende Überprüfung zeigte, dass er erwartungsgemäß die meisten bereits als Kopien in seinen Unterlagen hatte. Kopien der wenigen ihm noch fehlenden Publikationen bestellte er über die Universitätsbibliothek.

Wie üblich ergaben sich bei dieser anspruchsvollen Arbeit auch viele Fragen: Konnte man den publizierten Daten trauen? Handelte es sich bei den kritischen präklinischen Versuchen um Blindstudien? Für Kern waren unverblindete In-vivo-Studien völlig unakzeptabel. Waren die angewandten Methoden und die erhaltenen Resultate hieb- und stichfest? Waren bei den klinischen Studien die Ein- und Ausschlusskriterien für die Patienten rigid? Waren die verwendeten Dosierungen korrekt? Hatten die Autoren mit derartigen Studien Erfahrung? Wurden Plasmaspiegel gemessen, um sicher zu sein, dass das Medikament von den Patienten tatsächlich eingenommen wurde?

Kern arbeitete verbissen, wohl wissend, dass nur eine profunde Kenntnis des gesamten Materials die für seinen Bericht erforderliche Fokussierung auf bestimmte, aussagekräftige Studien zuließ. Um sich auf seine Arbeit so gut wie möglich konzentrieren zu können, schirmte er sich, soweit es ging, von der Außenwelt ab. Sein Telefon war für einige Tage permanent auf das Labor umgeschaltet; nur wichtige Gespräche durften an ihn weitergeleitet werden. Dazu gehörten Anrufe von Edwards, Herschkoff, Christine Sutter und alle Anrufe, die mit seiner Mutter in Zusammenhang standen. Er hoffte inständig, dass sich mit seiner Mutter keine Komplikationen ergeben würden, da ihn dies in seiner Handlungs- und Entscheidungsfreiheit bisher immer am stärksten beeinträchtigt hatte. Er war deshalb alles andere als glücklich, als Céline ihn anrief und sagte: „Telefon für dich. Es ist die Bellevue-Klinik; eine Frau Rosemarie Kleiner." Mit einem verzweifelten Seufzer nahm Kern das Gespräch an und meldete sich.

„Herr Kern, wir hätten einen Platz für ihre Mutter gefunden. Meiner Meinung nach ist es ein einmaliger Glücksfall, dass gerade dort ein Zimmer frei wurde."

Kerns Gedanken kreisten dabei für eine kurze Zeit um das Wort „Glücksfall". Es war anzunehmen, dass der Glücksfall für seine Mutter auf einem Todesfall für eine andere Familie beruhte. Er fragte: „Ist meine Mutter mit diesem Heim jetzt einverstanden?"

„Ehrlich gesagt, nein, sie meinte, dass sie nichts überstürzen und noch abwarten wolle. Ich denke aber, dass eine sehr schnelle Entscheidung notwendig sein wird, sonst ist die Gelegenheit weg. Meiner Meinung nach gibt es weit und breit kein besseres Heim in der Gegend. Ich bräuchte jetzt Ihre Hilfe bei der Überzeugungsarbeit, sie *muss* dieses Heim akzeptieren. Wir stehen auch von Seiten der Krankenkasse unter Druck, sie drängt aus Kostengründen auf einen Wechsel von der Klinik ins Alters- und Pflegeheim."

„Wie viel Zeit haben wir?"

„Ich fürchte, dass die Zeit knapp ist. Maximal zwei Tage, denke ich. Falls Sie einverstanden sind, werde ich den Platz reservieren, damit wir keine Überraschungen erleben. Ich fürchte aber, dass ich für die Überzeugungsarbeit jetzt wirklich Ihre Hilfe brauche und Sie sich deshalb zu uns bemühen müssen. Ohne Ihre Hilfe wird das mit Ihrer Mutter nicht klappen."

Angesichts des Umfangs und der Wichtigkeit der anstehenden wissenschaftlichen Arbeit fügte er sich nur sehr widerwillig und meinte: „Einverstanden. Falls Sie morgen da sind, würde ich schon morgen ins Bellevue kommen, dann können wir beide zusammen mit meiner Mutter sprechen."

„Ich bin froh, dass das so schnell klappt. Ich bin ab zehn Uhr den ganzen Tag hindurch im Bellevue erreichbar. Dann sehen wir uns also morgen."

Nach der telefonischen Unterbrechung dauerte es eine beträchtliche Zeit, bis Kern mit der Arbeit am Manuskript wieder auf volle Touren kam. Er arbeitete dann bis spät in die Nacht hinein.

Am nächsten Tag betrat Kern die helle, lichtdurchflutete Klinik und sah seine Mutter schon von Weitem auf der Terrasse in der Sonne sitzen. Er holte sich einen Kaffee und setzte sich zu ihr. Sie blickte ihn durch die Sonnenbrille freundlich an: „Ist es nicht schön hier?"

„Sehr schön, aber dein Aufenthalt hier geht langsam zu Ende. Du bist soweit erholt, dass man dich entlassen will."

„Das ist gut, ich will sowieso nach Hause!"

„Ich habe mit den Ärzten und den Krankenschwestern gesprochen. Niemand will, dass du alleine lebst. Du hast ja mit Frau Kleiner bereits einige Heime angesehen, wo du gut aufgehoben wärst. Sie hat allerdings gesagt, dass dir kein Heim gefallen hat, mit Ausnahme des letzten."

„Das letzte hat mir auch nicht gefallen, ich will endlich nach Hause in meine Wohnung." Ihr Gesicht hatte jetzt einen verärgerten Ausdruck angenommen: „Ich kann gut für mich sorgen, ihr braucht euch nicht um mich zu kümmern."

„Bevor du hierher gekommen bist, warst du allein zu Hause. Du hast weder gegessen noch getrunken, die Wohnung war nicht aufgeräumt, die Türen vom Kühl- und Gefrierschrank waren offen, ebenso die Wohnungstür."

„Jetzt bin ich wieder gesund, Herr Hauser wird mir helfen."

„Nein, das geht nicht, du kannst nicht anderen Leuten ständig zur Last fallen. Der Mann hat ein Geschäft zu führen, der kann nicht zusätzlich noch auf dich aufpassen. Das Heim, das ihr zuletzt angesehen habt, soll große, helle Zimmer haben. Frau Kleiner hat mir auch gesagt, dass das Essen hervorragend sein soll. Außerdem gibt es viele Abend- und Nachmittagsveranstaltungen zur Unterhaltung."

„Du brauchst mir das gar nicht zu erzählen. Ich sehe, du steckst mit dieser Frau unter einer Decke. Ihr wollt mich nur abservieren." Zuletzt war ihre Stimme schrill und laut geworden.

Vor Aufregung zitternd, hatte sie dabei Kaffee auf ihre Bluse verschüttet. Ohne etwas zu sagen, reichte ihr Kern ein Papiertaschentuch. Die an den anderen Tischen sitzenden Patienten und Besucher waren aufmerksam geworden, und alle Blicke richteten sich auf ihn und seine Mutter. Beschwichtigend und eindringlich sprach Kern auf sie ein: „Mutter, du brauchst nicht zu brüllen, ich verstehe dich gut."

Doch sie wollte gehört werden und giftete: „Das hätte ich nie von dir erwartet, du willst mich abservieren, mein eigener Sohn will mich in ein Heim stecken. Dann lass mich doch gleich sterben."

Inzwischen war eine dunkelhaarige, gut gekleidete, schlanke Dame mittleren Alters an ihren Tisch getreten und wandte sich an Kern: „Herr Kern? Ich bin Rosemarie Kleiner!"

Kern erhob sich, zwang sich ein Lächeln auf, reichte ihr die Hand und forderte sie auf, Platz zu nehmen. Frau Kleiner setzte sich und wurde sofort aktiv, sie hatte ja den letzten Wortwechsel noch gehört.

„Frau Kern, niemand möchte Sie abservieren. Ihr Sohn hat sich dafür eingesetzt, dass Sie hier die bestmögliche Therapie bekommen. Jetzt ist diese Therapie beendet, nun kommt der nächste Schritt. Wir haben im Auftrag Ihres Sohnes alle Heime geprüft, jetzt haben wir das beste gefunden. Zufällig ist da gerade ein Platz frei geworden, und wir kämpfen darum, dass Sie und nicht jemand anders diesen Platz bekommen. Haben Sie das verstanden?"

Sie nickte und schien sich durch die Anwesenheit von Frau Kleiner etwas beruhigt zu haben.

„Ohne Ihren Sohn hätten Sie diesen Platz nie bekommen, alle Leute werden Sie darum beneiden. Sie brauchen nur ja zu sagen, dann gehört er Ihnen.

Bevor Sie jetzt antworten, sage ich Ihnen noch, was passiert, wenn Sie nein sagen. In zwei, drei Tagen müssen Sie hier raus, weil wir das Zimmer für neue Patienten dringend brauchen.

Dann schauen wir uns um, wo ein Platz frei ist, und Sie müssen dann den erstbesten nehmen. Das kann dann eines dieser, wie Sie sagten, dunklen, tristen Heime sein, wo zwar noch Plätze frei sind, wo Sie aber auf gar keinen Fall hin wollten. Der Platz, den wir Ihnen jetzt anbieten können, wird dann längst vergeben sein."

„Es ist gut, ich gehe hin, ich habe ja keine Wahl, aber nachher will ich nach Hause!"

Kern wollte hier nichts sagen. Er sah seine Mutter hilflos den Entscheidungen ausgesetzt, die er in ihrem Interesse, aber gegen ihre Überzeugung fällen musste. Er konnte es nicht verhindern, dass ihn die Situation tief bewegte. Sie tat ihm plötzlich unendlich leid. Er war im Begriff, ihr das Zuhause wegzunehmen, ihre Wohnung, die über dreißig Jahre ihr warmes Nest war, und erwartete, dass sie ihm auch noch dankbar war. In den Augen von Frau Kleiner sah Kern viel Verständnis für die Situation. Sie hatte aufgehört zu sprechen.

Kerns Mutter beschäftigte sich mit den Kaffeeflecken auf ihrer Bluse und blickte dankbar lächelnd auf Frau Kleiner, die sich anerbot, mit ihr zur Toilette zu gehen, um den Fleck zu entfernen. Kern blieb sitzen, immer noch sichtlich bewegt sinnierte er über die letzten Etappen des Lebens.

Frau Kleiner brachte die alte Dame an den Tisch zurück und verabschiedete sich von ihr. Während Kern Frau Kleiner noch ein paar Meter begleitete, erklärte sie ihm, wie der Umzug ins Alten- und Pflegeheim ablaufen würde. Sie drängte ihn, seine Mutter am neuen Ort sehr bald zu besuchen, damit sie ihn weiter als Teil ihrer gewohnten Umgebung wahrnahm. Als sie sich von Kern verabschiedete, meinte sie noch, dass die Sache heute sehr glatt verlaufen sei und dass sie schon ganz andere Szenen erlebt hätte.

Er dankte ihr für ihre Bemühungen und beschloss, abermals die Prioritäten zu ändern und am kommenden Wochenende trotz der anstehenden Arbeit seine Mutter in ihrem neuen Domizil zu besuchen. Mit schwerem Herzen dachte er an die auf ihn wartende traurige Aufgabe, die Wohnung seiner Mutter auszuräumen, die auch lange Zeit sein Zuhause gewesen war.

24

Herschkoff hatte aufgrund der hervorragenden neuen Resultate von Kerns Team seinen Besuch im Labor angekündigt und Kern aufgefordert, auf Kosten des Hauses ein paar Flaschen Crémant d'Alsace einzukaufen und kalt zu stellen sowie Snacks und belegte Brötchen zu organisieren. Wie immer bei derartigen Angelegenheiten übernahm Céline mit Begeisterung die volle Verantwortung für das leibliche Wohl der Gäste. Damit war gleichsam garantiert, dass niemand mit hungrigem Magen nach Hause gehen musste. Sie kaufte den besten Crémant und selbstverständlich auch Mineralwasser und Orangensaft, da sie vermutete, dass zumindest Hartmut Fink keinen Alkohol trank. Sie vergaß weder Servietten noch ein Wegwerftischtuch für das improvisierte kleine Büffet, welches sie liebevoll angerichtet hatte.

Der Besuch war für vier Uhr angesagt und Herschkoff erschien mit ein paar Minuten Verspätung, aber sichtbar gut gelaunt. Er wurde von zwei Assistenten, einer Assistentin und zwei Oberärzten begleitet. Er trat auf Kern zu und begrüßte zuerst ihn, dann der Reihe nach Céline Klein, Hartmut Fink und Roman Portner mit Händedruck, für ihn unüblich jovial.

Kern war echt erfreut darüber, ein paar seiner klinischen Kollegen zu treffen, und begrüßte sie entsprechend herzlich. Obwohl sie sich durchschnittlich nur alle vier bis sechs Wochen im Abteilungsmeeting sahen, hatten sie schon einige Feste zusammen gefeiert und dabei manche Flasche geleert. Die meisten waren schon bei Kerns Konzerten und Jam Sessions gewesen.

Kern bemerkte, dass die Kliniker für seine Mitarbeiter komplett fremd waren, und bemühte sich sofort, sie miteinander bekannt zu machen. Als er Hartmut Fink als Bio-Evangelisten und Vollkorn-Taliban vorstellte, beeilte er sich während des Gelächters zu erwähnen, dass beide Bezeichnungen von Hans Gruber kreiert worden seien, woraufhin er gleich von verschiedenen Seiten gefragt wurde, wo denn Gruber sei.

„Ich weiß nicht, wo er ist, er ist selten da, ich nehme an, dass er hauptsächlich in der Klinik beschäftigt ist."

„Der hat doch in der Klinik kaum etwas zu tun. Er wollte ja mit Absicht ein zweijähriges Sabbatical in einem Forschungslabor verbringen."

Kern enthielt sich eines weiteren Kommentars und fuhr fort mit der Vorstellung: „Das hier ist Céline Klein, unsere Elsässerin ..." Da wurde er schon von Roman Portner unterbrochen: „... dank Gänseleberdiät schlank wie eine Gazelle, oder wie heißt das graue Tier mit dem Rüssel?" Romans Äußerung ließ erkennen, dass er sich durch die Anwesenheit der Gäste keinerlei Hemmungen auferlegen ließ. Er blickte grinsend auf Céline, die ihm mit lachendem Gesicht die geballte Faust zeigte. Kern stellte Portner als Letzten vor und sagte: „Und das hier ist unser Harry Potter respektive Roman Portner, unser Doktorand ..." Diesmal wurde er von Céline unterbrochen: „... schweigsam wie eine Forelle, oder wie heißt das Tier mit dem Schnabel und den bunten Federn?"

Herschkoff lachte kopfschüttelnd. Dann klatschte er und rief händereibend: „Na, wo bleibt denn der Champagner?" Roman Portner kam der unausgesprochenen Bitte sofort nach, öffnete den Kühlschrank und kam mit zwei kältebeschlagenen Flaschen Crémant zurück. Herschkoff behielt sich die Ehre vor, die Flaschen eigenhändig zu öffnen, wobei er den ersten Korken knallen ließ, den zweiten durch Festhalten so bändigte, dass nur ein kurzes Zischen zu hören war.

Sobald alle mit einem vollen Glas ausgestattet waren, hob Herschkoff sein Glas und sagte: „Auf das Team, das in hervorragender Arbeit für Schizophreniepatienten neue Hoffnungen geweckt hat! Auf die Zukunft der Schizophrenieforschung!"

Während Herschkoff die Bedeutung der Entdeckung in höchsten Tönen lobte, erinnerte sich Kern an die nur verhalten optimistische Sicht Tom Edwards', der die Entdeckung zwar als wissenschaftlich bedeutsam erachtete, aber bestenfalls als ersten Schritt in die richtige Richtung bezeichnete. Dann hörte er Herschkoff sagen: „Ich spiele deshalb mit dem Gedanken, unseren Dieter für den diesjährigen Vesalius-Forschungspreis vorzuschlagen, sofern er die Unterlagen noch termingerecht zusammenkriegt."

Mit diesen majestätisch und gönnerhaft formulierten Worten schloss er die Ansprache, und es wurde applaudiert. Herschkoff war ein sehr eitler Egomane, ein Maestro der Lichtregie: Scheinwerferlicht für seine Mitarbeiter gab es ausschließlich da, wo er selbst stand.

Kern ging schnell in sein Büro und holte den Umschlag mit den vier wichtigen Publikationen und dem inzwischen fertiggestellten Manuskript mit den von Herschkoff gerühmten neuesten Daten. Dann setzte er sich noch kurz an den Computer und schickte die elektronischen Versionen der Dokumente per E-Mail an Herschkoff. Als er Herschkoff den Umschlag mit den Kopien der Berichte und Publikationen überreichte, meinte er lachend: „Jetzt liegt es nur noch an dir! Ich habe dir eben auch noch alle diese Dokumente als pdf- und Word-Files per Mail geschickt."

Céline nahm die durchsichtigen Abdeckfolien von den großen Platten mit den Canapés und bat die Gäste, zuzugreifen. Dieser Aufforderung kamen alle gerne nach und bei Häppchen und Crémant löste sich allmählich die Spannung. Es bildeten sich spontan kleine, gemischte Gruppen, die sich rege unterhielten.

Walter Steiner, einer der beiden Oberärzte, ließ sich von Céline die Anordnung ihrer Versuche erklären. Sie war dabei vollkommen in ihrem Element, und in akzentuierten Worten und mit unterstützenden Gesten führte sie ihn in die Geheimnisse der Elektrophysiologie ein.

Herschkoff gab sich ungewohnt zugänglich und unterhielt sich mit Roman Portner über dessen zellbiologische Doktorarbeit. Seine Fragen waren präzise und vermittelten den Eindruck, dass er die geschilderten Zusammenhänge sehr gut verstand. Anschließend nahm er sich ein weiteres Canapé und wandte sich Hartmut Fink zu: „Habe ich richtig gehört, Sie sind Vegetarier?"

„Nein, nein, überhaupt nicht. Ich esse Fleisch und Fisch, aber nicht täglich. Ich versuche aber, mich und die ganze Familie mit Vollwertkost gesund zu ernähren. Da dies hier nicht unbemerkt geblieben ist, bin ich zur Zielscheibe für diesbezügliche Witze geworden. Aber ich genieße es, dass es bei uns manchmal lustig zugeht. Mein Beitrag besteht meistens darin, mich mit Absicht viel extremer zu positionieren als ich tatsächlich bin. Das wird mir dann mit noch frecheren Witzen belohnt."

„Das Arbeitsklima scheint hier sehr gut zu sein. Ist diese Einschätzung richtig?"

„Seit Dieter da ist, komme ich jeden Tag mit Vergnügen hierher zur Arbeit. Mehr brauche ich wohl nicht zu sagen."

„Kannten Sie eigentlich die Leute aus der klinischen Abteilung?" Herschkoff zeigte in Richtung der anwesenden Kliniker.

„Nein, die habe ich vorher leider noch nie gesehen."

Herschkoff führte sein Glas an die Lippen, nahm einen Schluck und meinte dann: „Das muss sich ändern, wir brauchen ein Meeting, wo sich alle treffen, wir sind ja eine Abteilung. Kennen Sie überhaupt niemanden aus der Klinik?"

„Die Einzige, die ich kurz kennen lernen durfte, ist Marie Rossi, Dieters Freundin."

Ein Klirren von Glas unterbrach die Unterhaltung. Fink glaubte, dass Herschkoff das Glas aus der Hand gerutscht war und bemühte sich unverzüglich um Besen und Schaufel. Herschkoff war trotz Solariumbräune aschfahl im Gesicht und wischte sich mit einem Papiertuch einen kleinen Blutfleck an der

Hand weg. Céline wollte ihm dabei helfen, aber er versicherte, dass alles in Ordnung sei und er sowieso gleich gehen müsse, er hätte noch eine Verabredung in der Klinik. Daraufhin verließ er nach einem kurzen Abschiedsgruß in die Runde mit einem maskenhaften Lächeln den Raum.

An der Tür wäre er beinahe mit Peter Kuster zusammengestoßen, der ahnungslos, in der Absicht, die Glaswaren zu sterilisieren, auf die Partygesellschaft traf. Durch die Party und den eiligen Herschkoff gleichermaßen überrascht, blieb er etwas verunsichert im Türbereich stehen, bis ihn Céline aufforderte, ein Glas mitzutrinken und ein Häppchen zu essen.

Der hastige Abgang Herschkoffs passte irgendwie nicht zu seinem vorherigen Auftritt, und einige fragten sich, was mit ihm los war. Dazu gehörte auch Dieter Kern. Er erkundigte sich bei Céline, ob denn vor Herschkoffs Aufbruch etwas Ungewöhnliches geschehen sei.

„Ich bin mir da nicht sicher, aber ich glaube, er hat das Glas in der Hand zerdrückt. Das tut man eigentlich recht selten. Ich habe schon Partys erlebt, da flogen die Gläser, aber ein Glas zerdrückt hat noch nie jemand."

Als der letzte Tropfen Schaumwein getrunken und das letzte Canapé verspeist war, verabschiedeten sich die Gäste mit dem Versprechen, bald wieder vorbeizukommen und bei nächster Gelegenheit eine Gegeneinladung in die Klinik folgen zu lassen. So um viertel nach sechs waren Kerns Leute wieder unter sich. Nachdem auch Kuster sich, leicht besäuselt, verabschiedet hatte, bat Kern, dem seit Herschkoffs abruptem Abgang nicht mehr wohl in seiner Haut war, Hartmut Fink in sein Büro. Dort fragte er ihn eindringlich, was denn genau bei der bewussten Szene passiert sei.

„Da ist überhaupt nichts passiert, wir hatten ein sehr nettes Gespräch. Auf seine Frage, ob ich die anwesenden Mitarbeiter der klinischen Abteilung kennen würde, habe ich gesagt, dass ich diese Kollegen vorher noch nie getroffen hätte und eigent-

lich überhaupt niemanden aus der klinischen Abteilung kennen
würde. Ich glaube mich zu erinnern, dass ich gerade Marie Rossi
erwähnte, als einzige Person, die ich kenne, als ihm das Glas aus
der Hand rutschte."

„Bitte entschuldige, dass ich alles so detailliert wissen will,
aber was hast du gegenüber Herschkoff von Marie genau erzählt?"

„Eigentlich gar nichts, ich habe lediglich gesagt, dass ich nur
deine Freundin Marie Rossi kennen würde; also eine völlig be-
langlose Bemerkung."

Kern fühlte den kalten Schweiß an Rücken und Nacken und
einen plötzlichen Zwang, schnell und tief durchzuatmen. Mit
etwas belegter Stimme, seine Aufregung so gut wie möglich unterdrückend, meinte er: „Nein, das kann's ja wohl nicht gewesen
sein."

Als Fink den Raum längst verlassen hatte, atmete Kern immer
noch schwer und spürte seinen jagenden Puls bis in beide Ohren.
Denn er wusste: „Doch, das war es gewesen!" Nach weit mehr als
einem Jahr hatte ihn die Vergangenheit plötzlich eingeholt.

Er hatte das Gefühl, sofort etwas tun zu müssen, wusste aber
nicht was. Er musste Marie irgendwie warnen, aber wie? In Gedanken verfluchte er die Tatsache, dass er Maries Handynummer
nicht besaß. Er überlegte sich, ob er sofort bei ihr vorbeigehen
sollte. Aber wo war Herschkoff? War er eventuell in seiner Wut
direkt zu Maries Wohnung gerannt?

Kern konnte sich vorstellen, was in Herschkoff vorging. Er
hatte ja alles spiegelbildlich selbst durchgemacht, als Gruber ihm
beiläufig mittgeteilt hatte, dass Marie Rossi Herschkoffs Geliebte
sei. Er erinnerte sich deutlich an den Schmerz, den er bei diesen
Worten gespürt hatte.

Er konnte es drehen und wenden, wie er wollte, er fühlte sich
unschuldig und schuldig zugleich. Er fühlte sich unschuldig, da
er doch gar nichts wusste über Herschkoff und dessen Privatleben. Er fühlte sich schuldig, weil diese dumme Konversation jetzt

Marie vor erhebliche Probleme stellen würde; und bei aller Enttäuschung, er wollte sie niemals ins offene Messer rennen lassen. Mögliche Probleme für ihn selbst kamen ihm nicht einmal in den Sinn. Er beschloss, sich zu überwinden und bei Marie vorbeizugehen.

Da er das noch ein bisschen aufschieben wollte, ging er ins Labor, um seinen Mitarbeitern noch beim Aufräumen zu helfen. Durch das Glasfenster in der Tür sah er, dass noch Licht war. Er öffnete die leicht scheppernde Tür und erkannte mit einem Blick, dass es nichts mehr zu tun gab. Das Labor war bereits total aufgeräumt. Teller, Gläser und Servierplatten waren schon gespült und getrocknet; alles in bester Ordnung. Außer Céline war niemand mehr da. Sie war gerade im Begriff zu gehen und knöpfte sich die etwas enge Jacke zu. Als sie Kern erblickte, rief sie ihm zu: „Hast du gesehen, dass Herschkoff vergessen hat, den Umschlag mit deinen Dokumenten mitzunehmen? Ich habe ihn da drüben auf den Tisch gelegt."

„Vielen Dank, Céline, für alles." Céline blieb stehen. Sie glaubte aus Kerns Tonfall etwas Besorgniserregendes herausgehört zu haben: „Ist etwas nicht in Ordnung bei dir, Dieter?"

„Nein, nein, alles in Butter." Während er dies sagte, schaute er zu Boden.

„Bist du sicher?"

Er blickte auf und zwang sich ein Lächeln auf das Gesicht. „Ganz sicher, mach dir keine Sorgen!"

Kern ging zurück in sein Büro, sicherte und schloss die offenen Dokumente im Computer und legte Sicherheitskopien auf der externen Festplatte ab. Dann fuhr er den Computer herunter, löschte überall das Licht, verließ das Forschungsgebäude und machte sich auf den nicht allzu langen Weg zu Maries Wohnung.

Dort angekommen, ging er zunächst auf die gegenüberliegende Straßenseite und versuchte von dort festzustellen, ob Marie zu Hause war. Er sah kein Licht, obwohl die Dämmerung schon eingesetzt hatte. Er war sich plötzlich nicht mehr sicher, ob er nun tatsächlich zum Haus gehen und an der Tür läuten sollte. Wenn Herschkoff da war, würde dieser erst recht annehmen, dass Kern hier regelmäßig ein- und aus ging. Was sollte er tun? Er wollte Marie auf keinen Fall in Schwierigkeiten bringen und sah die beste Lösung darin, alle Schuld auf sich zu nehmen. Er hoffte natürlich, dass Marie alleine war. In dieser Hoffnung fasste er sich ein Herz und überquerte die Straße.

Er drückte auf die Klingel und ließ es lange läuten. Er wusste, dass er jetzt nicht mehr zurückkonnte und ahnte zum ersten Mal, dass die Geschichte möglicherweise auch für ihn selbst Konsequenzen haben könnte. Herschkoff war ein Machtmensch und Choleriker. Wenn ihm etwas nicht passte, konnte er sehr unangenehm werden. Kern hatte ihn im Umgang mit dessen Untergebenen am Telefon und in der Klinik schon zwei-, dreimal ausrasten gesehen. Ihm selbst gegenüber war Herschkoff zwar noch nie ausfällig geworden, Kern war sich aber absolut bewusst, dass sich dies heute schlagartig ändern könnte, sollte Herschkoff tatsächlich bei Marie sein.

Mit heftig pochendem Herz wartete er auf eine Antwort über die Gegensprechanlage oder auf das summende Geräusch des elektrischen Türöffners. Aber nichts dergleichen geschah. Es blieb still. Zögernd klingelte er noch einmal, und wiederum geschah nichts. Sich umblickend blieb er noch ein paar Minuten vor der Haustür stehen und beschloss dann den Heimweg anzutreten.

25

Zum ersten Mal besuchte Kern seine Mutter in ihrem neuen Zuhause. Das Heim machte einen freundlichen, hellen und warmen Eindruck. Die Leiterin kam auf ihn zu und stellte sich vor: „Barbara Berger, ich bin die Heimleiterin."

Kern stellte sich ebenfalls vor und erkundigte sich nach seiner Mutter. Frau Berger schmunzelte. „Ihre Mutter hat einen Dickkopf, sie kritisiert immer das Essen. Aber glauben Sie mir, unser Essen ist, ohne zu übertreiben, hervorragend, und allen Heiminsassen schmeckt es sehr gut. Ich glaube, das sind kleine Machtspiele, mit denen Ihre Mutter versucht, sich abzugrenzen."

„Ist sie einer Gruppe zugeteilt?"

„Ja, sie ist zurzeit noch bei den mittelschweren Fällen, wir wollen sehen, wie sich ihre Situation entwickelt. Sie ist ja erst drei Tage hier."

„Wo ist sie jetzt?"

„Kommen Sie, Ihre Mutter ist im Aufenthaltsraum und unterhält sich, ich glaube, es geht ihr soweit ganz gut."

Kerns Mutter saß auf einem Lehnstuhl in einer gemischten Runde von sechs Frauen und drei Männern. Kern konnte nicht hören, um was es beim Gespräch ging. Was ihm jedoch auffiel, waren ihre gut frisierten Haare. Sie musste beim Coiffeur gewesen sein, oder jemand vom Heim musste hier gekonnt Hand angelegt haben. Sie war auch gut angezogen. Kern hatte daher den Eindruck, dass mit diesem Heim eine sehr gute Wahl getroffen wurde.

„Hallo Mutter, wie geht es dir?"

Sie drehte sich um und sagte mit gedämpfter Stimme: „Ich kann jetzt nicht sprechen."

„Gut, dann unterhalten wir uns später. Ich sehe, du warst beim Coiffeur, und Make-up hast du auch aufgelegt. Du siehst sehr gut aus." Mit ihrer Eitelkeit spielend, hatte er es geschafft: Sie freute sich. Auch Frau Berger, die immer noch daneben stand, hatte ein Lächeln auf dem Gesicht. An sie gewandt, fragte er dann: „Frau Berger, kann ich eventuell meine Mutter zum Essen mitnehmen?"

„Dem steht nichts im Wege. Sie sollte dann, wenn's geht, zum Abendessen wieder zurück sein."

„Bis dahin sind wir längst wieder da."

Frau Berger beeilte sich, eine Pflegerin zu rufen, damit Kerns Mutter mit einer Tasche, einer leichten Jacke und den richtigen Schuhen ausgestattet wurde. Das ganze Prozedere nahm dann doch fast zwanzig Minuten in Anspruch. Kern hatte unterdessen über sein Handy einen Tisch fürs Mittagessen reservieren lassen. Als sie endlich losgehen konnten, fragte Frau Berger neugierig: „Wo gehen Sie denn hin mit ihrer Frau Mama?"

„Ich habe im *Bären* reserviert, das ist nicht weit von hier."

„Ich kenne das Restaurant, es ist sehr gut. Da wird sich Ihre Mutter aber freuen."

Kerns Mutter verabschiedete sich noch umständlich von Frau Berger und der Pflegerin, bis sie sich dann, unter sanftem Druck, endlich Richtung Ausgang bewegte. Mit dem Aufzug erreichten sie das Erdgeschoss, gingen dann zusammen aus dem Haus und zum Parkplatz. Offensichtlich hatten sich die Bewegungsübungen in der Bellevue-Klinik ausgezahlt, denn Mutter Kern war überraschend gut zu Fuß. Sie hatte sich zur Sicherheit bei ihrem Sohn eingehängt. Er öffnete ihr die rechte Hintertür des Wagens, um sie einsteigen zu lassen. Sie stellte ihren rechten Fuß auf die Schwelle und hielt sich mit der einen Hand am Türrahmen und mit der anderen Hand an der offenen Wagentür fest, woraufhin sie, aufrecht stehend, nicht mehr weiter kam. Konsterniert stellte er fest, dass sie ganz offensichtlich nicht mehr wusste, wie man in ein Auto einsteigt. Verlegen über das Missgeschick lachend, versuchte sie, diese Situation zu überspielen, und setzte zum zweiten Versuch an, bei dem sie aber genau wie beim ersten vorging und in derselben Stellung hängen blieb. Kern gab ihr die Hand und ließ sie rückwärts langsam auf den hinteren rechten Sitz gleiten. Dann half er ihr dabei, ihre Beine ins Innere des Wagens zu hieven und legte ihr den Sicherheitsgurt um. Als dieser in die Halterung einschnappte, beklagte sie sich lauthals, dass der Gurt viel zu eng sei, und schaffte es, ihren rechten Arm über den Gurt zu manövrieren.

„So geht das nicht, Mutter, der Arm muss unter den Gurt, und der Gurt muss über die Schulter."

Kern brachte den Gurt wieder in die richtige Lage. Sie hielt ihn mit der rechten Hand soweit von ihrer Brust weg, dass sie, wie sie sagte, „überhaupt atmen" konnte. Da die Strecke zum Gasthaus wirklich nur kurz war, wollte er keine lange Diskussion, und ließ sie gewähren. Während der Fahrt auf der Landstraße wurde er durch eine plötzliche Veränderung des Fahrgeräuschs aufgeschreckt, und er bemerkte augenblicklich, dass sie aus irgendeinem Grund das Fenster oder die Wagentür geöffnet hatte. Er hielt rechts am Straßenrand an und rannte ums Auto zur Hintertür.

„Weshalb hast du die Türe geöffnet?"

„Jetzt reg dich nicht so auf, ich habe die Türe nicht geöffnet. Ich wollte nur das Fenster aufmachen, es war mir so heiß mit diesem blöden Gurt."

Er überprüfte noch einmal ihren Sicherheitsgurt, aktivierte dann die Kindersicherung und schloss die Wagentür.

Ohne weitere Zwischenfälle schafften sie es dann ins Restaurant, wo sie vom Wirtspaar Kessler sehr freundlich begrüßt und an den reservierten Tisch geführt wurden.

Beim Studieren der Speisekarte glitt ein Lächeln der Zufriedenheit über Kerns Gesicht: Das Lieblingsgericht seiner Mutter stand auf der Karte. Ohne weiter zu fragen, bestellte er für sie die im Bierteig ausgebackenen Fischfilets, wobei sie ihn unterbrach, weil sie das Gericht nicht mit den vorgesehenen Salzkartoffeln, sondern heute unbedingt mit Pommes Frites haben wollte.

Schon nach kurzer Zeit stand das Essen vor ihnen. Während es sich seine Mutter schmecken ließ, sorgte Kern sich wegen der Gräten, die ihr im Halse hätten stecken bleiben können. Diese Sorge absorbierte seine ganze Aufmerksamkeit und verhinderte, dass er seinen „Lammrücken Provencale" wirklich genießen konnte. Erst als sie fertig gekaut und den allerletzten Bissen heruntergeschluckt hatte, legte sich bei ihm die Anspannung, während sie sich auf seine Aufforderung mit der Serviette den Mund abtupfte.

Nach dem üppigen Dessert, welches sie bis auf den letzten Krümel wegputzte, verlangte sie noch den obligatorischen Kaffee. Dieser wurde von Frau Kessler, der Wirtin, persönlich serviert. Bei dieser Gelegenheit fragte sie auch, ob die Gäste mit dem Essen zufrieden gewesen seien. Mutter Kern bekräftige mit Nachdruck und überlaut, dass es ihr sehr gut geschmeckt habe.

Während sich Frau Kessler mit Kern unterhielt, nahm seine Mutter einen ersten Schluck Kaffee. Da er noch zu heiß war, stellte sie die Tasse wieder auf den Tisch, direkt auf das Tischtuch. Dabei musste ihr aufgefallen sein, dass das nicht ganz korrekt war. Sie nahm die Tasse und versuchte zitternd, sie auf die Untertasse zu stellen, was ihr aber nicht ganz gelang. Ohne die Konversation zu unterbrechen und mit einer großen Selbstverständlichkeit ergriff Frau Kessler, die hinter Kerns Mutter stand, helfend die Tasse und platzierte sie auf der Untertasse, was ihr einen dankbaren Blick der alten Dame eintrug.

Mit großer Sorge stellte Kern fest, wie schnell die Demenz seiner Mutter fortschritt. Das Gespräch während des Essens war mühsam gewesen. Es kam keine sinnvolle Unterhaltung mehr zustande. Ihre Realität war durchmischt mit Fantasien und Erinnerungen. Sie sprach von ihrem Mann und ihrer längst verstorbenen Schwester, die sie bald besuchen würden, und davon, dass sie nächste Woche noch bei ihrer Mutter vorbeigehen müsse. Sie sagte dies so laut, dass Kern sie wiederholt auffordern musste, die Stimme etwas zu senken.

Er regte sich darüber auf, dass sie winkend und freundlich lächelnd fremde Leute an benachbarten Tischen grüßte, in der Überzeugung, diese gut zu kennen. Auf seine Aufforderung, das Grüßen sein zu lassen, erntete er nur einen lauten, mürrischen Kommentar. Er ärgerte sich über sich selbst; darüber, dass es ihm an Geduld und Verständnis fehlte, großzügig über diese Schwächen hinwegzusehen. Trotz seiner Fachkenntnisse fiel es ihm schwer, den Zustand seiner Mutter zu akzeptieren. Die Einsicht, dass sie unwiderruflich auf dem Weg war, aus der realen Welt wegzugleiten, verdrängte er.

Wie ein Damoklesschwert hing die noch ausstehende Auflösung der Wohnung über ihm. Damit würde er ihre letzte Verbindung zu einem vergangenen, unabhängigen Leben zerstören. Seine Hoffnung war, dass sie durch ihre Demenz die Tragweite dieses Ereignisses nicht mehr klar erkennen konnte. Der Gedanke an die Endgültigkeit der Wohnungsauflösung hatte plötzlich selbst für ihn etwas Bedrohliches.

26

Marie Rossi sei in den Ferien, wurde Kern bei seinem Anruf in der Klinik mitgeteilt.

„Wissen Sie, für wie lange sie weg ist?"

„Ich habe hier einen Dienstplan vor mir, sehe aber gerade, dass man vergessen hat, diesen Urlaub einzutragen, das heißt, dass ich überfragt bin. Ich kann Sie selbstverständlich mit der Abteilung verbinden, da wird man Ihre Frage vermutlich beantworten können."

„Nein, nein, schon in Ordnung", meinte er und bedankte sich, bevor er den Hörer auflegte. Er konnte sich den ganzen Tag nur schwer konzentrieren, er hatte das unheimliche Gefühl, dass um ihn herum, irgendwo eine Zeitbombe tickte.

Am Abend war eine Probe mit seinem Jazztrio angesagt, und nur schon der Gedanke daran, mit seinen Kollegen unbeschwert musizieren zu können, erfüllte ihn mit Vorfreude. Rolf Weber, der Bassist, hatte für die heutige Probe, die eigentlich keine Probe, sondern eine Jam Session war, den Besuch eines sehr gut Saxophon und Querflöte spielenden Musikerkollegen angekündigt.

Es war kurz vor sieben, als Kern die Treppe zum Cliquenkeller hinunterging. Das scheppernde Geräusch der Snaredrum war bereits durch die Tür hindurch zu hören und ließ erahnen, dass Franco Hiller mit der Montage des Schlagzeugs beschäftigt war.

„Wie geht's denn Dieter, altes Haus?"

„Nicht so gut wie dir, Franco, aber für meine bescheidenen Ansprüche ganz ordentlich."

Franco verfügte in seiner Funktion als Trommler der Basler Fastnachtsclique über einen Schlüssel zum großen Kellerraum und war deshalb zwangsläufig immer als Erster da. Sein Schlagzeug war verhältnismäßig schnell montiert, da er es nicht komplett zerlegen musste. Zwischen den Proben fand es im halbmontierten Zustand in einem trockenen Abstellraum Platz, wie auch Kerns E-Piano. Selbstverständlich hätte Kern sein Piano lieber bei sich zu Hause gehabt. Aber allein die Vorstellung, diesen unhandlichen, fast fünfzig Kilogramm schweren Holzkasten zwei Treppen hochschleppen zu müssen, erstickte den Wunsch sofort im Keime. Für Franco stellte sich die Transportfrage nicht; er hatte noch ein zweites Schlagzeug zu Hause. Rolf Weber trennte sich nie von seinem Instrument, auch wenn das Verladen des Ungetüms in sein relativ kleines Auto stets eine Meisterleistung an Präzision erforderte. Unnötig zu sagen, dass nur er genau wusste, wie das Monsterinstrument in seinen Wagen passte.

Rund zehn Minuten nach Kern betrat Rolf Weber mit seinem Kollegen Thierry Dubois den großen Kellerraum. Er trug den großen, in eine braune Segeltuchhülle gepackten Kontrabass vor dem Bauch.

Dubois war etwa vierzig Jahre alt, fast so groß wie Weber und sehr schlank. Er war ganz in schwarz gekleidet und machte einen sehr sympathischen Eindruck. Trotz seines jugendlichen, glattrasierten Gesichts waren seine dicken, dunkel glänzenden Haare schon etwas grau durchzogen. Er stellte den größeren der beiden mitgebrachten Instrumentenkoffer auf den Boden, den kleineren auf den ersten Tisch, und blickte sich, angesichts des mit

Stühlen, Tischen und einer professionellen Theke üppig ausgestatteten Raums, staunend um. „Ich bin beeindruckt. So etwas hätte ich nicht erwartet", erklärte er lachend.

Rolf Weber stellte Thierry als Elsässer vor, der zwar nicht Elsässisch, aber Hochdeutsch sprechen konnte. Thierry war in Saint Louis unweit des Basler Grenzübergangs in einer ausschließlich Französisch sprechenden Familie aufgewachsen. Da er Student an der Schule für Gestaltung in Basel und an der Kunstakademie Düsseldorf war, sprach er ein sehr gutes Deutsch mit unüberhörbarem französischem Akzent. Thierry war, wie Kern von Weber erfahren hatte, von Hause aus ein sehr erfolgreicher freischaffender Graphiker, versuchte aber in diesem Job etwas kürzer zu treten, um noch mehr Zeit für die Musik zu haben.

Die ersten zehn Minuten vergingen damit, sich zu begrüßen und dann plaudernd die Instrumente auszupacken und zusammenzubauen. Rolf holte noch seinen Kofferverstärker aus dem Abstellraum. Franco half Kern, die Beine ans E-Piano zu schrauben. Dann wurde Kerns alter Fender-Twin-Reverb-Verstärker angeworfen und die ersten Pianotöne erfüllten den Raum. Das Stimmen der Instrumente nahm dann noch einmal gut fünf Minuten in Anspruch, Thierry war sehr pingelig und stimmte zuerst die Querflöte und dann das Altsaxophon sehr genau.

Rolf Weber hatte unterdessen den Kontrabass von seiner Hülle befreit und den kleinen, handlichen Kofferverstärker ans Stromnetz angeschlossen. Das rote Kontrolllämpchen zeigte an, dass er funktionsbereit war. Er ergriff das bereits am Bass angeschlossene Kabel und steckte den Jack Plug am freien Ende in den Verstärker, was dieser mit einem kurzen, aber gefährlich lauten Pfeifen und Knacken quittierte. Dann versuchte er, trotz des recht hohen Lärmpegels seinen Bass zu stimmen. Da dies angesichts der Geräuschkulisse recht schwierig war, wandte er sich an Hiller: „Franco, könntest du einmal für kurze Zeit aufhören mit deiner nervösen Trommelei, damit ich meinen Bass endlich stimmen kann? Dieser Lärm die ganze Zeit macht mich noch völlig verrückt. Hörst du eigentlich noch gut?"

„Danke gut und dir?"

Rolf Weber konnte das Grinsen nur mühsam unterdrücken, während er kopfschüttelnd sinnierte: „Ich frage mich doch manchmal ernsthaft, wozu eine Band überhaupt einen Schlagzeuger braucht."

„Einer muss ja schließlich so laut spielen, dass man den Bassisten nicht hört."

Das konnte Weber nicht auf sich sitzen lassen. „Moment mal. Wer hatte denn mit seinem Solo im *Millenium* den stärksten Applaus eingefahren?!"

„Das warst tatsächlich du. Dein Basssolo ist allerdings nur deshalb so gut angekommen, weil das Publikum in dieser Zeit die Getränke bestellen und sicher sein konnte, dass die Bedienung auch tatsächlich etwas verstanden hat. Das wäre mir persönlich sogar eine völlig unangebrachte Standing Ovation für dich wert gewesen."

„Sorry, Thierry", wandte sich Dieter Kern an den Franzosen, „hast du alles verstanden?"

Lachend erwiderte dieser: „Ich glaube schon."

Inzwischen waren die Instrumente gestimmt und die Verstärker auf den richtigen Pegel eingestellt, so dass Kern nach einem kurzen Blick in die Runde voll ungeduldiger Vorfreude sagte: „Spielen wir am Anfang einen simplen Blues in B-Dur."

Der Blues ging gleich heiß ab. Als Thierry ein unglaubliches Saxophonsolo hinlegte, musste die Band an ihre Grenzen gehen, um hier mithalten zu können. Als der Blues nach acht Minuten peitschender Soli von Sax und Piano zu Ende ging, gab es vier glückliche, aufgeregte Gesichter.

„Wow." Es war Thierry, der mit dieser einen Silbe gleichzeitig Freude, Zufriedenheit und Anerkennung für die anderen ausdrückte.

Es klappte alles auf Anhieb. Die Musiker trieben sich gegenseitig zu Höchstleistungen an. Nach vier, fünf Stücken wechselte Thierry auf die Querflöte, die er noch einmal minutiös aufs Piano einstimmte. Kern hatte anfänglich Bedenken wegen der geringen Lautstärke der Flöte und überlegte sich, ein altes Sennheiser MD-421-Mikrophon, welches sich in einer Sporttasche im Abstellraum befand, einzusetzen. Da der dazu gehörende Mikrophonständer kaputt war – der Galgen ließ sich nicht mehr richtig fixieren –, verwarf er den Gedanken doch sofort wieder. Außerdem wusste er, dass sein Fender-Verstärker für Mikrophone nicht gut geeignet war. Also blieb keine andere Lösung, als dass die begleitenden Instrumente größte Zurückhaltung üben mussten.

Thierry schlug mehrere Stücke vor, die den Bandmitgliedern jedoch alle unbekannt waren. Das war für ihn kaum ein Problem. Er setzte sich ans Piano, griff sehr gekonnt in die Tasten und erklärte, gleichzeitig spielend und sprechend, die Abfolge der Harmonien. Und schon ging's wieder ab. Thierry blies, sang und keuchte in sein Instrument. Dabei wiegte er seinen Körper hin und her, beugte sich vor und hüpfte dabei wie ein Irrwisch vor und zurück. Mal stand er auf beiden Beinen, dann wieder nur auf einem. Die Band rockte, was das Zeug hielt.

Bis elf Uhr wurde gespielt, improvisiert, gekalauert und gelacht. Dann ging's ans Bier, welches schon beim Spielen reichlich geflossen war. Kern rannte schnell zum Wurststand am nahen Barfüsserplatz und besorgte vier Bratwürste, Senf und Brot. Es war ein Abend ohne Gedanken an Mutter, Marie und Herschkoff. Er dachte allerdings kurz an Christine, die er sehr gerne dabei gehabt hätte.

Thierry entpuppte sich als ein feiner, bescheidener Typ, der sich an einem einzigen Abend in die Herzen der anderen Musiker gespielt hatte. Auch Thierry schien sich sehr wohl zu fühlen mit der Band. Man beschloss, bald wieder zusammen zu musizieren. Kern hatte die Idee, Thierry beim nächsten Gig als Attraktion für ein paar Stücke auf die Bühne zu bitten, was bei den anderen

Begeisterung auslöste und von Thierry als großes Kompliment interpretiert wurde.

27

Kern stand mit einem Blumenstrauß vor der Wohnungstür und drückte auf den Klingelknopf. Mit einem breiten Lachen öffnete Hartmut Fink die Tür, trat mit einer einladenden Geste zur Seite und hieß Kern willkommen.

„Es ist toll, dass es so perfekt geklappt hat mit dem heutigen Abend. Komm rein in die gute Stube. Die Dinkelkörner sind seit Tagen eingeweicht, Humus, Tofu und Biomolke stehen zum orgiastischen Genusserlebnis bereit!"

Bevor Kern antworten konnte, kam Anna Fink aus der Küche, aus der ein herrlicher Duft strömte.

„Dieter, herzlich willkommen. Wir freuen uns sehr, dass du es zu uns geschafft hast."

Kern überreichte Anna den Blumenstrauß. „Ich habe mich schon die ganze Woche auf diesen Abend gefreut, da ich darauf vertraut hab, dass Hartmut heute wirklich striktes Küchenverbot hat. Bin ich der erste Gast?"

„Nein, du bist sogar der Letzte, die anderen beiden sind vor ein paar Minuten gekommen und sitzen bereits im Wohnzimmer. Dr. Gruber kommt nicht. Er hat einen wichtigen Termin heute und ist deshalb unabkömmlich. Ich hatte auf eine Anregung Hartmuts auch Peter Kuster eingeladen, aber der hat heute Abend ein Rendezvous, mit seiner Traumfrau, wie Hartmut sagte."

Kern betrat das Wohnzimmer, wo sich Céline in einem großen, weichen Fauteuil breitgemacht hatte. Er drückte ihr nach vorne gebeugt zwei Küsschen auf die Wangen, die sie strahlend entgegennahm. Dann reichte er dem daneben stehenden

Roman Portner die Hand und klopfte ihm auf die Schultern: „Ich bin sicher, du bist schon sehr hungrig!"

Hartmut schenkte ihm ein Glas Prosecco ein, worauf alle einander zuprosteten: „Auf den heutigen Abend!"

Die zum Schaumwein offerierten hausgemachten Blätterteigspiralen fanden reichlich Zuspruch.

„Wo sind denn die Kinder?", fragte Kern, der sich noch lebhaft an die Begegnung mit ihnen im Labor erinnerte.

„Die sind übers Wochenende bei meiner Schwester auf unserem Bauernhof", erklärte Anna. Sie entschuldigte sich für einen Moment, stellte ihr Glas auf den Couchtisch, begab sich in die Küche und trug zehn Minuten später die Teller mit dem gemischten Salat auf.

Dann rief sie die kleine Gesellschaft zum Essen an den riesigen Esstisch. Der Salat war appetitlich auf jedem Teller angerichtet und stand dem optischen Eindruck geschmacklich in nichts nach. Schon nach den ersten Bissen konnte sich Kern nicht zurückhalten und meinte anerkennend zu Anna: „Der Salat ist ganz hervorragend, die Salatsauce ist große Klasse, Kompliment Anna!"

Mit großem Appetit aß er seinen Teller leer. Er konnte es sich nicht verkneifen und tunkte sein Brot am Schluss noch in die cremige, leicht gelbliche Sauce.

Hartmut hatte gerade den Wein, einen sehr kräftigen in Barrique gereiften Mauchener Sonnenstück, eingeschenkt, als Anna mit einem großen Holzbrett aus der Küche kam. Darauf lag ein großes, herrlich duftendes Roastbeef mit einer appetitlichen braunen Kruste.

„Wow, so ein schönes Stück fermentierter Tofu habe ich noch nie gesehen. So also ernährt sich ein Vegetarier, wenn's niemand sieht, Hartmut", witzelte Céline.

Anna stellte das Brett mit dem Braten auf den Beistelltisch und holte aus der Küche noch eine Gemüseplatte mit gelben Zucchini, Blumenkohl und Blattspinat, eine Schüssel mit hausgemachten Kartoffelkroketten sowie ein Gefäß mit einer Sauce béarnaise. Sie platzierte alles in der Mitte des Esstisches. Dann ging sie zum Beistelltisch, nahm den obersten der vorgewärmten Teller vom Stapel, legte eine dicke Scheibe Roastbeef darauf und reichte ihn Céline mit der Aufforderung, sich Beilagen und Sauce selbst zu nehmen.

Céline erkannte sofort, dass die frisch geschnittenen Roastbeefscheiben nicht nur in der Mitte, sondern bis unter die Kruste rosarot waren.

„Das hast du bei tiefer Temperatur gegart. So wird es butterzart."

„Du hast recht, das Fleisch ist nach dem Anbraten bei 80 Grad über drei Stunden im Backofen gegart worden."

Nachdem alle Gäste einen gefüllten Teller vor sich stehen hatten, erhob man die Gläser und prostete sich zu, um sich dann dem Essen zu widmen.

Da zeigte Roman Portner plötzlich mit vor Erstaunen weit aufgerissenen Augen auf Hartmut Fink: „Seht euch das an: Der Hartmut hat sich tatsächlich ein Stück Fleisch in den Mund gesteckt. Hartmut, was ist los mit dir? Ich mache mir große Sorgen. Hast du heute deine Globuli nicht eingenommen?"

Hartmut verschluckte sich fast vor Lachen. Dann hob er sein Weinglas und prostete Roman lachend zu.

„Das Fleisch ist unübertrefflich gut, superzart und hervorragend gewürzt. Ich muss mich wiederholen: großes Kompliment, Anna."

„Vielen Dank, Dieter, die Zartheit hängt auch sehr von der Qualität des Fleisches ab. In diesem Sinne muss ich, zwar ungern, dein Kompliment mit dem Metzger teilen."

Der Wein schmeckte, die Sauce béarnaise war ein Genuss, das Gemüse war auf den Punkt gegart und hatte seinen spezifischen Geschmack beibehalten. Für eine geraume Zeit hörte man nur das gedämpfte Geklapper des Bestecks auf den Tellern. Es wurde wenig gesprochen und falls doch, drehte sich alles ums Essen, bis die ersten Teller leer waren und Hartmut fragte: „Wie geht es eigentlich deiner Mutter, Dieter?"

„Nicht gut, sie baut immer mehr ab."

„Weiß man eigentlich, an was sie leidet?"

„Vermutlich hat sie Alzheimer. Eine präzise Diagnose wurde nicht gestellt. Aber angesichts der Tatsache, dass es so oder so keine wirksame Behandlung gibt, scheint es mir letztlich unwichtig, ob sie Alzheimer oder irgendeine andere Form der Demenz hat."

„Was ist eigentlich genau gemeint mit einer Demenz? Ist das nicht eine Krankheit?", fragte Anna.

„Mit Demenz sind die Symptome schwindender Geistesleistungen als Ganzes gemeint. Diese können aber durch verschiedene Ursachen wie zum Beispiel durch Alzheimer, Parkinson, Multiinfarktsyndrom oder andere neurodegenerative Erkrankungen hervorgerufen werden."

„Und dagegen ist noch kein Kraut gewachsen?"

„Meiner Meinung nach, nein. Aber es gibt selbstverständlich immer Leute, die das Gegenteil behaupten. Ein Student hat mich letzthin darauf aufmerksam gemacht, dass ein Boulevardblatt unter der vielversprechenden Schlagzeile ‚So schützen Sie sich vor Demenz' tatsächlich ernstgemeinte Ratschläge eines durch Sachkenntnisse völlig unbelasteten Ernährungsberaters verbreitet hat. Das Buch, dem die publizierten Auszüge entnommen wurden, wird sich sicher sehr gut verkaufen."

Da meldete sich Roman Portner, der im Wesentlichen ununterbrochen mit Essen beschäftigt war: „Darf ich noch etwas Roastbeef haben? Ich spüre ohne jede Hilfe eines Ernährungsberaters bei jedem Bissen, wie gut das meinem Gehirn tut."

Inzwischen hatten sich alle noch einmal mit den aufgetischten Köstlichkeiten versorgt, und Hartmut wollte noch etwas loswerden: „Noch etwas zum Thema. Dabei geht es allerdings nicht um Alzheimer, sondern um eine andere schwere neurodegenerative Krankheit. Ich bin letzte Woche im Internet auf einen Artikel gestoßen, in dem tatsächlich behauptet wird, dass es gelungen sei, bei fünf Patienten ALS[43] komplett zu stoppen. Und das mit einem simplen Nahrungsergänzungsmittel, das in jedem Reformhaus zu kaufen ist."

Nach einer langen, durch Kauen verursachten Pause meinte Roman zu Céline: „Nahrungsergänzungsmittel wären doch maßgeschneidert für dich, da könntest du dich im Falle einer Krankheit einfach gesund futtern."

„Für dich wäre eher eine sublinguale Tablette optimal. In der Zeit, in der du sie unter der Zunge hättest, müsstest du wenigstens die Klappe halten."

Kern war bei den Neckereien zwischen Céline und Roman immer sehr besorgt, dass Céline nicht verletzt wurde. Céline genoss es zwar, wenn der Chef sie in Schutz nahm, zeigte ihm aber mit dem nächsten beißenden Satz gerne, dass sie jederzeit in der Lage war, sich selbst zu wehren. Kern wusste, dass sich Céline und Roman gegenseitig sehr schätzten, aber es schien einfach unmöglich zu verhindern, dass eine Unterhaltung mit den beiden früher oder später in böse Frotzeleien abglitt. Um Schlimmeres zu verhindern, wollte er etwas Beschwichtigendes sagen, als Anna, vielleicht mit dem gleichen Hintergedanken, seine Absicht durchkreuzte.

„Haben alle genug gehabt? Möchte jemand noch Fleisch oder Gemüse? Roman, Céline, Dieter?"

Alle waren vollauf gesättigt, woraufhin Anna die Platte mit dem Gemüse in die Küche trug. Kern, der sofort aufgestanden war, folgte ihr mit dem übriggebliebenen Roastbeef, wobei er sich bemühte, den Fleischsaft nicht vom Brett auf den Boden tropfen zu lassen. Roman, Céline und Hartmut sammelten Teller und Besteck ein und folgten Kern in die Küche.

---

[43] Amyotrophe Lateralsklerose (ALS) ist eine tödliche, progressive Krankheit, bei der die für Beweglichkeit zuständigen Nervenbahnen des Gehirns, Rückenmarks und der Muskulatur degenerieren.

„Ihr braucht euch doch nicht zu bemühen. Das mache ich doch selbst", meinte Anna.

„Auf gar keinen Fall, du hattest genug Arbeit mit dem Kochen. Jetzt sind wir dran, wir helfen beim Abwasch."

„Es gibt ja kaum etwas zu tun. Ich habe eine gute Spülmaschine."

„Ich kenne sie, sie heißt Hartmut", sagte Roman, der noch die Schüssel mit den übriggebliebenen Kroketten und das Schöpfbesteck in die Küche gebracht hatte. „Die musst du aber unbedingt einmal entkalken."

Lachend stellte Anna die Teller und das Besteck in die Spülmaschine.

„Du mit deinen Sprüchen. Ich weiß nicht, ob ich diese Tag für Tag ertragen könnte. Jetzt begreife ich, weshalb Hartmut am Abend manchmal so geschafft ist."

Während der Pause zur Vorbereitung des Desserts kam eine intensive Diskussion auf, als Hartmut plötzlich den Wissenschaftspreis erwähnte. Er versuchte, sich Kerns Siegeschancen auszurechnen und wollte dazu die Meinung der übrigen Anwesenden hören.

„Ich habe keine Ahnung, wie groß die Chance ist, aber ich wünsche dir von Herzen, dass du gewinnst", meinte Céline und blickte Kern dabei strahlend an.

„Dieter wird schon gewinnen, da bin ich mir sicher. Er ist ja schließlich mein Doktorvater. Was mir aber noch große Sorgen bereitet, ist die Gestaltung der Siegesfeier. Haben wir dafür ein entsprechendes Budget, ich meine ein der Bedeutung des Anlasses entsprechendes, sehr großes Budget für ein erlesenes, großes kaltes Büffet?"

„Bitte hört auf mit diesem Unsinn. Die Chancen, dass ich gewinne, sind verschwindend klein. Da gibt es eine Jury, welche die unmögliche Aufgabe hat, eigentlich unvergleichbare Projekte vergleichend zu beurteilen. Da gibt es Freundschaften und Beziehungen, die sich in solchen Situationen sehr positiv auswirken können, und Feindschaften, die eine Unterstützung für den Preisgewinn aus Prinzip verunmöglichen."

„Dieter, du hast doch nun wirklich keine Feinde!" Céline hatte wieder ihr strahlendes Lächeln aufgesetzt.

„Es geht dabei nicht um mich", meinte Kern abschwächend, in der Hoffnung, dass das Thema damit erledigt war.

„Du meinst, dass Herschkoff möglicherweise Feinde in der Jury haben könnte?"

Kerns verzweifeltes Bemühen, den Ball flach zu halten und diesem Thema nicht zu viel Bedeutung beizumessen, wollte einfach keine Früchte tragen. Erst mit dem Auftragen des Desserts, einer himmlischen Crème Brûlée, rückten andere, schnell wechselnde Themen in den Mittelpunkt. Als man um elf Uhr zum Aufbruch ansetzte, waren alle der Meinung, einen kulinarisch und gesellschaftlich äußerst gelungenen Abend erlebt zu haben.

28

Als Kern wie jeden Tag am Morgen ins Labor kam, fiel sein Blick auf den Umschlag mit den Manuskripten, welcher seit Tagen unberührt auf dem Tisch lag. Gestern, so überlegte er, wäre der letzte Termin gewesen für die Empfehlung der Kandidaten für den Vesalius-Wissenschaftspreis. Es waren inzwischen bereits mehr als drei Wochen seit dem Zwischenfall im Labor vergangen. Kern hatte Herschkoff seitdem nicht gesehen, was an sich nicht ungewöhnlich war. Die auf dem Tisch liegen gelassenen Papiere hätte Herschkoff für die Empfehlung eigentlich überhaupt nicht gebraucht. Da er die relevanten Dokumente im pdf- und Word-Format in seiner Mailbox im Computer hatte, hätte er diese jederzeit ausdrucken und einreichen können. Allerdings hatte Kern aufgrund der Umstände berechtigte Zweifel, dass Herschkoff dies getan hatte.

Kern hatte keine Anhaltspunkte in Bezug auf Herschkoffs Absichten ihm gegenüber, aber er hatte eine Ahnung, was in ihm vorgehen könnte. Herschkoff konnte bisher sein Gesicht wahren und davon ausgehen, dass niemand den tatsächlichen Grund seines abrupten Abgangs kannte; niemand außer Kern.

Würde Herschkoff glauben, dass Kern keine Ahnung von der Liaison hatte, wenn er sich doch gemäß Grubers Darstellung öffentlich mit Marie zeigte? Kern wurde klar, wie wenig er über Herschkoffs Privatleben eigentlich wusste. Es war ihm zwar bekannt, dass Herschkoff einmal verheiratet war. Ob er immer noch mit dieser Frau zusammen oder inzwischen getrennt oder geschieden war, wusste er nicht. Der Altersunterschied sowie die Zugehörigkeit zu unterschiedlichen gesellschaftlichen Schichten setzte für gemeinsame Interessen und private Kontakte eine klare Barriere.

Natürlich war ihm Herschkoff in einem gewissen Sinne, das heißt eher prototypisch, vertraut. Als solider und seriöser Mediziner hatte er sich über mehrere Etappen zum ärztlichen Leiter der Sankt-Urban-Klinik hochgearbeitet. Über Mitgliedschaften in schweizerischen und internationalen medizinischen Gesellschaften hatte er sich mit der Zeit ein Beziehungsnetzwerk geschaffen, das ihm Einladungen zu nationalen und internationalen Kongressen, die Teilnahme an großen klinischen Studien, Beraterverträge mit der Industrie und einen Sitz in Editorial Boards von klinischen Zeitschriften einbrachte. Er war ein typischer Netzwerker, der das Ansehen, welches ihm daraus erwuchs, nicht nur genoss, sondern für sein Selbstverständnis wie eine Droge brauchte. Er liebte es, im Rampenlicht zu stehen, und war deshalb immer gerne zur Stelle, wenn es darum ging, Journalisten gönnerhaft einen fachmännischen Kommentar zu Depressionen von Prominenten oder filmisch aufgearbeiteten Psychosen zu geben.

Kern war anders, das hatte auch Herschkoff sofort bemerkt. Kern war ein schillernder Paradiesvogel, kreativ, unpolitisch und undiplomatisch. Er glaubte theoretisch zwar durchaus an die Wichtigkeit eines Beziehungsnetzwerks, wollte dafür aber selbst nicht viel Zeit und Arbeit aufwenden. Im Glauben, dass sich gute Ideen letztlich auch ohne Beziehungen durchsetzen würden, konzentrierte er sich auf seine Forschung. Während viele seiner ambitiösen Kollegen Daten, die im Widerspruch zum theoretischen Mainstream standen, nicht publizierten, liebte er es, ohne Hemmungen das Informationsmonopol des wissenschaftlichen Establishments mit überraschenden neuen Ergebnissen aufzumischen.

Kern war völlig unschlüssig, was er als Nächstes tun sollte. Er erkannte, dass bis zum nächsten Abteilungsmeeting, welches in zehn Tagen stattfand, eigentlich kein Grund bestand, Herschkoff zu treffen. Seine mehr oder weniger regelmäßigen monatlichen Meetings mit Herschkoff wurden immer auf dessen Terminkalender abgestimmt und kurzfristig von ihm vorgeschlagen. Längere Unterbrechungen waren nicht ungewöhnlich, da Herschkoff sehr oft abwesend war. Die Kurzfristigkeit der Planung hatte den Vorteil, dass die Meetings von beiden Seiten eigentlich nie abgesagt werden mussten.

Da er durch sein Nichterscheinen in Herschkoffs Büro auch Christine Sutter zwangsläufig vernachlässigt hatte, beschloss er, sie anzurufen. Sie war freudig überrascht und meinte: „Ich war nahe daran anzunehmen, dass du mich gänzlich vergessen haben könntest. Ich habe nichts von dir gehört, geschweige denn gesehen in den letzten Wochen."

„Ich hatte überaus arbeitsintensive Wochen. Da stand die letzte Revision einer angenommenen Publikation auf dem Programm. Außerdem musste ich einen Bericht mit unseren neuesten Daten für eine mögliche Publikation oder eine Patentanmeldung erstellen. Als Letztes musste ich dann noch ein umfangreiches Gesuch an eine US-Firma mit der Bitte um finanzielle Unterstützung schreiben."

„Das klingt tatsächlich nach viel Arbeit, ich bin ja fast beeindruckt!"

„Jetzt ist alles erledigt. Ich bin jetzt nur noch daran, einen Vortrag, den ich in New Jersey in einer großen Firma halten muss, mit neuen Daten zu ergänzen, dann ist alles Dringliche erledigt. Nein, fast hätte ich das Wichtigste vergessen: Ich muss noch ein Abtropfsieb für meinen Haushalt kaufen und das Lösungswort eines Wettbewerbs in eine Webpage eintippen."

„Wow, vor allem Letzteres ist ja Schwerstarbeit."

„Trotz aller Arbeit habe ich oft an unseren schönen Abend gedacht und gehofft, wir könnten das bald wiederholen. Ich kann mir in den nächsten Tagen sicher einmal einen freien Abend verschaffen, falls du Lust und Zeit hast."

„Für mich sind die Sonntage am günstigsten und meist nicht verplant."

„Sonntage sind leider für mich sehr ungünstig. Da muss ich meine Mutter besuchen und ihre Angelegenheiten erledigen."

„Ein guter Sohn macht das für seine Mutter."

„Ich bin kein guter Sohn. Es fällt mir unsäglich schwer, meine eigenen Bedürfnisse fast völlig zu ignorieren und mich fremdbestimmen zu lassen. Aber sie wird immer hilfloser, und ich bin zufällig derjenige von uns Brüdern, der da ist. Ich weiß, du hast viele gemeinnützige Verpflichtungen. Aber falls du dich einmal entschließen könntest, dir an einem Wochentag abends für mich freizunehmen, würdest du mich sehr glücklich machen."

„Vielleicht, wer weiß", meinte sie vielversprechend.

„Christine, eine andere Frage: Weißt du zufällig, ob Peter den Vorschlag für den Vesalius-Forschungspreis eingereicht hat?"

„Er hat vor ein paar Wochen einmal etwas davon gesagt, seither habe ich nichts mehr darüber gehört. Das ist aber seltsam, der Termin dürfte inzwischen verstrichen sein."

„Das macht nichts, er hat es wohl vergessen." Kern verabschiedete sich und legte den Hörer auf.

Es war ihm unwohl dabei, Christine den wahren Grund für Herschkoffs Kehrtwende verheimlichen zu müssen. Aber er wollte ihr doch nichts von der Geschichte mit Marie erzählen. Das war weit über ein Jahr *vor* dem Abendessen mit Christine passiert und folglich für sein Verhältnis zu ihr im Moment vollkommen belanglos. Er wollte sich wieder an die Arbeit machen, aber irgendwie schien ihn die Logik seiner eigenen Argumentation kaum zu beruhigen. War der Zeitpunkt tatsächlich entscheidend? Wie sah die Situation in Christines Augen aus? Hatte sich diese Geschichte mit Marie tatsächlich *vor* der Zeit mit Christine ergeben? Er hatte doch damals schon, wenn auch erfolglos, mit Christine geflirtet, versucht, ihre spröde Schale zu knacken, und war trotzdem mit Marie im Bett gelandet. Kern kam zu der schrecklichen Erkenntnis, dass Christine sehr verletzt wäre, wenn sie von der Sache mit Marie erfahren würde. Vermutlich würde sie keinen weiteren Kontakt zu ihm wollen. Er beschloss deshalb, die Beziehung mit Christine bis zur Klärung der Lage in keiner Weise zu forcieren.

Es blieb ein paar Tage sehr ruhig, bis sich Christine, zur Überraschung Kerns, telefonisch meldete. Es war aber nicht die Sehnsucht, die sie dazu veranlasste, als vielmehr ein Auftrag Herschkoffs, der Kern in seinem Büro zum regulären Forschungsmeeting empfangen wollte. Kern versuchte während des Gesprächs nicht mit Christine zu flirten, obwohl er zu spüren glaubte, dass sie darauf wartete. Schließlich hatte er ja den Wunsch nach einer weiteren Verabredung mit ihr geäußert und sie hatte dem noch nicht nachgegeben.

Pünktlich um vier, mit Absicht in letzter Sekunde, tauchte Kern in Herschkoffs Vorzimmer auf. Christine wunderte sich über sein ernstes Gesicht, seinen freundlichen, aber kurzen Gruß und sah ihn schnell in Herschkoffs Büro verschwinden.

Herschkoff begrüßte ihn reserviert, ohne offensichtliche Gefühlsregung, und bat ihn, Platz zu nehmen.

„Gibt es neue Resultate?"

„Es gibt neue Resultate. Aber da ist nichts Aufregendes darunter, keine Daten, die aufhorchen lassen. Die Dopamingeschichte überstrahlt alles."

„Ich will, dass du diese Resultate noch einmal bestätigst."

Kern, der zu jeder Form von autoritärem Gehabe ein gestörtes Verhältnis hatte, fiel der ihm gegenüber völlig ungewohnte Tonfall sofort auf. So hatte Herschkoff noch nie mit ihm gesprochen.

„Die sind unterdessen bereits zweimal bestätigt, die sind stabil, wie in Stein gemeißelt."

„Ich will eine neue Bestätigung sehen, bevor wir weitere Schritte unternehmen."

„Mit weiteren Schritten meinst du was?"

„Zum Beispiel den Vorschlag zum Forschungspreis."

„Das heißt, dass du den Vorschlag nicht eingereicht hast?"

„Genau das."

Obwohl Kern dies geahnt hatte, musste er doch schlucken. Noch mehr erstaunt war er über Herschkoffs nächste Offenbarung: „Ich habe gestern deine neuesten Resultate mit Martin Kolb, dem Forschungschef von Therapsis, besprochen. Er findet sie zwar sehr überraschend, aber potenziell interessant."

Dass Kern dies nicht in den Kram passte, war offensichtlich. Mit verärgertem Gesicht und einem scharfen Unterton entgegnete er: „Es ist mir eigentlich Wurst, was dieser Herr Kolb meint. Ich will auf keinen Fall mit Therapsis zusammenarbeiten. Therapsis hat keinen guten Ruf, was Ideenklau betrifft."

„Martin Kolb ist über jeden Zweifel erhaben. Er wird dich bald zu einer Präsentation vor der Neuropharmakologiegruppe hier in Basel einladen."

„Wie ich dir schon erklärt hab, habe ich PS&R bereits zugesagt und werde die Resultate demnächst in New Jersey präsentieren. PS&R war sehr schnell, das Vertraulichkeitsabkommen ist bei PS&R von höchster Ebene bereits unterschrieben worden."

„Das hat keine Priorität, du wirst bei Therapsis präsentieren. Falls dein Vortrag das Interesse der Firma weckt, sind uns Un-

terstützungsbeiträge in der Höhe von 50.000 Franken pro Jahr
für zwei Jahre sicher. Damit können wir eine zusätzliche Kraft
anstellen. Wo ich diese schlussendlich einsetzen werde, werde ich
später entscheiden."

„Ich kann von PS&R genau die doppelte jährliche Summe
über *drei* Jahre bekommen, das Gesuch ist fertig. Ein Vortrag
und eine Beurteilung durch die Neuropharmakologen bei PS&R
ist dabei keine Voraussetzung, und ich kann das Geld einsetzen
wie *ich* will."

Sich zu einem ruhigen Tonfall zwingend, fuhr Kern fort: „Peter, ich will dir nicht zu nahe treten, aber mir scheint, du über-
schreitest deine Befugnisse bezüglich meiner Resultate. Ich bin
zwar organisatorisch auf einer Postdoc-Stelle, und in dieser Position von dir in einem gewissen Sinn abhängig. Ich bitte dich aber
zu berücksichtigen, dass die Ideen, die du leichtfertig einem mir
völlig unbekannten Forschungschef mitgeteilt hast, *meine* Ideen
und dazu hochvertraulich sind. Ohne die Bedeutung der Resultate zu überschätzen, kann man durchaus sagen, dass diese Ideen
möglicherweise therapeutisches Potenzial haben. Sie können für
Therapsis oder einen anderen pharmazeutischen Konzern sowohl
wissenschaftlich als auch finanziell sehr wohl interessant sein. Ich
möchte deshalb nicht zusehen, wie sich ein Konzern ins Fäust-
chen lacht und mit meinen Entdeckungen viel Geld verdient,
nur weil ein Mann letztendlich doch nicht über jeden Zweifel
erhaben war."

Herschkoffs Gesicht versteinerte zusehends.

„Dieter, du bist von mir angestellt worden, weil ich Grund
hatte, an dich zu glauben. Obwohl du die bei uns übliche Al-
tersgrenze für eine Postdoc-Stelle eigentlich überschritten hattest,
habe ich dich angestellt, damit du frischen Wind in die Forschung bringst. Das hast du getan. Dafür wirst du jeden Monat
bezahlt. Ich habe dir einen Lehrauftrag verschafft, damit du finanziell besser gestellt bist. Weil du gute Arbeit geleistet hast,
habe ich mich außerdem zusätzlich bereiterklärt, deine geplante

Habilitation zu unterstützen. Ich sehe also von meiner Seite keinerlei weitere Verpflichtungen dir gegenüber, ich kann dich auch jederzeit fallen lassen."

„Das klingt mir nun fast wie eine Drohung. Höre ich richtig, dass du mich fallen lassen würdest, falls ich nicht mit Therapsis zusammenarbeite? Peter, ich will keinen Streit mit dir, aber du weißt, dass ich mir von niemandem meine Unabhängigkeit antasten lassen werde; um keinen Preis und keine Stelle auf der Welt."

„Wie groß die Unabhängigkeit und Freiheit meiner Mitarbeiter ist, entscheide *ich*, damit das klar ist." Herschkoffs Stimme war dabei um einiges lauter geworden.

„Peter, ich kann kaum glauben, was ich jetzt höre. So etwas habe ich noch nie erlebt, und ich muss sagen, dass es mir überhaupt nicht gefällt, wie du mich beziehungsweise die Ergebnisse meiner Schaffenskraft als dein Eigentum betrachtest. Ich bin ein freier Mensch, der seine Unabhängigkeit und Freiheit über alles stellt."

„Was verstehst du denn überhaupt unter Freiheit?" Jetzt brannte Herschkoffs Gesicht vor Zornesröte, seine steinerne Maske war weggebrochen.

„Besteht deine sogenannte Freiheit darin, dass du jede Frau, die dir vor die Flinte kommt, flachlegst?"

„Was soll denn das jetzt? Ich glaube nicht, dass dich mein Privatleben etwas angeht!"

„Sobald es meines berührt, geht es mich sehr wohl etwas an. Vor meinen Augen flirtest du mit Christine Sutter, hinter meinem Rücken mit Marie Rossi."

„Das ist doch nicht verboten." Kern bemühte sich, nicht laut zu werden.„Deine Mitarbeiterinnen sind doch nicht dein Privatbesitz, sondern selbständige, selbstverantwortliche Personen. Die dürfen mit mir ausgehen, so oft sie wollen. Ich bin ledig, weder versprochen, noch verlobt oder verheiratet, genauso wie die beiden Frauen auch. Falls ich dir irgendwie persönlich in die Quere gekommen bin, tut mir das echt leid, aber ich kannte und kenne dein Privatleben nicht, und es geht mich letztlich auch absolut nichts an. Bitte hör damit auf, private und berufliche Aspekte zu vermischen. Auf diesem Niveau will ich nicht diskutieren. Das führt nur zu bedauerlichen und irreparablen Schäden. Auf Wiedersehen."

Kern erhob sich abrupt und verließ den Raum. Beim Vorübergehen schenkte er Christine ein kleines Lächeln und machte sich auf den Weg zurück ins Forschungsgebäude. Während er langsam, eher wie ein Spaziergänger die Straße entlang schlenderte, ließ er die Ereignisse noch einmal Revue passieren. Er stellte fest, dass Herschkoff sehr vage geblieben war. Er wollte den Eindruck erwecken, dass ihm Kerns generelles Verhalten den beiden Damen gegenüber missfiel. Er wollte gar nichts von seiner Beziehung sagen. Kern war überzeugt, dass Herschkoff der Name Marie Rossi nur in der großen Aufregung entschlüpft war. Da Kern in Herschkoffs Nähe noch nie mit ihr geflirtet hatte, konnte ihm auch nie etwas aufgefallen sein. Die Frage, die ihn beschäftigte, war, ob sich Herschkoff auf die Äußerung von Hartmut Fink alles bloß zusammengereimt oder ob er Marie direkt zur Rede gestellt hatte. Er musste unbedingt mit Marie sprechen. Er musste erfahren, was Herschkoff tatsächlich wusste.

Zurück im Büro, roch er schon von Weitem die Präsenz von Gruber. Als er eintrat, sah er ihn mit den Füßen auf dem Schreibtisch und dem Hörer am Ohr, auf eine Antwort wartend.

„Nein, nicht Hans Gruber, Dr. Hans Gruber bitte. Ich warte jetzt schon mehrere Wochen auf eine Mitteilung, ob ich beim DGPPN[44]-Meeting ein Referat halte oder ein Poster ausstelle ... "

„Zu früh? Es sind ja nur noch wenige Monate bis zur Konferenz, und mein Terminkalender ist schon ziemlich voll."

---

[44] Deutsche Gesellschaft für Psychiatrie, Psychotherapie und Nervenheilkunde.

„Nein, ich stelle keine großen Ansprüche. Ich will ganz einfach nicht erleben, dass ich aus irgendeinem Grund meine Hypothesen in der Postersession präsentieren muss."

„Nein, da muss ich Ihnen widersprechen. Für einen angesehenen Wissenschaftler wie mich ist das absolut nicht zumutbar!"

„Ja, sie tragen damit das Risiko, dass ich mich möglicherweise gezwungen sehe, meine Mitarbeit an diesem Kongress aufgrund fehlender Information von Ihrer Seite infrage stellen zu müssen."

„Ich bitte Sie, angesichts der Dringlichkeit der Sache Herrn Professor Horak zu kontaktieren und mir eine diesbezügliche Nachricht zukommen zu lassen."

Kern setzte sich an seinen Schreibtisch und versuchte nachzudenken. Als Gruber den Hörer auflegte, glaubte er für einen kurzen Moment, dass er jetzt arbeiten könne; eine Annahme, die sich aber wie so oft als falsch erwies. Gruber wählte eine Nummer, und dann hörte Kern das berühmte „Hallo Spatzi, wie läuft es denn bei dir heute?". Er verließ den Raum und ging in die Bibliothek, in der Hoffnung, dass Gruber bald gehen würde.

Den Anruf bei Marie musste Kern wohl verschieben. Das Verfluchte an der ganzen Sache war, dass er angesichts der fehlenden Handynummer darauf angewiesen war, Marie während der Arbeitszeit in der Klinik zu erreichen. Und noch viel schlimmer war, dass er auch morgen nicht anrufen konnte: Morgen war der Tag, an dem er die Wohnung seiner Mutter ausräumen musste.

29

Kern hatte diesen Tag, der schwer und dunkel auf ihn zurollte, mit unguten Gefühlen erwartet. Schon die Fahrt in die Innerschweiz war überschattet von eher düsteren Gedanken. Er wollte das Ausräumen der Wohnung so schnell wie möglich hinter sich bringen. Für die noch brauchbaren Möbel hatte er zwei Männer aus einem Brockenhaus[45] aufgeboten, zum Heraustragen des nicht mehr verwendbaren restlichen Inventars zwei Umzugshelfer. Bei einem Abfall- und Transportunternehmen hatte er eine große Mulde für die Abfuhr des unbrauchbaren Mobiliars bestellt.

Diese große orange Mulde sah er als Erstes, als er fast auf die Sekunde genau um acht Uhr morgens auf den Parkplatz einfuhr. Dann erblickte er den Lastwagen des Brockenhauses, der am Straßenrand geparkt war. Hinter dem Lastwagen standen zwei rauchende Männer. Zwei weitere Männer standen bei der Mulde. Er stellte sich vor, reichte jedem die Hand und sagte zum Schluss: „Ich möchte das Ganze so schnell wie möglich erledigen. Bis zum Abend müssen wir fertig sein." Dann betrat er das Treppenhaus, gefolgt von den vier Männern.

Er öffnete die Tür zur Wohnung seiner Mutter und bedeutete den zwei Arbeitern des Brockenhauses, dass sie mitnehmen konnten, was immer sie für brauchbar hielten. Das war letztlich nicht viel: zwei Kommoden, ein ausziehbarer Tisch – die dazu gehörenden Stühle wollten sie nicht haben („Keine Chancen so etwas zu verkaufen") – sowie ein mit Holz eingefasster Spiegel. Die Kundschaft der Brockenhäuser ist wählerisch geworden.

„Wir nehmen nur Sachen, die wir schnell verkaufen können. Wir wollen den kostbaren Platz in unseren Lagern nicht mit Ladenhütern blockieren."

„Okay", er wandte sich an die anderen zwei von ihm angestellten Helfer: „Alles, was das Brockenhaus nicht will, geht in die große Mulde auf dem Parkplatz. Falls ihr unter den von mir freigegebenen Dingen etwas seht, was ihr selbst haben möchtet, stellt es einfach auf die Seite und nehmt es am Abend mit nach Hause."

---

[45] Eine meist wohltätige Institution, die brauchbares Mobiliar sammelt und zu kleinen Preisen weitergibt.

Die beiden setzten sich in Bewegung und nach einer kurzen Anlaufzeit wusste jeder, was er zu tun hatte. Emotional stark berührt sah Kern, wie die ehemals bedeutsame Kulisse eines bescheidenen Lebens Stück für Stück verschwand, um auf der Mulde zu bloßem Abfall zu werden.

Die ganze Situation war für ihn sehr belastend; er empfand sich als unberechtigten Eindringling in die Privatsphäre seiner Eltern. Obwohl sein Vater schon mehrere Jahre tot war, waren dessen Ordner mit den bezahlten Rechnungen, mit den Steuererklärungen und anderen Dokumenten noch da, genauso wie die beiden alten Fotoapparate, die zwei Wechselobjektive, die Bohrmaschine und die vielen anderen Werkzeuge. Zusätzlich fühlte er sich schlecht, weil seine Mutter von allem nichts wusste.

Er blickte vom Balkon auf die immer voller werdende Mulde und konnte ein aufkommendes Gefühl der Beklemmung nicht unterdrücken. Da lag sein altes Bett, seine Matratze, sein altes Schülerpult und aus dem Wohnzimmer eine Stehlampe, zwei handwerklich recht gut gemalte Ölbilder – das eine das Matterhorn, das andere eine Meerlandschaft mit Wellen – alles unverkäuflich und unbrauchbar. Das braune Ecksofa, welches die Helfer auf die Mulde werfen wollten, hatte das Interesse eines vorbeigehenden Nachbarn geweckt, der es für seine Theatergruppe als Requisite reservieren ließ. Es blieb deshalb neben der Mulde stehen.

Kern kontrollierte die Inhalte der Wandschränke, bevor er sie zum Wegwerfen freigab. Einige wenige Gegenstände behielt er für sich selbst. Seine Hauptaufgabe sah er darin, Dinge auszusortieren, die ihm für seine Mutter wertvoll erschienen: Fotoalben, ihr Modeschmuck, eine vergoldete Uhr, die sein Vater einmal anlässlich seines zehnjährigen Dienstjubiläums geschenkt bekommen hatte, ein paar Bilder zum Aufhängen. Es blieb nicht viel und nichts von echtem materiellem Wert. Wertvoll waren die Dinge nur in Zusammenhang mit den damit verbundenen Erinnerungen. Vielleicht, so hoffte er, würden einige der Gegenstände

bei seiner Mutter Erinnerungen an schöne Tage ihres verflosse-
nen Lebens wecken. Vielleicht konnte durch sie das endgültige
Auslöschen einiger ihrer Erinnerungen noch etwas hinausgezö-
gert werden.

Während er seinen Gedanken nachhing, bemerkte er plötzlich
die vertraute Gestalt Freddy Hausers neben sich. Kern konnte
sich nicht erinnern, dass Hauser je anders ausgesehen hätte. Die
schlohweißen Haare, die runde Goldrandbrille, die stets trauri-
gen Augen; nichts hatte sich verändert, solange er zurückdenken
konnte.

„Grüß dich, Dieter. Ich habe gehört und gesehen, was hier
läuft, und mir meinen Reim darauf gemacht: Deine Mutter wird
wohl nicht mehr in ihre Wohnung zurückkehren?"

„Nein, das wird sie nicht. Die Wohnung ist seit Monaten un-
genutzt. Ich musste jetzt handeln. Ich habe die Wohnung schweren Herzens gekündigt. Bis Ende dieses Monats muss sie leer sein.
Putzen muss ich nicht, sie wird vollständig renoviert."

Hauser blickte sich um und sagte anerkennend: „Ihr seid ja
schon recht weit gekommen mit dem Ausräumen."

„Ich will das möglichst schnell hinter mich bringen. Es ist
keine leichte Arbeit für mich. Da werden in jeder Minute Erinnerungen in Müll verwandelt."

Hauser klopfte Kern auf die Schultern und sagte: „Ich erinnere mich noch gut an euren Einzug. Du konntest kaum warten,
bis dein Vater die Kiste mit den Spielsachen brachte."

„Das wissen Sie noch? Ich kann mich nicht mehr daran erinnern."

„Bevor ich es vergesse: Gib mir doch bitte die Adresse deiner
Mutter. Ich möchte sie bald einmal besuchen."

„Da wird sie sich sicher sehr freuen, sie ist sehr einsam."

Hauser drückte ihm noch einmal väterlich den Oberarm und
ging dann leise und langsam weg, ohne etwas zu sagen.

Kern wandte sich wieder seinen Aufgaben zu. Am meisten
Schwierigkeiten hatte er mit den Kleidern seiner Mutter. Da wa-

ren die vollen Kleiderschränke mit den überklebten Spiegeltüren. Welche Kleidungsstücke sollte er behalten, welche sollte er wegwerfen? Er nahm jedes einzelne Stück in die Hand und warf alles, von dem er glaubte, dass es seine Mutter nicht mehr tragen würde, auf einen Haufen, den er für die Mulde freigab. Auf einen zweiten Haufen warf er die seiner Meinung nach noch brauchbaren Kleidungsstücke. Zwei Kisten waren noch mit Anzügen, Hemden und Krawatten seines Vaters gefüllt, Dinge, von denen seine Mutter sich nicht hatte trennen können. Kern unterdrückte die aufkommenden Emotionen und warf alles, so wie es war, mit Kleiderbügel auf den Haufen für die Mulde. Er wähnte sich zeitweise in einer Filmszene, in der er alle Beweise für die irdische Existenz von zwei Personen vernichten musste. Bei einem zufälligen Blick aus dem Fenster sah er, wie zwei Männer das braune Ecksofa in einen Kleinlaster luden.

Mehr als dreißig Jahre waren eine lange Zeit. Da hatte sich vieles angesammelt. Trotzdem war die Wohnung kurz vor sechs tatsächlich leer. Kern wollte sich schon entspannen, als er sah, dass er die Vorhänge vergessen hatte, sie hingen alle noch an den Fenstern. In einem Schnelleinsatz wurden mit der Hilfe der beiden noch anwesenden Männer auch diese noch entfernt und wanderten auf die bereits vollgeladene Mulde.

Nur wenig später traf auch schon, wie verabredet, der Lastwagen der Muldenfirma ein. Der Fahrer warf ein grobes Netz über die ganze Ladung, um sie ringsherum zu sichern. Dann bediente er die Steuerung, die den hydraulisch bewegten Tragbügel nach hinten senkte. Er legte die Schlaufen der vier Stahlseile über die Nocken an der Mulde und hob die Mulde mit der ganzen Lebenskulisse und den Requisiten der Familie Kern auf den Lastwagen. Da ein Teil der Schrankwand wie ein Mahnmal über die Führerkabine ragte, drückte der Fahrer sie über die Steuerbox mit dem hydraulischen Muldenheber nach unten, wobei sie krachend zersplitterte. Dieses Geräusch und das Wegfahren des Lastwagens, der schließlich in einer Kurve verschwand, empfand

Kern wie die letzte Szene eines Films, es fehlte nur noch der Abspann mit den Namen der Mitwirkenden. Kern hatte die Beweise vernichtet, alles war ausgelöscht, der Auftrag war erfüllt. Als Letztes schraubte er dann noch die Namensschilder an Wohnungs- und Haustür sowie am Briefkasten ab, womit die Familie auch für den Briefträger aufgehört hatte zu existieren.

Da er wusste, dass die Wohnung bis zum Beginn der Renovierung noch etwa vier Wochen leer stehen würde, beschloss Kern die Kleider, Fotoalben und Bilder erst bei seinem nächsten Besuch in Mutters neues Zuhause zu bringen. Er wollte jetzt nicht mehr im Altersheim vorbeigehen und das Pflegepersonal unvorbereitet mit einer Ladung Kleider überfallen. Physisch und psychisch ziemlich erschöpft, machte er sich auf den Weg nach Basel.

30

Da die Leitung dauernd besetzt war, wählte Kern zum wiederholten Male die Nummer der Klinikzentrale. Als er die Dame vom Empfang endlich am Apparat hatte und nach Marie fragte, ließ ihn die Antwort aufhorchen: „Es tut mir leid, Herr Dr. Kern, aber Marie Rossi arbeitet nicht mehr bei uns.“

„Das kann doch nicht wahr sein, wo ist sie denn hingegangen?“

„Es tut mir leid, aber das weiß ich wirklich nicht.“

„Da ich sie dringend erreichen muss, wäre ich sehr froh, wenn Sie mir ihre Handynummer geben könnten.“

„Dazu bin ich eigentlich nicht befugt, ich sehe aber, dass ich sie nicht einmal mehr habe, weil mit dem Weggang einer Angestellten automatisch alle zugehörigen Nummern und Adressen aus dem Notfallverzeichnis gelöscht werden.“

Als Gruber hereinkam, hatte Kern nicht einmal Lust, sich darüber zu ärgern. Mit leeren Augen registrierte er, wie Gruber auf die gewohnte Weise seine Jacke vorsichtig an einen Kleiderbügel hängte, sich dann vorsichtig setzte und dabei seine Hosenbeine oberhalb der Knie hochzog. Heute trug er einen beigen Anzug mit Gilet, dazu eine blau-lila-beige gemusterte Krawatte.

Er hatte bemerkt, dass ihn Kern beobachtete und verblüffte ihn mit der Aussage: „Ich werde vielleicht länger hier bleiben, der Chef hat mir ein Angebot gemacht."

Diese Worte machten Kern nicht gerade glücklicher, in wenigen Wochen wäre Grubers zweijährige Anwesenheit eigentlich zu Ende gegangen.

„Und wenn du ‚hier bleiben' sagst, was meinst du mit *hier*?"

„Das ist noch nicht genau besprochen worden, das kann sowohl hier, also in diesem Büro bedeuten, als auch in der Klinik. Ich nehme an, der Alte hat gemerkt, wie vielfältig einsetzbar ich bin."

„Dann gratuliere ich dir herzlich, ich wusste noch gar nicht, dass überhaupt eine Stelle frei ist."

„Er hat mir gegenüber vertraulich erwähnt, dass du mit dem Gedanken spielst, hier wegzugehen."

Das Gehörte ließ Kerns Pulsrate augenblicklich nach oben schnellen, und sarkastisch ergänzte er Grubers Satz: „... womit er hofft, dass du als überragender Wissenschaftler meine Abteilung innerhalb kurzer Zeit aus der biederen Provinzialität in die Champions League der Forschung führen wirst."

„Das könnte man eventuell so sehen. Ich lasse mir aber Zeit, und vor allem will ich mir alle Möglichkeiten offenhalten. Ich verstehe durchaus, dass du von der Provinzialität hier genug hast und dich absetzen möchtest. Ab und zu braucht man einfach eine Veränderung."

Nach einer Pause sprach Gruber weiter: „Bei Herschkoff scheinen sich ja einige Veränderungen abzuzeichnen. Erst kürzlich hat er die Rossi abserviert."

„Das wusste ich nicht. Warum eigentlich, du sagtest mir doch, dass sie seine Freundin ist, oder irre ich mich? Hast du sie nicht in Wien zusammen gesehen?"

„Ja freilich hab ich sie gesehen, ich hab da ein bisschen gespechtelt."

„Ja und jetzt, warum hat er sie gefeuert?"

„Das weiß ich nicht so genau, vielleicht war sie durch die Doppelbelastung als Pflegechefin und Geliebte etwas überfordert oder in einem der beiden Jobs nicht mehr gut genug. Die Sutter hat mir nur gesagt, dass die Rossi vorgestern da war und mit Herschkoff einen sehr lauten Streit hatte, wobei Herschkoff gebrüllt hätte wie ein Hornochse. Am Ende sei die Rossi dann weinend aus seinem Büro gerannt.

Ich habe das unfreiwillig fast miterlebt. Ich kam nur wenige Minuten nach dieser Episode in Herschkoffs Vorzimmer; es war noch Rauch auf dem Schlachtfeld. Christine Sutter sah aus, als ob sie auch geflennt hätte. Ich denke, dass der Alte seinen Zorn auch noch an ihr ausgelassen hat. Angesichts der Sachlage habe ich den Termin mit Herschkoff von mir aus platzen lassen und auf die Audienz beim tobenden Fürsten verzichtet."

Kern fragte sich, was Marie in Herschkoffs Büro noch zu tun hatte, da sie ja anscheinend schon längere Zeit nicht mehr für Herschkoff tätig war. Langsam kam er zu der Erkenntnis, dass dieser verletzte, blindwütige Othello seine ganze Macht dafür einsetzen würde, auch ihn zu bestrafen. Einen ersten Vorgeschmack hatte er mit Herschkoffs Wutausbruch bereits erlebt. Die erfundene „Indiskretion" bezüglich seines angeblichen Weggangs war der zweite Streich und zeigte an, dass er extrem kündigungsgefährdet war. Kern beschloss deshalb, sobald es die Zeitverschiebung erlaubte, Tom Edwards anzurufen.

Bevor er dies tun konnte, klingelte das Telefon. Es war Herschkoff.

„Ich habe von Martin Kolb einen Termin bekommen. Dein Vortrag bei Therapsis ist mit meinem Einverständnis auf Mittwoch, sechzehn Uhr, angesetzt." Herschkoff hatte diese Sätze genau in dem Stil formuliert, der bei Kern überhaupt nicht ankam. Mit unverhohlen böser Absicht streute Kern mit einer kleinen Lüge lustvoll Sand ins Getriebe.

„Am Mittwoch geht's auf gar keinen Fall. Da habe ich einen Urlaubstag eingegeben, weil ich die Wohnung meiner Mutter ausräumen muss. Sowohl Abfallmulde als auch Umzugspersonal stehen nur genau am Mittwoch zur Verfügung. Im Übrigen erwarte ich von Therapsis, dass man mich als Sprecher direkt und nicht indirekt über dich zum Vortrag einlädt, und von dir, dass ein Termin vorher mit mir abgesprochen wird."

Er fühlte förmlich, wie diese Worte Herschkoff zum Kochen brachten. Nach einem barschen „Okay, ich rede mit Kolb" knallte Herschkoff den Hörer auf die Gabel.

In Bezug auf ein Telefonat mit Tom Edwards hatte Kern Glück; die Gelegenheit für ein ungestörtes Gespräch ergab sich wesentlich schneller als erwartet. Gruber war um drei Uhr vom Nichtstun förmlich geschafft und wollte sich ausruhen, bevor er müde wurde. Er ergriff Jacke und Aktentasche und ging.

Nach einem kurzen Blick auf die Uhr beschloss Kern, die Gelegenheit wahrzunehmen und Edwards anzurufen. Er brauchte jetzt einfach Kontakt zu einem aufrichtigen Menschen. Er hätte eigentlich auch Kevin Shorter anrufen können, aber irgendwie fühlte er sich mit Tom Edwards und dessen Denkweise mehr verbunden.

Toms Sekretärin Kathy wusste sofort, wer er war, und sagte bedauernd, dass Tom den ganzen Tag, vermutlich bis sechs Uhr abends, in einem wichtigen Strategie-Meeting sei. Da Kern zu müde war, um Tom nach Mitternacht noch anzurufen, fragte er, wie es am nächsten Tag aussähe.

„Auch nicht besonders gut, es gibt ein ‚Upper Management Meeting' mit Chris Branson, dem neuen CSO, dem obersten Forschungschef. Das Meeting ist ‚open ended'. Ich könnte ihm eine Nachricht hinterlassen, Sie anzurufen, sofern sich eine glückliche Zeitkonstellation ergibt, falls das für Sie akzeptabel ist?"

„Gerne, ich gebe Ihnen alle Telefonnummern, über die man mich erreichen kann."

„Soweit ich sehen kann, habe ich schon alle Ihre Nummern im Outlook gespeichert. Ich habe hier vier Nummern, ich lese vor …" Deutlich artikulierend las sie die vier Nummern, und Kern bestätigte ihre Richtigkeit: „Das sind tatsächlich alle meine Nummern. Ich glaube aber, dass angesichts der Wichtigkeit der Meetings, die Tom zurzeit hat, mein Anruf nicht die oberste Priorität hat. Das Gespräch ist eher persönlich. Ich möchte auf keinen Fall drängen."

„Dann wäre übermorgen sicher der beste Tag. Er wird vermutlich die ganze Zeit über im Büro sein."

„Vielen herzlichen Dank für den Tipp."

„Sehr gern geschehen, Dr. Kern."

31

Tage waren vergangen, ohne dass sich jemand gemeldet hätte, um einen neuen Termin für seine Präsentation bei Therapsis festzulegen. Kern musste zugeben, dass er darüber nicht sehr unglücklich war. Er freute sich jedoch auf das Gespräch mit Tom Edwards, von dem er sich Feedback auf sein eingereichtes Unterstützungsgesuch erhoffte.

Es war genau vier Uhr nachmittags, also zehn Uhr morgens in New Jersey, als er Toms Nummer wählte. Der Zeitpunkt erschien ihm günstig, weil er Tom von acht bis zehn zwei Stunden Zeit geben wollte, die wichtigeren Dinge zu erledigen, bevor er mit ihm telefonierte. Tom war erfreut, seine Sekretärin hatte ihn schon am Vortag mit einer kurzen Notiz auf den Anruf von Kern vorbereitet.

„Dieter, ich habe deinen Projektvorschlag gelesen und auch unserem Chemie-Chef Carl Eastman zum Lesen gegeben. Wir beide sind ziemlich beeindruckt vom Projekt, vor allem im Lichte deiner jüngsten Resultate. Wie ich dir bereits bei unserem Meeting an der Rutgers University sagte, haben wir einige kreative Chemiker, denen die Herausforderung, die zwei Wirkungen in einem Molekül zu kombinieren, großen Spaß machen würde. Die zum Erfassen der Wirkung notwendigen zellulären Systeme mit der GloSensor-cAMP-Technologie sind uns vertraut. Wir müssten sie natürlich für die Dopaminrezeptoren zuerst noch etablieren, aber das ist kein Problem. Vielleicht könnten wir die Zellen ja sogar von dir bekommen. Da Chris Branson, unser neuer CSO, früher das HTS[46]-Labor leitete, werden derartige Testsysteme in Zukunft noch mehr Bedeutung als bisher bekommen."

„Du hast also einen neuen Chef bekommen?"

„Ja, Restrukturierungen sind bei uns in der pharmazeutischen Industrie leider häufig. Ihr Nutzen besteht hauptsächlich darin, unerwünschte Leute loszuwerden. Man kreiert einfach eine neue Organisationsstruktur, in der die Position der betreffenden Person nicht mehr existiert. Diese ständigen Wechsel wirken sich aber sehr negativ auf die Produktivität in der Forschung und Entwicklung aus, weil sie immer auch mit Verschiebungen oder Veränderungen der Prioritäten verbunden sind."

„Das hat doch verheerende Konsequenzen für Präparate und Projekte! Warum lässt man derart kontraproduktive Maßnahmen überhaupt zu?"

„Weil Restrukturierungen immer von oben kommen, kann man sie nicht verhindern. Hauptgrund ist meistens die Absicherung von Macht. Der Verantwortliche möchte nur vertraute und

---

[46] High Throughput Screening (HTS), Methoden, die es erlauben, mit Hilfe von Robotern Tausende von Substanzen in kurzer Zeit auf eine gesuchte Eigenschaft zu evaluieren.

berechenbare Kaderleute um sich haben. Für die oftmals desaströsen Konsequenzen einer Restrukturierung in Bezug auf den Erfolg der laufenden Projekte wird dann der unerwartete Widerstand gegen deren Implementierung verantwortlich gemacht."

„Du hast aber deine Position als Forschungschef Psychiatrie/Neurologie behalten?", fragte Kern besorgt.

„Ja, ich bin glücklicherweise von der Restrukturierung nicht betroffen."

„Und was hältst du von deinem neuen Boss?"

„Er ist ein guter Organisator und Administrator, ein guter Buchhalter, und er war ein sehr guter Zell- und Molekularbiologe."

„Übersetzt in klare Worte: Ist das für dich eine gute oder schlechte Wahl?"

„Es gibt zwei Schwachpunkte. Für innovative Ideen ist er nicht offen. Dazu kommt, dass ihm der Bezug zum Patienten und zur Krankheit fast komplett fehlt. Er spricht über die Pathogenese in einer molekularen Sprache, das heißt so, als ob sie im Detail bekannt wäre."

„Das geht doch nicht in der Psychiatrie."

„Deswegen bevorzugt er andere Indikationen. Im ZNS interessiert er sich nur für Alzheimer. Er will einen Schwerpunkt der Forschung darauf legen, die Bildung der Amyloid-Plaques zu hemmen."

„Ist nicht kürzlich gezeigt worden, dass die Reduktion der Amyloid-Belastung im Gehirn nicht von funktionellen Verbesserungen beim Patienten gefolgt ist?"

„Das ist richtig. Und weil es im Kontext der Alzheimer-Krankheit noch zahlreiche andere gleichwertige, aber genauso spekulative molekulare Strategien gibt, befürchte ich, dass ich in der Zukunft etwa 50 Prozent der Kapazität meiner Abteilung auf Alzheimer setzen muss."

„Wer sagt das?", fragte Kern besorgt.

„Das wurde gestern als neue Strategie verkündet."

„Was passiert mit deinen anderen Projekten?"

„Die müssen entsprechend verkleinert werden."

„Mir scheint, ich bin nicht der Einzige, der Probleme hat."

„Was sind denn deine Probleme, Dieter?", fragte Edwards mit diskretem Interesse.

Kern erzählte ihm lang und breit, was sich in letzter Zeit abgespielt hatte. Er beschönigte nichts, sprach über die ihm zunächst vollkommen unbekannte Verbindung zwischen Herschkoff und Marie und die Konsequenzen einer völlig harmlos gemeinten Bemerkung eines wertvollen Mitarbeiters. Er erzählte vom absolut veränderten Verhalten Herschkoffs ihm gegenüber, von dem Termin bei Therapsis und von Herschkoffs Ansprüchen auf seine Ideen. Tom Edwards hörte wortlos zu und meinte am Ende:

„Ich kann kaum glauben, dass man Privates und Geschäftliches auf diese Weise vermischen kann. Mein Gefühl sagt mir, dass die ganze Situation nicht auf ein gutes Ende programmiert ist. Du musst eher mit einer weiteren Eskalation als mit einer Beruhigung rechnen. Ich kenne Herschkoff nicht, aber ich kenne ähnliche Menschen. Sie können den Versuchungen der Macht nicht widerstehen. Eine Niederlage zu akzeptieren, ohne von der ihnen im Rahmen der Hierarchie verliehenen Macht Gebrauch zu machen, braucht eine gewisse Größe. Diese Größe scheint Herschkoff, wie viele andere Manager, nicht zu haben."

Obwohl sich alles in ihm gegen diese Einsicht sträubte, wusste Kern, dass Edwards recht hatte, er wechselte daher lieber das Thema: „Können wir noch einmal zurück zu meinem Gesuch um Unterstützung kommen? Ist die Tatsache, dass du und dein Chemie-Chef begeistert sind, gleichbedeutend mit einer Zusage?"

„Ja, du darfst mit einer Zusage für vorläufig drei Jahre rechnen."

„Könntest du mir dies schriftlich bestätigen, das würde mich etwas gegen die überbordenden Ansprüche Herschkoffs absichern."

„Eigentlich war das erst für nächste Woche geplant, mit den anderen drei akzeptierten Gesuchen. Aber wenn es dir hilft, mache ich es gerne sofort. Der Grant gilt ab Januar. Der Betrag fürs erste Jahr muss im Januar angefordert werden mit der Grantnummer, die auf dem formellen Bescheid steht, und einem Formular, das du zugeschickt bekommst. Die Auszahlung des Geldes in den beiden folgenden Jahren ist an einen Bericht gekoppelt. Das heißt, dass sie von mir jeweils bewilligt werden muss, nachdem ich einen Bericht über die im betreffenden Jahr gemachten Fortschritte gesehen habe. Dieser ist jeweils im Spätherbst fällig."

„Das wird kein Problem sein, vielen Dank."

Als Kern aufgelegt hatte und über das Gespräch kurz nachdachte, wunderte er sich über sich selbst. Er hatte einem eigentlich fremden Menschen, den er nur von einem einzigen persönlichen Treffen und einigen Telefongesprächen kannte, sehr viel von sich preisgegeben, mehr als je einem anderen Menschen. Noch ungewöhnlicher war, dass er keinerlei Befürchtungen hegte, dass ihm dies irgendwann zum Nachteil gereichen könnte, nicht einmal, wenn er die angebotene Position bei Edwards annehmen sollte.

Dabei wurde ihm plötzlich bewusst, dass er diesen sehr wichtigen Aspekt überhaupt nicht mit Edwards diskutiert hatte. Eigentlich wollte er seinen angestammten Platz gar nicht verlassen, aber er glaubte sich mit einer Stelle in der Hinterhand Herschkoff gegenüber einfach sicherer zu fühlen. Er beschloss, die angebotene Stelle im Dankesschreiben für die zugesprochenen finanziellen Mittel an Edwards zu erwähnen. Diese Option musste er sich einfach offenhalten.

32

Während er an seinem heißen Kaffee nippte, durchforstete Kern in seiner Morgenroutine zuerst die lange Liste seiner E-Mails. Im

Bestreben, eine Übersicht über die tatsächlich wichtigen E-Mails zu bekommen, löschte er zuerst den überhand nehmenden Spam. Unter den echten E-Mails erfasste sein suchender Blick eine Mitteilung von PS&R, die er sofort anklickte. Darin drückte Tom Edwards' Sekretärin Kathy ihre Freude darüber aus, ihm den versprochenen Grant bestätigen zu dürfen. Sie machte Kern darauf aufmerksam, dass das Originaldokument mit den Unterschriften per Kurier unterwegs sei und dass er im Anhang bereits eine pdf-Kopie des von PS&R unterschriebenen Originals finden würde. Sie wies ihn auch auf den zweiten Anhang, das Formular, mit dem er im Januar die erste Auszahlung beantragen konnte, hin.

Das waren wirklich gute Neuigkeiten. Jetzt würde er bald eine neue, leistungsfähige PCR-Maschine[47] kaufen können, was seinem Labor die Arbeit um einiges vereinfachte.

Herschkoff hatte schon längere Zeit nichts von sich hören lassen, was Kern spontan nicht als gutes Zeichen wertete. Kern befand sich seit dem Zwischenfall auf der Party in einer lähmenden, negativen Erwartungshaltung. Etwas beruhigt vernahm er dann von Gruber, dass Herschkoff in Aachen an einer multinationalen Konferenz der Chefärzte der psychiatrischen Kliniken teilnahm und sich für eine ganze Woche abgemeldet hatte. Er versuchte sich aber einzureden, dass ihm Nachrichten über Herschkoff in zunehmendem Maße total Wurst waren.

In keiner Weise gleichgültig war ihm hingegen Christine Sutter. Er empfand in Bezug auf sie aber eine gewisse Ohnmacht. Er war nicht in der Lage, ihr gegenüber klar Stellung zu beziehen, und fühlte sich andererseits gedrängt, etwas zu unternehmen. Er konnte sie jetzt nicht einfach auf einem Nebengleis abstellen. Angesichts der Abwesenheit Herschkoffs fasste er sich ein Herz und beschloss, ihr einen Besuch abzustatten.

---

[47] Ein Gerät, welches eine vollautomatisierte Durchführung verschiedener temperaturabhängiger molekularbiologischer Prozesse erlaubt, z. B. die Erbsubstanz DNA in vitro zu vervielfältigen.

Christine sah ihn mit einem traurig-freundlichen Gesicht an. Er vermisste den üblichen Glanz in ihren Augen.

„Wie geht es dir, Christine?"

„Es geht mir gut."

„Ich sehe aber zwei traurige Augen, das passt nicht zusammen."

„Das ist privat."

„Vor dir steht Dieter, der Tröster", versuchte er sich ihr mit Humor zu nähern.

„Das ist kein Fall für Dieter, den Tröster, weil Dieter, der Draufgänger, das Problem ist."

Nach diesen Worten nahm Kern die Deckung herunter, er war bereits angezählt. Er musste annehmen, dass sie alles wusste.

„Hat Herschkoff dir die alte Geschichte erzählt?", fragte er vorsichtig.

„Nein, er hat sie mir nicht erzählt, er hat sie bei einem Streit mit Marie Rossi durch die Wände gebrüllt."

„Warum ist Marie noch einmal aufgetaucht? Sie arbeitet doch, soweit ich orientiert bin, schon längere Zeit nicht mehr hier", fragte Kern.

„Nein, sie arbeitet jetzt, wie sie mir sagte, in Liestal. Die Geschichte begann damit, dass ich beim Aufräumen in einer Ablage ein verwaistes Arbeitszeugnis und ein altes Empfehlungsschreiben gefunden hatte. Sie muss diese Dokumente mit ihrer Bewerbung, also vor meiner Zeit hier, eingereicht haben. Sie wollte eigentlich nur schnell vorbeikommen, Guten Tag sagen und die beiden Dokumente abholen. Sie hatte ihren freien Tag und war zufällig in der Nähe.

Obwohl sie eine Begegnung mit Herschkoff um jeden Preis vermeiden wollte, war er dann völlig unplanmäßig in seinem Büro und rief sie zu sich herein. Ich merkte, dass sie seiner Aufforderung nur sehr widerwillig Folge leistete. Schon nach kurzer Zeit hörte ich plötzlich, dass er sehr laut wurde. Dann ist er total ausgerastet. Ich habe ihn noch nie so toben gehört, er war völlig außer sich. Ich kann hier nicht wiederholen, wie er dich in seiner Wut bezeichnet hat, ebenso vulgär waren die Bezeichnungen für Marie. Ich hätte nie geglaubt, dass er so primitiv sein könnte. Das muss ihm alles sehr nahegegangen sein. Kein Wunder, sie ist eine außerordentlich attraktive und gleichermaßen kompetente Frau. Ich musste eigentlich nur noch eins und eins zusammenzählen."

„Fakt ist, dass sie ein Verhältnis miteinander hatten, von dem ich nicht den Hauch einer Ahnung hatte", beeilte sich Kern zu erklären, „ich habe es erst viel später durch Gruber erfahren."

„Fakt ist, dass du nicht nein gesagt hast."

„Aber, ich war ja in keiner Beziehung. Ich nahm an, dass dies für Marie genauso galt."

„Warum bist du nicht bei ihr geblieben? Warum bist du mit mir ausgegangen?" Obwohl Kern diese Frage irgendwie erwartet hatte, fiel es ihm schwer, die Antwort darauf zu formulieren.

„Marie hat mir, nachdem ich lange nichts von ihr gehört hatte, am Telefon klargemacht, dass ich unser Zusammenkommen als eine einmalige Episode betrachten solle und dass aus uns nichts werden würde."

„Willst du damit sagen, dass ich erst, als du wusstest, dass aus Marie und dir nichts werden würde, für dich wirklich interessant wurde?"

Kern realisierte mit Schrecken, dass seine Äußerung total missverständlich war und meinte stockend, jeden Satz einzeln abwägend: „Es dürfte der Wahrheit sehr viel näher kommen, wenn ich sage, dass es genau umgekehrt war: Du warst, seit ich da bin, der Fokus meines Interesses. Erst als ich endgültig annahm, bei dir keine echten Chancen zu haben, war diese zufällige, einmalige Geschichte mit Marie überhaupt möglich. Ich habe mich auch nie um sie bemüht, ich hielt sie für eher kühl und etwas schnippisch. Im Gegensatz dazu warst du immer nett und für mich auf eine geheimnisvolle Weise attraktiv; aber ich hatte immer das Gefühl, dir keinen Schritt näher gekommen zu sein. Ich glaubte zu spüren, dass du meine Nähe überhaupt nicht zulassen wolltest. Der Abend mit dir hat dies dann auf wunderbare Weise geändert, und ich glaubte wieder, hoffen zu dürfen. Da war aber die Geschichte mit Marie schon längst, weit mehr als ein Jahr zuvor, passiert."

„Die Situation hat sich nun aber grundlegend geändert. Marie ist wieder frei. Sie ist viel attraktiver als ich, sie ist eine sehr starke Frau."

„Sie interessiert mich nicht mehr. Ich weiß nicht, wo sie ist. Ich habe von ihr nicht einmal eine Telefonnummer." Dann sah er Christine an und wollte ihre Hände ergreifen, doch sie zog sie langsam weg.

„Bitte nimm das, was ich jetzt sage, nicht als billigen Versuch, mich wieder bei dir einzuschmeicheln: Ich war noch nie verlegen, wenn mir jemand in die Augen geblickt hat. Das ist mir bei dir zum ersten Mal passiert ... " „Dieter, hör bitte auf, ich habe große Mühe mit derartigen Äußerungen angesichts der Situation."

Kern fühlte, wie er von einer Welle der Traurigkeit und Resignation erfasst wurde. Niedergeschlagen erhob er sich und sagte im Weggehen: „Für mich hat sich nichts geändert seit unserem Abendessen. Ich wäre unendlich traurig, wenn dies nicht nur der Anfang, sondern auch zugleich das Ende unserer Freundschaft wäre." Und noch während er dies sagte, machte sich in ihm die Angst breit, alles verpatzt zu haben.

33

Als er ins Büro zurückkam, saß Gruber in aufreizend dominanter Pose auf seinem Stuhl und sagte: „Gut, dass du endlich kommst. Ich wollte mit dir über die laufenden Versuche diskutieren."

„Welche Versuche?"

„Ich meine alle Versuche, die in deinem Labor am Laufen sind. Ich möchte mir keine Vorwürfe machen lassen, nicht zugehört zu haben, bevor ich den Projekten eventuell meinen Stempel aufdrücke."

„Entschuldigung Hans, ich verstehe immer noch nicht ganz, was du meinst."

„Mensch, bist du heute schwer von Begriff. Du kannst doch hier nicht weggehen, ohne mich voll über die laufenden Experimente informiert zu haben. Ich bin von Herschkoff zwar bereits eingeführt worden in die Problematik der selektiven Beeinflussung des mesolimbischen und mesokortikalen Systems und der Aktivierung des Frontallappens. Er hat mir das entsprechende Kapitel seines neuen Manuskripts als Einführung zum Lesen gegeben. Ich muss aber noch genauer über die Experimente Bescheid wissen."

Kern wusste, dass Herschkoff ein größeres Buchprojekt in Arbeit hatte. Er war aber überzeugt, dass das Manuskript schon seit längerer Zeit mehr oder weniger druckfertig war und Herschkoffs Expertise entsprechend hauptsächlich klinische Aspekte der Schizophrenie zum Gegenstand haben würde. Was Gruber soeben gesagt hatte, wies aber eindeutig darauf hin, dass diese Annahme falsch war. Ein bedrohlicher Gedanke keimte in ihm auf. Er musste unbedingt wissen, was Herschkoff geschrieben hatte, und fragte deshalb: „Damit ich mir ein Bild von dem machen kann, was du schon weißt, müsste ich mir Herschkoffs Kapitel kurz ansehen. Er hat es mir vor einigen Wochen einmal gezeigt. Da war es aber noch im Embryonalstadium. Ich entnehme deiner Schilderung aber, dass Peter inzwischen sehr viel weiter gekommen ist mit dem Manuskript."

„Das kannst du gerne haben, ich mache dir eine Kopie." Gruber öffnete eine Schreibtischschublade, holte ein Bündel von knapp zehn Seiten heraus und verließ das Büro, um die Seiten zu kopieren. Er übergab Kern die noch warmen Blätter und sagte: „Ich wäre froh, wenn wir dies schnell hinter uns bringen könnten. Dann könnte ich den Fortgang der Experimente verfolgen und meinen Input bereits in die laufenden Experimente einbringen, falls ich mich tatsächlich entschließe, hierzubleiben."

Kern hörte schon gar nicht mehr zu. Schon beim Überfliegen der ersten Zeilen hatte er die frappierende Ähnlichkeit mit dem Text des Manuskripts erkannt, welches er Herschkoff als zusammenfassenden Bericht für den Vesalius-Forschungspreis überlassen hatte. Kern fühlte, wie sein Puls raste. Seine Hände zitterten. Er legte das Manuskript auf den Schreibtisch und räusperte sich, um seiner Stimme einen festen Klang zu geben, als er sich an Gruber wandte: „Ich brauche zwei, drei Tage, dann können wir mit der Orientierung beginnen."

Gruber nicht weiter beachtend, wandte er sich wieder Herschkoffs Manuskript zu, und mit jeder Zeile, die er las, wurde seine Wut größer. Herschkoff hatte sich nicht nur uneingeschränkt an seinem Manuskript bedient, er hatte seine Hypothese über die Möglichkeiten, mit Hilfe von neuen Wirkungskombinationen selektiv die mesokortikalen/mesolimbischen Bahnen zu modulieren, als seine eigene dargestellt. Er ging sogar so weit, im Zusammenhang mit der selektiven Aktivierung des Frontallappens die noch unveröffentlichten, bahnbrechenden Resultate ausführlich „vorauszusagen".

Während Kern sich mit ungläubigem Staunen durch die Zeilen las, hörte er Grubers Stimme: „Verdammt gut geschrieben, nicht wahr? Ich habe den Alten wissenschaftlich unterschätzt. Da hast du ja echt Glück gehabt, dass er dich da auf eine heiße Fährte gesetzt hat. Die Sache beginnt mich echt zu interessieren. Obwohl ich ja eher Kliniker bin, glaube ich, dass ich hier einen wichtigen Beitrag leisten könnte."

„Hast du dich jetzt definitiv entschieden zu bleiben?"

„Nein, ich bin mir noch unschlüssig, ob ich hier in der Schweiz bleibe oder eine Stelle als Oberarzt mit akademischer Laufbahn in Wien annehmen soll, die man mir kürzlich angeboten hat. Ich hab's ja nicht eilig. Wer die Wahl hat, hat die Qual."

Kern war sehr froh, dass Gruber schon bald seine Sachen packte und das Büro verließ. Er hatte das Manuskript bereits zweimal durchgelesen und mit jeder Zeile, die er las, wurde seine Wut über den Machtpoker und seine Frustration über die eigene Machtlosigkeit stärker. Er suchte verzweifelt nach Möglichkeiten, aus dieser schwierigen Lage unbeschadet herauszukommen. Schließlich machte er, für seine Verhältnisse ungewohnt früh, Feierabend.

Auf dem Heimweg kaufte er sich ein halbes gegrilltes Hähnchen und eine Portion fertigen Karottensalat. Zu Hause angekommen, legte er die kleine Plastiktüte mit dem Essen auf den Tisch und setzte sich müde und erschöpft auf den braunen Polstersessel, den er vor ein paar Monaten in einem Brockenhaus günstig erworben hatte. Er nahm die Fernbedienung zur Hand und zappte desinteressiert durch die Kanäle. Auf einem Sender lief eine amerikanische Sitcom, von der er sich die letzten zehn Minuten anschaute, ohne den Mund je zu einem Lächeln zu verziehen. Dann schaltete er den Fernseher aus und ging in die Küche, wo er zu seinem Leidwesen feststellte, dass das Grillhähnchen inzwischen kalt geworden war. Er stellte den Backofengrill auf volle Leistung, legte das Hähnchen in eine feuerfeste Glasschale und schob diese in den Ofen. Dann nahm er die Zeitung, die er beim Heimkommen aus dem Briefkasten genommen und auf einen kleinen Beistelltisch gelegt hatte, setzte sich wieder in den Sessel und begann zu lesen. Am meisten interessierte ihn die umfangreiche Kunstbeilage der Zeitung mit einem großen, bebilderten Artikel über eine international stark beachtete Ausstellung im Beyeler Museum.

Plötzlich roch es stark nach Verbranntem. Er hatte das Hähnchen total vergessen. Er sprang auf und rannte in die Küche. Durch die Glastür des Ofens sah er nur dichten Rauch. Er riss die Ofentür auf, woraufhin ihm eine Welle heißer Luft entgegenbrandete. Blitzschnell wandte er sich ab und ergriff einen Topfhandschuh sowie ein Handtuch, welches er mehrfach zusammenfaltete. Mit der handschuhgeschützten Hand zerrte er das rauchende, heiße Glasgefäß etwas heraus, erfasste es dann mit Topfhandschuh und Handtuch beidhändig und suchte nach einer Möglichkeit, es sicher abzustellen. Höchste Eile war angezeigt, denn die Hitze hatte die dürftige Isolation des Handtuchs bereits durchdrungen. Er schob mit dem Ellbogen eine im Weg stehende leere Pfanne nach hinten und stellte die heiße Schale auf den Kochherd. Dann schüttelte er schmerzverzerrt seine von der Hitze lädierten Finger, wischte sich mit dem Handschuh den Schweiß von der Stirn, schaltete den Backofen aus und schloss die Ofentür.

Ein kurzer Blick auf sein schwarzes Hähnchen zeigte ihm, dass Fleisch heute Abend nicht mehr auf der Karte stand; stattdessen war eine vegetarische Diät mit Karottensalat angesagt. Angesichts der Tatsache, dass er überhaupt keine Hungergefühle hatte, war ihm das eigentlich auch ziemlich gleichgültig. Ohne einen Teller zu benutzen, aß er den süßlichen Salat mit der Gabel direkt aus dem dünnen Plastikschälchen.

Nach dem Essen stand ein höchst unwillkommener, arbeitsintensiver Abwasch an. Trotz ausgiebiger Verwendung von Spülmittel und eines neuen Reinigungsschwamms ließ sich das eingebrannte Fett nur sehr schwer entfernen. Die Glasschale war aber nicht das Schlimmste, es wartete noch der Backofen, den er bereits im warmen Zustand mit Reiniger eingesprüht hatte. Der schwarz-braune eingebrannte Fettbelag wurde dadurch zu einer ekelhaften, schmierigen Masse, die er mit Hilfe des Reinigungsschwamms in das Spülbecken beförderte. Mit fast einer ganzen Rolle Haushaltspapier schaffte er es schließlich, den Backofen in seinen ursprünglichen Zustand zu bringen. Nach einer guten Stunde war die Küche wieder in Ordnung.

Er ging ins Wohnzimmer, setzte sich wieder in den Sessel und zappte erneut gedankenverloren durch alle Kanäle. Um zwanzig nach zehn legte er sich ins Bett, und obwohl er müde war, konnte er lange nicht einschlafen. Ständig wechselnde Bilder von

Herschkoff, Christine, Marie und Gruber verdichteten sich zu einer wirren Gedankencollage, die, nachdem er endlich in den Schlaf geglitten war, in ebenso wirren Träumen ihre Fortsetzung fand.

Gegen morgen riss ihn das Klingeln des Telefons aus dem Schlaf. Er blickte auf die Uhr, es war zehn nach sieben, und nahm den Hörer ab. Eine Frauenstimme fragte: „Herr Kern?"

„Ja!"

„Hier spricht Barbara Berger vom Alterszentrum. Ich habe schlechte Neuigkeiten. Ihre Mutter hatte heute früh leider einen ziemlich bösen Unfall. Sie ist in aller Frühe beim Gang zur Toilette gestürzt und hat sich dabei sehr weh getan. Der Vorfall blieb leider lange unbemerkt. Wir haben noch keine Diagnose, wollten Sie aber so schnell wie möglich informieren. Ich nehme an, dass es nichts bringt, wenn Sie sich jetzt schon auf den Weg machen. Sie muss ja zuerst untersucht werden. Zurzeit ist sie mit der Ambulanz auf dem Weg in die Klinik."

„Vielen Dank für die Information, ich werde mich mit der Klinik in Verbindung setzen, sobald ich annehmen kann, dass erste Ergebnisse vorliegen."

Als Kern den Hörer auflegte, saß er lange auf dem Bettrand, das Gesicht in beiden Hände vergraben und mühsam seine Gedanken ordnend. „Ich scheine wirklich keine Glückssträhne zu haben zurzeit", sagte er zu sich selbst, legte sich nachdenklich wieder ins Bett und blickte zur Decke.

Als er aufschreckte, bemerkte er, dass er noch einmal eingeschlafen sein musste. Es war bereits halb zehn. Angesichts der Tatsache, dass er jede Woche mindestens fünfzig Stunden arbeitete, beschloss er, sich einen Tag freizunehmen, und sagte seinen Mitarbeitern Bescheid. Diese hatten, über sein ungewohntes Fehlen beunruhigt, bereits Herschkoffs Sekretärin angerufen, um zu erfahren, ob sich Kern eventuell abgemeldet hätte.

Um zehn Uhr rief er das Spital an, und nach langem Warten konnte er endlich den behandelnden Arzt sprechen. Dieser teilte ihm mit, dass man bei einer Ganzkörper-MRT und auf den Röntgenbildern keine Hinweise auf innere Verletzungen gefunden hätte. Problematisch dagegen seien die zahlreichen Knochenbrüche, begünstigt durch starke Osteoporose. Seine Mutter hätte das Schultergelenk, die Elle, einen Mittelhandknochen und das Fußgelenk gebrochen. Sie müsse mehrfach operiert werden, die erste Operation sei auf elf Uhr angesetzt worden. Angesichts ihres Alters könne man nicht alle Operationen an einem Tag durchführen.

Kern nahm dies alles zur Kenntnis und wollte seine Mutter am späteren Nachmittag im Spital besuchen. Da er das Gefühl hatte, dass ihm die Ereignisse über den Kopf wuchsen, brauchte er dringend Entspannung. Er suchte sich deshalb aus den vielen aufgestapelten CDs eine ganz bestimmte heraus, legte die Hülle auf das Sideboard, schob die Scheibe in den CD-Player und lehnte sich zurück. Dann ließ er sich von Keith Jarrett in eine andere Realität tragen.

Die zur Routine gewordene Fahrt in die Innerschweiz dauerte wegen eines Unfalls und des dadurch entstandenen Staus deutlich länger als sonst. Im Spital fand er seine Mutter erst nach mehrmaligem Nachfragen in einem nur von ihr allein bewohnten Zweierzimmer. Sie hatte den Arm einschließlich der Hand in Gips, ihre Schulter war fixiert und der Fuß geschient. Sie war wach und schien sehr deprimiert. Sie tat ihm sehr leid. Es schien ihm, als bliebe ihr überhaupt nichts erspart. Jetzt, wo sie sich endlich mit dem neuen Heim angefreundet hatte und wohlbehütet, ohne Verpflichtungen den Tag hätte genießen können, musste dieser Unfall passieren.

„Na, Mutter, du machst Geschichten. Wie geht es dir?"

„Mir geht es nicht gut."

„Ich habe gehört, was passiert ist. Warum bist du so früh aufgestanden?"

„Ich stehe doch immer so früh auf, ich kann doch den Emil nicht alleine lassen! Er hat übrigens gesagt, dass er heute Nachmittag vorbeikommen würde."

„Mutter, Vater ist doch schon seit längerer Zeit tot."

„Das wusste ich gar nicht, ist das wahr? Tot? Das macht mich sehr traurig."

Kern sah, wie ihre Augen feucht wurden. Während er seine eigene Rührung bekämpfte, wurde ihm bewusst, wie verwirrt sie war.

„Ich war heute mit den Kindern zusammen."

„Mit welchen Kindern?"

„Da ist eine Familie mit zwei süßen Kindern. Ich war heute zum Mittagessen eingeladen und habe mit den Kindern auf dem Spielplatz gespielt."

„Die haben sich sicher sehr gefreut."

„Ja, das sind ganz liebe Kinder", meinte sie lächelnd.

„Du musst dich jetzt schonen, damit du schnell gesund wirst. Frau Berger und deine Freundinnen im Heim wünschen dir von Herzen gute Besserung. Ich habe Frau Berger heute auf ihren Wunsch noch angerufen, um ihr den Befund mitzuteilen."

„Hast du gesehen, was alles kaputt ist?"

„Ich habe bereits heute Morgen mit dem Arzt gesprochen. Er sagt, dass man alles reparieren kann, du wirst bald wieder gehen können."

Kern blieb fast zwei Stunden bei seiner Mutter und schlich sich dann leise aus dem Zimmer, als er merkte, dass sie eingeschlafen war.

34

Herschkoff saß grimmig auf seinem schweren schwarzen Drehstuhl. Mit der linken Hand hielt er seine Kopie der an Kern gerichteten Einladung mit drei vorgeschlagenen Terminen für die Präsentation bei Therapsis. Er blickte über den Rand der tief sitzenden Lesebrille auf Kern und, mit den Fingern auf den Brief zeigend, sagte er überlaut: „Habe ich richtig gehört? Du hast mir soeben gesagt, dass du keinen der hier vorgeschlagenen Termine wahrnehmen willst?"

„Du lässt mir ja keine Wahl. Es können doch nicht zwei Firmen gleichzeitig das Right of First Refusal[48] haben. PS&R waren zuerst, sie werden meine weitere Forschung mit dem doppelten Betrag, den Therapsis offeriert, unterstützen, und zwar über drei statt zwei Jahre, und das alles ohne Vorbedingungen. Das heißt, dass PS&R im Gegensatz zu Therapsis weder eine Vorstellung der Thematik in Form eines Referats noch eine Empfehlung von Seiten der Forschungsabteilung verlangt. Ich habe den unterschriebenen Vertrag, das unterschriebene Geheimhaltungsabkommen und selbstverständlich eine Einladung, auf PS&R-Kosten nach New Jersey zu kommen und das Projekt, wann immer ich will, dort vorzustellen. Ich weiß jetzt schon, dass einige Leute bei PS&R nur darauf warten, aktiv zu werden."

„Was zum Teufel heißt hier ‚aktiv zu werden'?" Herschkoffs Gesicht war leicht gerötet. Kern spürte, dass er jetzt sehr sachlich bleiben musste.

„Der Psychiatrie/Neurologie-Forschungsleiter und sein Chemie-Chef wollen meine Idee so schnell wie möglich, mit einem erstklassigen Team von Chemikern und Biochemikern ausgestattet, zu einem Schizophrenie-Topprojekt werden lassen."

Herschkoff schüttelte mit weit aufgerissenen Augen den Kopf: „Das wird nicht passieren. Ich will mit Therapsis zusammenarbeiten. Ich habe mich mit Martin Kolb bereits abgesprochen."

Kern fühlte ob dieser Ignoranz eine stille Wut aufsteigen.

---

[48] Wird im Rahmen eines unterstützten Projekts eine Erfindung gemacht, muss diese bei einer geplanten Veräußerung zuerst dem Inhaber des Right of First Refusal angeboten werden. Erst wenn dieser vom Angebot keinen Gebrauch machen will, kann die Erfindung anderen Firmen angeboten werden.

„Du kannst mit Kolb so oft du willst zusammenarbeiten, aber nicht mit diesem Projekt."

„Dieter, ich warne dich zum letzten Mal. Deine Resultate sind das Resultat einer Forschung, die unter meiner Leitung, in meinem Institut und mit von mir angestellten Mitarbeitern durchgeführt wurde. Es ist ganz alleine meine Entscheidung, wenn ich Martin Kolb vertraulichen Einblick gewährt habe in unsere Daten."

„Sag bitte nicht, dass du ihm meinen vertraulichen Bericht gegeben hast", sagte Kern ungläubig staunend und zutiefst entsetzt.

„Selbstverständlich habe ich das."

Kern, mit seinem Sinn für Nuancen, verstand diese Worte als provokatives Machtgehabe. „Dann zeige mir bitte das CDA, das er unterschrieben hat."

„Es braucht kein CDA unter Freunden. Ich sitze bei Therapsis seit Jahren im Scientific Advisory Board."

„Du hast also Therapsis ohne Geheimhaltungsabkommen den Freipass gegeben, meine nicht patentierte Idee zu nutzen, um neuartige antipsychotische Medikamente zu kreieren; Ideen, auf deren Nutzung PS&R bereits das Right of First Refusal besitzt." Kern sah keine Veranlassung mehr höflich zu bleiben und schloss ironisch: „Das nenne ich echt klug."

„Du glaubst doch nicht etwa, dass ich meinen Postdoc fragen muss, wenn *mein* Institut mit einem multinationalen Pharmakonzern zusammen ein Projekt bearbeiten will."

„Ich glaube sehr wohl, dass ich als Erfinder an jeder Entscheidung, die meine Entdeckungen betrifft, beteiligt sein müsste. Wir waren immer offen zueinander. Aber statt alles mit mir abzusprechen, machst du hinter meinem Rücken Geschäfte mit Personen, die ich nicht ... "

Herschkoff fiel Kern ins Wort und sagte akzentuiert: „Du scheinst einfach nicht kapieren zu wollen, dass du in diesem Zusammenhang vollkommen bedeutungslos bist. Geschäftliche Dinge gehen dich überhaupt nichts an."

Obwohl Herschkoff beim letzten Satz sehr laut und sein Gesicht noch röter geworden war, fuhr Kern unbeirrt und mit kontrollierter Stimme fort: „Wenn ich sehe, was alles vor sich geht, kann ich so bedeutungslos nicht sein. Damit dir bei deinen Geschäften niemand in die Quere kommt, machst du mir mein Leben hier vollkommen unerträglich, setzt das Gerücht in die Welt, dass ich wohl bald weggehen werde und machst den vermutlich größten Deppen der Universität zum Erbprinzen. Durch das schnelle Einfügen eines zusätzlichen Kapitels in dein bereits fertiges Manuskript versuchst du dir die Rechte an der Theorie unter den Nagel zu reißen. Und dann machst du in dem Kapitel als Krönung großartige ‚Voraussagen‘ über die möglichen pharmakologischen Ansätze, die nicht falsch sein können, weil sie keine Voraussagen sind, sondern bereits vorhandene Resultate, die ich dir im Vertrauen gezeigt hatte.“

Mit geschwollenen Stirnadern schrie Herschkoff: „Was glaubst du eigentlich, wer du bist? Du bist immer noch der kleine Wichser, den ich damals angestellt habe. Auch wenn du, vom Größenwahn getrieben, dich für Dinge interessierst, die für dich eine Nummer zu groß sind und die dich absolut nichts angehen.“

Da brannten auch bei Kern alle Sicherungen durch. Er konnte sich nicht mehr zurückhalten und schrie Herschkoff entgegen: „Meinst du mit ‚Dingen‘ vielleicht Dinge wie Marie Rossi?“

„Lass diese Frau aus dem Spiel oder ich vergesse mich!“ Herschkoff trat einen Schritt vor und war kurz davor, sich auf Kern zu stürzen. Mit vorgebeugtem Kopf, einen Arm in die Hüften gestemmt, mit dem anderen wild fuchtelnd, stand er brüllend so nahe vor Kern, dass dieser bei jedem Wort Speicheltröpfchen im Gesicht spürte.

„Du verdammter Schweinehund glaubst wohl, dass du mit deinem Musikerimage jede Frau vögeln kannst.“

„Und du hast das Gefühl, dir gehört hier alles, die Menschen, ihre Ideen, ihre Gefühle. Bis jetzt bin ich davon ausgegangen, dass Leute, die sich für Gott halten, für gewöhnlich von Leuten wie dir mit Medikamenten behandelt werden."

Herschkoff raste vor Wut: „Niemand sagt so etwas ungestraft zu mir."

„Da spricht schon wieder der liebe Gott, und wie bei all diesen Patienten fehlt jede Einsicht, krank zu sein. Dort ist der Balkon, gehe hin und sprich zu deinem Volk."

Kern erhob sich und verließ, ohne ein weiteres Wort zu sagen, Herschkoffs Büro. Christine saß, zur grauen Maus mit schwarzer Lesebrille mutiert, an ihrem Schreibtisch, als Kern mit steinerner Miene an ihr vorbeiging. Er bemühte sich, ihren Blick aufzufangen. Doch Christine hielt ihren Kopf gesenkt. Vergebens suchte er nach einem Zeichen der Ermunterung.

Kern hatte das Gefühl, auf fast allen Ebenen verloren zu haben. Er wusste auch, dass niemand Herschkoff davon abbringen konnte, ihn zerstören zu wollen, genauso wie er Marie Rossi mit eisiger Kälte aus seinem Leben gefegt hatte. Er war sich auch im Klaren, dass diese jüngste Unterhaltung zwar die Argumente für seine Kündigung liefern würde, nicht aber der Grund dafür war. Das Urteil war noch auf der Party im Labor gefällt worden, am Tag, der eigentlich der Freude über das wissenschaftlich Erreichte gewidmet war.

Auf dem Weg zurück in sein Büro versuchte Kern, seine Karten zu ordnen. Trümpfe sah er kaum noch. Seine wissenschaftliche Leistung zählte nicht mehr, die Tatsache, dass er seine Mitarbeiter mit viel Geschick führte, zählte nicht, die hohe Qualität seiner Vorlesung zählte nicht. Herschkoff würde, wenn Kern nicht mehr am Institut war, alle Verdienste um die Theorie und die neuesten experimentellen Befunde für sich in Anspruch nehmen. Therapsis könnte zudem dank Herschkoffs kapitalem Fehler völlig legal ein chemisches Programm auf der Grundlage der neuen Daten aufbauen. Der von PS&R unterschriebene Vertrag hätte dann keinerlei Exklusivität mehr. Kern wusste zwar von Edwards, dass jede Pharmafirma beim geringsten Zweifel bezüglich des geistigen Eigentums sofort einen Rückzieher macht, um später nicht in einen Prozess verwickelt zu werden und letztlich große Abfindungs- oder Provisionssummen zahlen zu müssen. Doch er kannte auch die Hartnäckigkeit und Überzeugungskraft Herschkoffs und den Wert seines persönlichen Beziehungsgeflechtes.

Im Hinblick auf diese Bilanz sah Kern nur noch eine Option: Er könnte das Manuskript sofort zur Publikation einreichen und dabei Herschkoffs Namen einfach von der Liste der Co-Autoren streichen. Beim näheren Hinsehen erkannte er jedoch schnell, dass auch diese Strategie einen Haken hatte: Zwar würde die Publikation schwere Zweifel in Bezug auf Herschkoffs Beteiligung an der Urheberschaft der Hypothese wecken, aber gleichzeitig den kommerziellen Wert der Entdeckung auf null reduzieren. Durch eine Publikation stünde die Information der ganzen Welt zur Verfügung, und jede interessierte Firma könnte Kerns wissenschaftliche Erkenntnisse ohne Einschränkungen durch Patente zur Entwicklung neuer Medikamente nutzen. Nun war guter Rat gefragt, eine neutrale Beurteilung der Sachlage von außen. Kern wollte deshalb die neue Situation demnächst mit Tom Edwards besprechen. Danach würde er weitersehen.

35

Kerns Mutter hatte inzwischen die dritte Operation hinter sich gebracht und befand sich in einem Heim zur Erholung und Rehabilitation. Als Kern in ihr Zimmer eintrat, lächelte sie sanft. Sie schien ihre halsstarrige, herrische Art, die sie ein Leben lang kennzeichnete, irgendwie verloren zu haben. Sie tat ihm sehr leid.

„Hallo, Dieter. Wie hast du mich nur gefunden? Ich dachte, hier findest du mich bestimmt nicht."

„Ich habe mich immer nach dir erkundigt. Das Spital hat mir mitgeteilt, dass du nach der dritten Operation nicht dort bleiben, sondern zur Erholung hierher verlegt würdest."

„Hatte ich drei Operationen?"

„Jetzt müssen sie dann später nur noch eine Metallplatte aus deinem Arm herausnehmen, dann ist alles vorbei. Übrigens habe ich dich jeden Tag angerufen, zuerst im Spital, dann hier."

„Heute waren alle Kinder bei mir zu Besuch."

„Welche Kinder?"

„Meine kleinen Kinder. Gestern war Emil da, er ruft jeden Tag an."

„Mutter, deine beiden Enkelkinder sind in Südafrika, und Vater ist schon lange tot. Ich bin zurzeit der Einzige, der dich besucht."

„Emil ist tot? Das habe ich nicht gewusst, das ist sehr traurig." Und wieder kamen ihr bei diesem Satz die Tränen. „Meinst du, dass mich wenigstens Edith einmal besuchen kommt?"

„Mutter, auch deine Schwester ist schon viele Jahre tot, sie wird dich nicht besuchen können."

„Dann bin ich ja ganz alleine."

„Nein, das bist du nicht, ich bin ja da." Während er dies sagte, ging ihm die Möglichkeit, dass er vielleicht schon bald zwangsläufig in die USA wechseln müsste durch den Kopf, und es wurde ihm bewusst, dass seine Mutter bis auf ihre Cousine Elisabeth niemanden hatte. Gleichzeitig stellte er resignierend fest, dass die drei Narkosen ihren geistigen Verfall noch weiter beschleunigt hatten. Machtlos musste er zusehen, wie sie im Sog einer heilen Fantasiewelt dem realen Leben mehr und mehr entglitt.

„Ich habe dir Schokoladekugeln mitgebracht, die hast du doch immer sehr gerne gegessen."

„Ja, da muss ich aber aufpassen, dass sie mir nicht gestohlen werden."

„Die wird hier garantiert niemand stehlen. Übrigens hast du wieder einmal das Mädchen gesehen?"

„Nein, es ist nicht mehr da. Es ist sicher bei mir zu Hause. Ich freue mich, bald wieder in meiner Wohnung zu sein, dann werde ich das Mädchen wiedersehen."

Kern blieb bis am späten Nachmittag bei seiner Mutter. Nach Auskunft der behandelnden Ärzte musste sie noch etwa zwei bis drei Wochen zur Rehabilitation bleiben, bevor sie wieder zurück ins Alters- und Pflegeheim konnte. Zur Freude seiner Mutter hatte Frau Berger im Namen aller Insassen einen großen, bunten Blumenstrauß schicken lassen.

Auf der Heimfahrt gingen ihm viele Gedanken durch den Kopf. Herschkoff hatte sich nicht mehr gemeldet. Kern versuchte sich einzureden, dass dies ein Zeichen der Einsicht sein könnte. Sobald er sich dann aber die teilweise unter der Gürtellinie abgelaufene Konversation mit ihm ins Gedächtnis rief, wusste er, dass er sich etwas vormachte. Allerdings war er zu der Überzeugung gekommen, dass Herschkoff ihm nur schwer kündigen konnte. Als wissenschaftlicher Mitarbeiter war er Universitätsangestellter. Zudem hatte er mit dem Lehrauftrag einen zweiten verbindlichen Vertrag mit der Universität. Herschkoff hatte seine Unterstützung für eine mögliche Habilitation im Kollegenkreis sicherlich offen diskutiert, und irgendwie bereute Kern jetzt, dass er, nachdem Herschkoff mit Worten und Argumenten in die unterste Schublade gegriffen hatte, sich davon anstecken ließ. Er nahm, mit einer gewissen Befriedigung, an, dass Herschkoff bestimmt noch nie einen so eisigen Gegenwind gespürt hatte. Herschkoff war einfach gewohnt, dass er über die Köpfe der Mannschaft hinweg die Entscheidungen fällte und alle nach seiner Pfeife tanzen mussten. Das Wichtigste war für Kern jedoch, dass er die Zähne gezeigt und sich trotz widrigster Umstände weder verkauft hatte noch unterkriegen ließ.

Kern hatte inzwischen schon zweimal mit Tom Edwards gesprochen. Im Lichte der dramatischen Sachlage rückte die Wissenschaft bei diesen Gesprächen etwas in den Hintergrund. Es war für Kern nicht zu übersehen, dass Edwards aus der Situation kein Kapital schlagen wollte, sondern ihn als neutralen Freund beriet. Edwards deutete an, dass die Stelle als Projektleiter immer noch offen sei. Er hätte deren Besetzung nie forciert. Er würde diese neugeschaffene Stelle nur einem absoluten Topkandidaten geben, einem Wissenschaftler, der der Schizophrenieforschung in der Firma neue Impulse geben könnte. Da die Stelle gerade erst geschaffen worden war, wäre keine Lücke zu füllen und bestünde somit kein Zeitdruck. Er ermunterte Kern, seine Bewerbungsunterlagen ohne jede Verpflichtung einzureichen. Gleichzeitig ließ er anklingen, dass er Kerns Bewerbung privilegiert behandeln würde.

Im weiteren Verlauf des Gesprächs erwähnte Edwards auch, dass es durch die Restrukturierung der Forschung von PS&R unter dem neuen CSO zu einigen gravierenden Veränderungen gekommen war:

„Was mir am meisten auffällt, ist ein schleichender Wandel des Vokabulars im Research Management Team. Unsere Sprache ist fast ausschließlich molekular geworden. Die Worte ,Patient' und ,Krankheit' fallen nur noch sehr selten. Ich sehe uns weitgehend in der Position von Schildkraut in den 1960ern, der auf der Basis des damaligen Wissens über Hirnfunktionen versucht hat, die wichtigsten psychiatrischen Krankheiten durch ein Ungleichgewicht der drei damals bekannten Neurotransmitter im Gehirn zu erklären; ein aus heutiger Sicht völlig absurdes Unterfangen. Wir wissen einfach noch viel zu wenig, um alles tatsächlich erklären zu können. Bei allen unseren rein molekularen Erkenntnissen und Strategien vergessen wir leicht, wie viel wir *nicht* wissen. Mir ist ganz einfach zu viel Spekulation statt wirkliches Wissen im Spiel."

Kern sah in Edwards Schilderungen viele eigene Erlebnisse widergespiegelt, die ihn bei seinen anderen Postdoc-Stellen immer wieder davon abgehalten hatten, länger zu bleiben. Er begab sich deshalb auf eine ihm durchaus vertraute Argumentationsebene, als er sagte: „Ich könnte mir ohne Weiteres vorstellen, dass es bei seltenen, auf einem einzelnen Gendefekt beruhenden Krankheitsbildern wie Duchenne[49] oder Friedreich-Ataxie[50] und ähnlichen Krankheiten eines Tages möglich sein wird, die Pathogenese Schritt für Schritt zu entschlüsseln und molekular zu erklären. Es ist mir aber schleierhaft, wie ein rein molekularer Therapieansatz bei den sehr komplexen psychiatrischen Indikationen funktionieren soll, Krankheiten, von denen wir zwar Symptome, nicht aber die zugrundeliegende Pathologie kennen."

„Dieter, du kannst beruhigt sein, in meiner Abteilung wird das garantiert nicht die herrschende Doktrin werden. Wir arbeiten dort, wo molekulare Mechanismen angezeigt sind, logischerweise molekular und geben dort, wo andere innovative Denkansätze eher Erfolg versprechen, diesen eine echte Chance. Die beeindruckende Erfolglosigkeit der pharmazeutischen Industrie in den psychiatrischen und neurologischen Indikationen über die letzten dreißig, vierzig Jahre soll uns stets in Erinnerung rufen, dass man mit falschen oder unausgereiften Konzepten selbst mit größtem Aufwand und modernster Technologie keinen Fortschritt erzwingen kann."

Da erinnerte sich Kern an das Gespräch mit Edwards in Newark. „Wie läuft eigentlich eure Forschung auf dem Gebiete der zirkadianen Rhythmen im Zusammenhang mit Depression?"

„Wir haben vor Kurzem zeigen können, dass die ersten über ihren molekularen Ansatzpunkt aktiven Substanzen bei Mäusen tatsächlich den Tagesrhythmus verändern."

„Hier hast du mit der betreffenden Kinase[51] doch ein klares molekulares Zielobjekt, da sollte dein CSO eigentlich zufrieden sein, oder etwa nicht?"

---

[49] Muskeldystrophie, verursacht durch eine genetische Mutation auf dem X-Chromosom, die ein wichtiges Protein (Dystrophin) funktionsunfähig macht.
[50] Neuromuskuläre Erkrankung, bei der durch eine Mutation ein in den Mitochondrien befindliches Protein (Frataxin) in seiner Funktion beeinträchtigt wird. In der Folge entstehen schädliche Sauerstoffradikale.
[51] Kinasen sind Enzyme, die über eine Übertragung von Phosphat Proteine vom inaktiven in den biochemisch aktiven Zustand bringen.

„Wie bei allen Projekten in den psychiatrischen Indikationen ist für ihn der Denkansatz, der dem Projekt zugrunde liegt, zu vage und deshalb hochgradig suspekt. Er hat sich vor zwei Wochen dahingehend geäußert, dass es für eine Firma, die sich der Entdeckung und Entwicklung von Heilmitteln für schwere Krankheiten verschrieben hat, abträglich sei, Mittel gegen Jetlag zu suchen. Den Zusammenhang mit der Depression kennt er nicht, sieht er nicht oder will er nicht sehen."

„Was will er denn?"

„Er will eine Konzentration auf neurodegenerative Krankheiten wie Alzheimer, Parkinson und ALS, bei denen seiner Meinung nach konkrete mechanistische Ansätze existieren."

„Bei diesen Krankheiten sind ja auch seit Jahren die spektakulärsten Durchbrüche erzielt worden", meinte Kern sarkastisch.

„Du hast recht, das Einzige, was wir zur Behandlung von Alzheimer-Patienten haben, sind Cholinesterasehemmer, die auf Beobachtungen in den 60er-Jahren zurückgehen. Seither beherrschen illusorische Ideen, die den Ausschüssen und Investoren als kurz vor dem Durchbruch stehende kausale Therapien verkauft werden, das Feld."

Als Kern nach dem noch lange weitergeführten Gespräch den Hörer auflegte, fühlte er, dass er irgendwie Kraft geschöpft hatte. Er bemerkte, dass ihm derartige Diskussionen mit Edwards sehr viel bedeuteten. Es war nicht nur die hochgradig motivierende Bestätigung seiner wissenschaftlichen Ansichten durch einen ausgewiesenen Topexperten, die für Kern wichtig war. Es war Edwards' Art, sein großes Wissen in positiver Art einzubringen, die Kern überzeugte, und seine nicht von strategischen Überlegungen geprägte ehrliche Wertschätzung. Diese Wertschätzung gipfelte letztlich im Stellenangebot bei PS&R. Alle diese Fakten vermittelten ihm für die kommenden voraussichtlich unruhigen Zeiten Halt und ein gewisses Gefühl von Sicherheit.

36

Kern begrüßte die alte, fremde Frau, die einmal seine Mutter gewesen war und ihn jetzt freundlich lächelnd, aber mit ausdruckslosen, matten Augen anblickte.

„Wie geht es dir, Mutter?"

Als sie seine Stimme hörte, sah er, wie ein Hauch von Erinnerung ihre Augen beseelte. Sie saß tief in ihrem Rollstuhl, was sie sehr klein erscheinen ließ, und ihre gefleckten Hände beschäftigten sich unkontrolliert und unablässig mit dem Tischtuch.

„Weißt du, wer ich bin?"

„Ich kenne dich", antwortete sie lächelnd.

„Wer bin ich denn?"

Sie blickte ihn mit fragenden Augen an. „Es fällt mir jetzt gerade nicht ein."

„Ich bin Dieter, dein Sohn."

„Habe ich doch gewusst", sagte sie lächelnd.

Kern setzte sich neben sie, damit er sie immer wieder aufrichten konnte, wenn sie im Rollstuhl weiter nach unten zu rutschen drohte.

„Wie geht es dir?"

„Es geht mir gut. Ich bin froh, dass ich das Kind noch habe."

„Welches Kind, Mutter?"

„Du weißt, schon, die Kleine!"

Da mischte sich eine Betreuerin ein, die zufällig gerade in der Nähe stand und alles mitgehört hatte, und sagte: „Ihre Mutter hat ein kleines Baby, um das sie sich rührend sorgt." Dabei deutete sie auf eine lebensgroße Babypuppe, die auf dem Sofa in einer Ecke lag.

„Soll ich Ihr Baby holen, Frau Kern?"

„Gerne, dann kann ich es dem Emil zeigen."

„Das ist nicht Ihr Mann, das ist Ihr Sohn, Frau Kern, und hier ist Ihr Baby."

Kerns Mutter streckte ihre dünnen Arme aus und ergriff mit zittrigen Fingern die Puppe. Liebevoll drückte sie die Puppe an sich und fuhr ihr mit ihrer grauen, gefleckten Spinnenhand über den Kopf.

Gerührt erfasste Kern mit der ganzen Szene, wie schlecht es um die mentale Verfassung seiner Mutter stand. Die meisten Pfeiler ihres Wissens vom Leben waren bereits zerbrochen oder zu dünnen, zerbrechlichen Gedächtnisfragmenten erodiert, und ragten nur noch sporadisch aus dem Nebel des Vergessens. Wörter hatten ihre Bedeutung verloren, Gedanken ihre Ausdrucksform. Der rapide geistige Verfall spiegelte sich auch in ihrer Gestalt wider. Sie hatte Gewicht verloren und schien auch optisch in kurzer Zeit um Jahre gealtert. Wenn er, seitlich neben ihr sitzend, mit ihr sprach, blickte sie immer geradeaus oder auf ihre mit der Puppe beschäftigten Hände, sie schaute ihn nie an. Wenn er nichts sagte, war ihr Sohn für sie nicht existent. Als tröstlich erschien ihm einzig der Eindruck, dass seine Mutter nicht unglücklich war. Sie freute sich über seine Nähe. Auf der Reise durch ihre immer kleiner werdende Welt, in welcher Fakten unaufhaltsam im Vergessen zerbröckelten, schienen Gefühle zur letzten noch funktionierenden Kommunikationsebene zu werden.

Kern erinnerte sich an seine tiefe Betroffenheit, als er beim Ausräumen der Wohnung zusehen musste, wie Gegenstände, die mit Erinnerungen verbunden waren, in wenigen Sekunden zu Müll wurden. Genauso war das Wissen seiner Mutter über ihr eigenes und über sein Leben nun unwiederbringlich zerfallen. Niemand konnte mehr von Erlebnissen aus seiner Schulzeit reden, an die er sich selbst nicht mehr erinnern konnte, und von früheren Zeiten, in denen alles anders war. Die Geschichte der Familie Kern bestand nun nur noch aus den wenigen Gegenständen und Fotografien, die er für seine Mutter aufbewahrt hatte, und den Fakten, die er und sein Bruder noch im Gedächtnis hatten.

Seine Mutter saß stumm neben ihm, die Puppe streichelnd und ab und zu an ihre Wange drückend. Als er aufstand, um von ihr Abschied zu nehmen, und dabei in ihr Blickfeld trat, sah sie ihn erstaunt und freudig überrascht an und sagte: „Wo kommst du denn her? Es ist schön, dich zu sehen!"

„Ich bin eigentlich im Begriffe zu gehen, Mutter, ich habe die ganze Zeit neben dir gesessen."

Ihre offensichtliche Freude bewegte ihn, noch für ein paar Minuten vor ihr stehen zu bleiben, damit sie ihn sehen konnte. Er spürte, dass seine Präsenz auch ohne sprachliche Kommunikation eine positive Wirkung auf sie hatte. Als er sich dann definitiv verabschiedete, gab er ihr zwei Küsse auf die Wangen, drückte sie an den Schultern und sagte: „Bis bald, Mutter." Er wurde den Eindruck nicht los, dass von nun an jeder Besuch gleichsam annulliert würde, sobald er aus ihrem Gesichtsfeld verschwand.

37

Kern hatte den eingeschriebenen Brief, den er im Postfach im Korridor fand, sofort gesehen und seinen Inhalt mehr oder weniger erahnt. Herschkoff forderte ihn darin auf, seine Stelle zu kündigen, „da unter den gegebenen Umständen eine fruchtbare Zusammenarbeit nicht mehr denkbar" sei.

Die „Kündigung" kam nicht überraschend. Aber sie kam überraschend spät. Kern musste davon ausgehen, dass Herschkoff entgegen seinem eher cholerischen Temperament nicht aus dem Bauch heraus entschieden hatte, sondern sich, vermutlich von einem Rechtsanwalt beraten ließ. Darauf deutete die auf den ersten Blick überraschende Tatsache, dass sich Herschkoff zierte, ihn direkt zu entlassen, was seinem Machtgehabe weit eher entsprochen hätte, und ihn stattdessen aufforderte, selbst zu kündigen. Das zeigte klar, dass er einen gewissen Respekt vor der

Reaktion Kerns hatte. Kern hatte ihm mit seinem Verhalten ja mehrfach deutlich gezeigt, dass er sich einem nur auf einer organisatorischen Machtposition beruhenden, willkürlichen Diktat Herschkoffs niemals beugen würde.

Während Kern die Optionen, die er nun hatte, noch überdachte, öffnete er den zweiten an ihn persönlich adressierten Brief. Es war die Mitteilung, dass er in einem Preisausschreiben gewonnen habe. Es war leider weder das Auto noch eine der großen Reisen, sondern eine Filterkaffeemaschine im Wert von 93 Franken. Trotz der ernsten Situation, in der er sich befand, musste er lächeln. Das war genauso eine Maschine, wie sie in den USA in jedem Labor stand, mit dem sauren Kaffee, den er so hasste.

Immer noch lächelnd, wählte er die Nummer von Tom Edwards. Er wollte zumindest den Vortrag, zu dem ihn Edwards eingeladen hatte, halten und eventuell den üblichen Spießrutenlauf durch die Jobinterviews absolvieren, obwohl er noch keine klare Entscheidung gefasst hatte.

Er hörte das Freizeichen, und schon nach kurzer Zeit meldete sich Edwards' Sekretärin.

„Hallo Kathy, hier spricht Dieter Kern, kann ich vielleicht mit Tom sprechen? Oder ist er gerade in einer Sitzung?"

„Hallo Dieter, es tut mir leid, aber ich habe sehr schlechte Neuigkeiten: Tom ist nicht mehr im Amt. Er ist vor zwei Tagen seiner Funktionen enthoben worden. Als sein Stellvertreter fungiert *ad interim* Carl Eastman, der Chemie-Chef. Falls es geschäftlich ist, kann er vielleicht helfen."

Kern fühlte einen riesigen Kloß im Hals.

„Tom nicht mehr im Amt? Das kann doch nicht wahr sein, er war der beste Mann in diesem Job!"

„Das sagen die meisten seiner Mitarbeiter. Das ist aber anscheinend nicht die Meinung von Chris Branson, dem neuen CSO. Tom wurde vorgestern ohne Angabe von Gründen zu Chris Branson gerufen. Carl Eastman hat mir erzählt, dass sich

Bransons Meinung nach Toms Auffassung von Wissenschaft von seiner eigenen zu sehr unterscheide, als dass fruchtbare Synergien möglich seien. Carl glaubt aber, dass es Branson in Wirklichkeit nur darum ging, einen ihm gefährlich erscheinenden Querdenker und potenziellen Kritiker und Konkurrenten loszuwerden."

„Visionen zu haben ist ein sicherer Weg, sich Feinde zu schaffen." Kern erinnerte sich ungewollt an diesen Satz von Edwards, den Kevin Shorter zitiert hatte.

Als Kern den Hörer aufgelegt hatte, musste er zuerst einmal tief durchatmen, um die neue Situation verdauen zu können. Er hatte soeben seine wichtigste Bezugsperson und Stütze verloren und damit auch seinen bereits angeschlagenen Glauben an die Unschuld der Wissenschaft. Tom Edwards war einfach weg. Ein kreativer Visionär wurde ohne Rücksicht auf negative Konsequenzen für die Firma auf dem Altar persönlicher Machtansprüche geopfert. Mit Edwards Absetzung hatte sich gleichzeitig Kerns Plan B in nichts aufgelöst: Die Position bei PS&R in den USA war mit dem Ausscheiden Edwards keine Option mehr.

Das Klopfen an der Tür riss Kern abrupt aus seinen Gedanken. Es war Céline mit einem Set neuer Daten. Als sie ihn blass und nachdenklich sah, blieb sie stehen und fragte sehr besorgt: „Dieter, ist was mit dir?"

Kern schüttelte wortlos den Kopf. „Nein, da ist nichts, außer dass heute anscheinend mein Glückstag ist. Ich habe soeben erfahren, dass ich eine Filterkaffeemaschine im Wert von 93 Franken gewonnen habe."

„Toll, ich gratuliere. Wenn ich in dein Gesicht sehe, strahlt mir pures Glück entgegen. So stelle ich mir etwa Hartmuts wilden Freudentaumel über den Gewinn von zwei Pfund Gänseleber vor. Aber Spaß beiseite: Du siehst in letzter Zeit richtig krank aus. Ich mache mir wirklich Sorgen um dich. Du musst dir einmal ein paar Tage Ruhe gönnen. Nimm dir eine Auszeit. Fürs Erste hole ich dir, selbstverständlich auf meine Kosten, einen starken Kaffee, der wird dir guttun."

„Vielen Dank, Céline, ich hole ihn mir lieber selbst, denn Einladungen zum Kaffee haben mir bisher wenig Glück gebracht!"

Ohne Kerns, für sie nicht verständlichen, Einwand Aufmerksamkeit zu schenken, machte sie sich auf den Weg zum Kaffeeautomaten, wo sie plötzlich innehielt. Sie hatte deutlich gehört, dass jemand die Tür zum großen Labor öffnete. Celine wusste, dass niemand mehr da war, und setzte sich in Bewegung, um nachzusehen. Da schepperte die Tür bereits wieder ins Schloss, und Céline sah sich plötzlich der massigen Gestalt von Herschkoff gegenüber, der starr geradeaus blickend ohne Gruß an ihr vorbeihastete und in Kerns Büro stürmte. Er zog die Tür hinter sich zu und baute sich in seiner ganzen imposanten Größe drohend vor Kern auf.

„Ich rechne fest damit, dass du bald deine Sachen packst. Ich brauche deinen Büroplatz für deinen Nachfolger", donnerte er in Richtung Kern. Dieser wandte sich Herschkoff zu, ohne sich von seinem Bürostuhl zu erheben. Äußerlich ruhig, seinen galoppierenden Herzschlag kaschierend, sagte Kern: „Mach dir ja keine falschen Hoffnungen. Ich werde auf gar keinen Fall gehen, ich bin hier angestellt und habe von der Fakultät einen Lehrauftrag."

„Du kannst wohl nicht lesen? Ich habe dir gekündigt. Deine Zeit hier ist abgelaufen!"

Kern blieb weiterhin nach außen ruhig und meinte: „Von einer Kündigung habe ich nichts gesehen. Soweit ich mich entsinne, ist es eine Aufforderung, selbst zu kündigen, und das werde ich ganz sicher nicht tun."

Bei Herschkoff begann das Blut in den Adern zu kochen und er wurde noch lauter: „Du willst dich tatsächlich mit mir anlegen!" Nach vorne gebeugt, beide Hände auf Kerns Schreibtisch aufgestützt, setzte er keuchend hinzu: „Du glaubst doch nicht im Ernst, dass du gegen mich und die ganze Fakultät auch nur die geringste Chance hast?!"

„Allein dein heutiges Auftauchen hier zeigt mir, dass du gemerkt hast, dass ich sehr wohl eine Chance habe. Wenn du deiner

Sache tatsächlich so sicher wärst, hättest du dir den Weg erspart. Und wer sich nach Offenlegen aller Karten schlussendlich gegen die ganze Fakultät gestellt sieht, wird sich noch erweisen. Was ich jetzt sage, weißt du zwar selbst, aber ich möchte es trotzdem mit aller Deutlichkeit aussprechen. Glaube niemals, auch nur ansatzweise, dass ich mich hier grundlos und ohne Gegenwehr abschlachten lasse. Ich werde mich mit Händen und Füßen wehren und Himmel und Hölle in Bewegung setzen, dass die Universität von mir direkt oder, wenn es sein muss, über die Presse die wahren Hintergründe dieses absurden Machtpokers erfährt. Und wenn ich danach zur Hölle fahren sollte, dann fährst du mit. Aber es besteht durchaus die Möglichkeit, dass du ganz alleine fährst."